普通高等教育"十一五"国家级规划教材 计算机系列教材

付长青　魏宇清　主编
高　星　王　纲　裴彩燕　副主编
肖　娟　高振波　参编

大学计算机基础

(Windows 7+ Office 2010)

清华大学出版社

北京

内 容 简 介

本书系统地介绍计算机基础知识、计算机系统基本结构和工作原理、计算机网络及其基本操作，包括 Windows 7 的基本操作，Word 2010、Excel 2010、PowerPoint 2010 相关知识，介绍局域网的组成及互联网的常用操作技能。

本书既可作为各类高等院校、各类高职院校学生学习用书，也可以作为学习计算机操作的自学教材及参加全国计算机等级考试（一级）的辅导教材。

图书在版编目（CIP）数据

大学计算机基础：Windows 7＋Office 2010/付长青，魏宇清主编.—北京：清华大学出版社，2014
（2019.9 重印）
　（计算机系列教材）
　ISBN 978-7-302-37917-1

　Ⅰ．①大…　Ⅱ．①付…　②魏…　Ⅲ．①Windows 操作系统－高等学校－教材 ②办公自动化－应用软件－高等学校－教材　Ⅳ．①TP316.7 ②TP317.1

中国版本图书馆 CIP 数据核字（2014）第 204978 号

责任编辑：付弘宇　李　晔
封面设计：常雪影
责任校对：李建庄
责任印制：刘祎淼

出版发行：清华大学出版社
　　网　　　址：http://www.tup.com.cn，http://www.wqbook.com
　　地　　　址：北京清华大学学研大厦 A 座　　　　　　　邮　　编：100084
　　社 总 机：010-62770175　　　　　　　　　　　　　　邮　　购：010-62786544
　　投稿与读者服务：010-62776969，c-service@tup.tsinghua.edu.cn
　　质量反馈：010-62772015，zhiliang@tup.tsinghua.edu.cn
　　课件下载：http://www.tup.com.cn，010-62795954
印 装 者：三河市金元印装有限公司
经　　销：全国新华书店
开　　本：185mm×260mm　　　印　　张：25.25　　　　字　　数：626 千字
版　　次：2014 年 9 月第 1 版　　　　　　　　　　　　印　　次：2019 年 9 月第 10 次印刷
印　　数：8701～9700
定　　价：45.00 元

产品编号：049578-01

本书编委会

主　　编：付长青　魏宇清
副主编：高星　王　纲　裴彩燕
参　　编：肖　娟　高振波
主　　审：马国光

前 言

FOREWORD

随着科学技术的飞速发展,计算机已成为人们学习、工作和生活中不可缺少的重要工具之一。计算机技术的应用程度也已成为一个国家科技水平的重要体现。计算机知识与应用能力是当代大学生必备的知识和能力,已成为高等教育各学科教育的重要组成部分。

根据教育部提出的非计算机专业教学目标及 3 个层次教学的基本思想,组织多年从事计算机教学的一线老师编写此书,编写的主导思想是:打好基础、面向应用、模块化教学、操作性强。本书系统地介绍计算机基础知识、计算机系统基本结构和工作原理、计算机网络及其基本操作,包括 Windows 7 的基本操作,Word 2010、Excel 2010、PowerPoint 2010 的相关知识,介绍局域网的组成及互联网的常用操作技能。分模块从应用的角度讲解计算机基本操作与技能,并涵盖《全国计算机等级考试(一级)考试大纲》要求的知识点,是学习计算机基本操作技能的良师益友,也是准备参加等级考试的读者的得力助手。

参加本书编写人员,均为多年从事大学计算机基础教学的教师,具有丰富的教学经验,书中很多编写素材均来自教学,具有很强的实用性。本书由付长青、魏宇清担任主编,负责全书的策划及统稿,高星、王纲、裴彩燕任副主编。全书由马国光教授主审,各章的编写分工如下:第 1 章由付长青编写,第 2 章由王纲编写,第 3 章、第 4 章由魏宇清编写,第 5 章由裴彩燕编写,第 6 章由高星编写,高振波、肖娟负责书中图的编辑。

本书既可以作为各类高等院校、高职院校学生学习用书,也可以作为学习计算机操作的自学教材及参加全国计算机等级考试(一级)的辅导教材。

本书在编写过程中得到河北科技师范学院的大力支持,在此表示衷心的感谢。由于作者水平有限,教学任务繁重,编写时间紧张,书中难免存在不足或值得商榷之处,敬请读者批评指正。

编　者
2014 年 5 月

目 录

第1章　走近计算机

2008年8月8日晚上8点,世人瞩目、举国期盼的北京奥运会在国家体育场拉开帷幕。奥运会开幕式的大型文艺表演独具匠心,体现了中国风格、中国气派,宏大的场面之中,蕴含着史诗的韵味,是一场以文明魅力为内容的视觉盛宴,给人以强烈的震撼。奥运会的成功举办,实现了我国科技奥运、数字奥运战略,把计算机技术深入广泛地运用于奥运会的策划设计、组织管理、信息发布传播等活动中。奥运会涉及计算机技术包括Internet、无线网络、多媒体压缩与管理、GIS/GPS安全认证等。计算机不仅在奥运会这样的国际盛会上唱了主角,而且它已成为人们工作、生活必备的工具之一。下面让我们一起走近计算机,学习和了解计算机……

1.1　计算机概述

1.1.1　计算机发展史

计算机的发展经历了机械式计算机、机电式计算机、电子计算机三个阶段。

17世纪,欧洲一批数学家就已开始设计和制造以数字形式进行基本运算的数字计算机。代表作品是1812年的差分机、1834年的分析机,分别如图1-1和图1-2所示。

图1-1　1812年的差分机　　　　　图1-2　1834年查尔斯·巴贝奇的分析机

20世纪以后,德国、美国、英国都在进行计算机的开拓工作,几乎同时开始了机电式计算机和电子计算机的研究。电子计算机的开拓过程,经历了从制作部件到整机、从专用机到通用机、从"外加式程序"到"存储程序"的演变。

1946年2月美国宾夕法尼亚大学莫尔学院制成的大型电子数字积分计算机(ENIAC),如图1-3所示,重量30吨,占地170平方米,电子器件包括18 000只电子管和1500个继电器,其运算速度分别为5000次/秒和500万次/秒。这台计算机最初也专门用于火炮弹道计算,后经多次改进而成为能进行各种科学计算的通用计算机。这台完全采用电子线路执行算术运算、逻辑运算和信息存储的计算机，随后于 1946 年 6 月，冯·诺依曼（如图 1-4 所示）等人提出了更为完善的设计报告《电子计算机装置逻辑结构初探》。提出了现代计算机"存储程序"和"程序控制"的概念及体系结构，60 多年来，计算机系统的基本结构没有变。

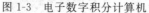

图 1-3　电子数字积分计算机　　　　　图 1-4　美籍匈牙利数学家冯·诺依曼

电子计算机的发展阶段通常以构成计算机的电子器件来划分，至今已经历了电子管、晶体管、小规模集成电路和大规模集成电路四个阶段，如表 1-1 所示。

表 1-1　计算机发展历程

时　代	年　份	器　件	软　件	应　用
一	1946—1957	电子管	机器语言	科学计算
二	1958—1964	晶体管	汇编语言和高级语言	数据处理工业控制
三	1965—1971	集成电路	操作系统和高级语言	企业管理、辅助设计及文字处理图形处理
四	1971 年至今	大规模集成电路	操作系统、数据库、网络等	社会的各个领域

1.1.2 计算机的发展方向

计算机技术的发展日新月异,但为了满足不同应用的领域的需求,其发展呈现出如下几个趋势:

1. 巨型化

巨型化是指高速度、大存储容量和功能强大的计算机,主要应用于国防、卫星发射、水文地理等高科技领域。巨型机的发展集中体现了计算机技术的发展水平,它可以推动多个学科的发展。

2. 微型化

由于微电子技术的迅速发展,芯片的集成度越来越高,计算机的元器件越来越小,使得计算机的计算速度快、功能强、可靠性高、能耗小、体积小、重量轻,向着微型化方向发展和向着多功能方向发展仍然是今后计算机发展的方向。

3. 网络化

通过计算机网络可以实现资源共享。计算机网络化能够充分利用计算机资源,进一步扩大计算机的使用范围,网络的应用已成为计算机应用的重要组成部分,现代的网络技术已成为计算机技术中不可缺少的内容。

4. 智能化

智能化是未来计算机发展的总趋势。智能化是指计算机能够模拟人的感觉和思维能力,具有解决问题和逻辑推理的能力。这种计算机除了具备现代计算机的功能之外,还要具有在某种程度上模仿人的推理、联想、学习等思维的功能,并具有声音识别、图像识别能力。

5. 多媒体技术

多媒体技术是集文字、声音、图形、图像和计算机于一体的综合技术。它以计算机软硬件技术为主体,包括数字化信息技术、音频和视频技术、通信和图像处理技术以及人工智能技术和模式识别技术等。因此,它是一门多学科、多领域的高新技术。多媒体技术虽然已经取得很大的发展,但高质量的多媒体设备和相关技术还需要进一步研制,主要包括视频和音频数据的压缩、解压缩技术,多媒体数据的通信,以及各种接口的实现方案等。因此,多媒体计算机是 21 世纪开发和研究的热点之一。

6. 非冯·诺依曼体系结构的计算机

非冯·诺依曼体系结构是提高现代计算机性能的另一个研究焦点。人们经过长期的探索,进行了大量的试验研究后,一致认为冯·诺依曼的传统体系结构虽然为计算机的发展奠定了基础,但是它"程序存储和控制"原理表现在"集中顺序控制"方面的串行机制,却成为进一步提高计算机性能的瓶颈,而提高计算机性能的方向之一是并行处理。因此许多非冯·

诺依曼体系结构的计算机理论出现了。如"神经网络计算机"、"DNA 计算机"、"光子计算机"等。

1.1.3　中国计算机的发展

1958 年，中科院计算所研制成功我国第一台小型电子管通用计算机 103 机（八一型），标志着我国第一台电子计算机的诞生。

1965 年，中科院计算所研制成功第一台大型晶体管计算机 109 乙，之后推出 109 丙机，该机在两弹试验中发挥了重要作用。

1974 年，清华大学等单位联合设计、研制成功采用集成电路的 DJS-130 小型计算机，运算速度达每秒 100 万次。

1983 年，国防科技大学研制成功运算速度每秒上亿次的银河-Ⅰ巨型机，这是我国高速计算机研制的一个重要里程碑。

1985 年，电子工业部计算机管理局研制成功与 IBM PC 机兼容的长城 0520CH 微机。

1992 年，国防科技大学研究出银河-Ⅱ通用并行巨型机，峰值速度达每秒 4 亿次浮点运算（相当于每秒 10 亿次基本运算操作），为共享主存储器的四处理机向量机，其向量中央处理机是采用中小规模集成电路自行设计的，总体上达到 20 世纪 80 年代中后期的国际先进水平。它主要用于中期天气预报。

1993 年，国家智能计算机研究开发中心（后成立北京市曙光计算机公司）研制成功曙光一号全对称共享存储多处理机，这是国内首次基于超大规模集成电路的通用微处理器芯片和标准 UNIX 操作系统设计开发的并行计算机。

1995 年，曙光公司又推出了国内第一台具有大规模并行处理机（MPP）结构的并行机曙光 1000（含 36 个处理机），峰值速度每秒 25 亿次浮点运算，实际运算速度上了每秒 10 亿次浮点运算这一高性能台阶。曙光 1000 与美国 Intel 公司 1990 年推出的大规模并行机体系结构与实现技术相近，与国外的差距缩小到 5 年左右。

1997 年，国防科大研制成功银河-Ⅲ百亿次并行巨型计算机系统，采用可扩展分布共享存储并行处理体系结构，由 130 多个处理节点组成，峰值性能为每秒 130 亿次浮点运算，系统综合技术达到 20 世纪 90 年代中期国际先进水平。

1997—1999 年，曙光公司先后在市场上推出具有机群结构（Cluster）的曙光 1000A、曙光 2000-Ⅰ、曙光 2000-Ⅱ超级服务器，峰值计算速度已突破每秒 1000 亿次浮点运算，机器规模已超过 160 个处理机。

1999 年，国家并行计算机工程技术研究中心研制的神威Ⅰ计算机通过了国家级验收，并在国家气象中心投入运行。该系统有 384 个运算处理单元，峰值运算速度达每秒 3840 亿次。

2000 年，曙光公司推出每秒 3000 亿次浮点运算的曙光 3000 超级服务器。

2001 年，中科院计算所研制成功我国第一款通用 CPU——"龙芯"芯片。

2002 年，曙光公司推出完全自主知识产权的"龙腾"服务器，龙腾服务器采用了"龙芯-1"CPU、曙光公司和中科院计算所联合研发的服务器专用主板以及曙光 Linux 操作系统，该服务器是国内第一台完全实现自有产权的产品，在国防、安全等部门发挥了重大作用。

2003 年,百万亿次数据处理超级服务器曙光 4000L 通过国家验收,再一次刷新国产超级服务器的历史纪录,使得国产高性能计算机产业再上新台阶。

2004 年,由中科院计算所、曙光公司、上海超级计算中心三方共同研发制造的曙光 44000A 实现了每秒 10 万亿次运算速度。

2008 年,"深腾 7000"是国内第一个实际性能突破每秒百万亿次的异构机群系统,Linkpack 性能突破每秒 106.5 万亿次。

2008 年,曙光 5000A 实现峰值速度 230 万亿次、Linkpack 值 180 万亿次。作为面向国民经济建设和社会发展的重大需求的网格超级服务器,曙光 5000A 可以完成各种大规模科学工程计算、商务计算。

2009 年 10 月 29 日,中国首台千万亿次超级计算机"天河一号"诞生。这台计算机每秒 1206 万亿次的峰值速度和每秒 563.1 万亿次的 Linkpack 实测性能,使中国成为继美国之后世界上第二个能够研制千万亿次超级计算机的国家。

2010 年 11 月,天河一号曾以每秒 4.7 千万亿次的峰值速度,让中国人首次站到了超级计算机的全球最高领奖台上。

2013 年 6 月 17 日国际 TOP500 组织公布了最新全球超级计算机 500 强排行榜榜单,中国国防科学技术大学研制的"天河二号"以每秒 33.86 千万亿次的浮点运算速度,成为全球最快的超级计算机。此次是继天河一号之后,中国超级计算机再次夺冠。

2014 年 6 月 23 日公布的全球超级计算机 500 强榜单中,中国"天河二号"以比第二名美国"泰坦"快近一倍的速度连续第三次获得冠军。

1.1.4 计算机的特点

1. 处理速度快

现在普通的微型计算机每秒可执行几十万条指令,而巨型机则达到每秒几十亿次甚至几百亿次。随着计算机技术的发展,计算机的运算速度还在提高。例如天气预报,由于需要分析大量的气象资料数据,单靠人工完成计算是不可能的,而用巨型计算机只需十几分钟就可以完成。这种高速度可以在军事、气象、金融、通信等领域中实现实时、快速的服务。

2. 计算精度高

电子计算机具任何计算工具都无法比拟的计算精度,目前已达到小数点后上亿位的精度。

3. 具有超强的存储功能

计算机的存储系统由内存和外存组成,具有存储和"记忆"大量信息的能力,现代计算机的内存容量已达到上百兆甚至几千兆,而外存也有惊人的容量。

4. 具有逻辑判断功能

计算机借助于逻辑运算,可以进行逻辑判断,并根据判断结果自动地确定下一步该做什么，实现推理和证明。记忆功能、算术运算和逻辑判断功能相结合，使得计算机能模仿人类的某些智能活动，成为人类脑力延伸的重要工具，所以计算机又称为"电脑"。

5. 可靠性高

随着微电子技术和计算机技术的发展，现代电子计算机连续无故障运行时间可达到几十万小时以上，具有极高的可靠性。例如，安装在宇宙飞船上的计算机可以连续几年时间可靠地运行。计算机应用在管理中也具有很高的可靠性，而人却很容易因疲劳而出错。另外，对于不同的问题，计算机只是执行的程序不同，因而具有很强的稳定性和通用性。用同一台计算机能解决各种问题，应用于不同的领域。

6. 能自动运行且支持人机交互

所谓自动运行，就是人们把需要计算机处理的问题编成程序，存入计算机中；当发出运行指令后，计算机便在该程序控制下依次逐条执行，不再需要人工干预。"人机交互"则是在人想要干预时，采用"人机之间一问一答"的形式，有针对性地解决问题。这些特点都是过去的计算工具所不具备的。

1.1.5　计算机的应用领域

计算机的应用领域已渗透到社会的各行各业，正在改变着传统的工作、学习和生活方式，推动着社会的发展。计算机主要应用在如下领域。

1. 科学计算（或数值计算）

科学计算是指利用计算机来完成科学研究和工程技术中提出的数学问题的计算。在现代科学技术工作中，科学计算问题是大量的和复杂的。利用计算机的高速计算、大存储容量和连续运算的能力，可以实现人工无法解决的各种科学计算问题。

2. 数据处理（或信息处理）

数据处理是对各种数据进行收集、存储、整理、分类、统计、加工、利用、传播等一系列活动的统称。据统计，80%以上的计算机主要用于数据处理，这类工作量大面宽，决定了计算机应用的主导方向。

目前，数据处理已广泛地应用于办公自动化、企事业计算机辅助管理与决策、情报检索、图书管理、电影电视动画设计、会计电算化等等各行各业。信息正在形成独立的产业，多媒体技术使信息展现在人们面前的不仅是数字和文字，也有声情并茂的声音和图像信息。

3. 辅助技术（或计算机辅助设计与制造）

计算机辅助技术包括 CAD、CAM 和 CAI 等。

1）计算机辅助设计（Computer Aided Design，CAD）

计算机辅助设计是利用计算机系统辅助设计人员进行工程或产品设计，以实现最佳设计效果的一种技术。它已广泛地应用于飞机、汽车、机械、电子、建筑和轻工等领域。例如，在电子计算机的设计过程中,利用CAD技术进行体系结构模拟、逻辑模拟、插件划分、自动布线等,从而大大提高了设计工作的自动化程度。又如,在建筑设计过程中,可以利用CAD技术进行力学计算、结构计算、绘制建筑图纸等,这样不但提高了设计速度,而且可以大大提高设计质量。

2) 计算机辅助制造(Computer Aided Manufacturing,CAM)

计算机辅助制造是利用计算机系统进行生产设备的管理、控制和操作的过程。例如,在产品的制造过程中,用计算机控制机器的运行、处理生产过程中所需的数据、控制和处理材料的流动以及对产品进行检测等。使用CAM技术可以提高产品质量,降低成本,缩短生产周期,提高生产率和改善劳动条件。

将CAD和CAM技术集成,实现设计生产自动化,这种技术被称为计算机集成制造系统(CIMS)。它的实现将真正做到无人化工厂(或车间)。

3) 计算机辅助教学(Computer Aided Instruction,CAI)

计算机辅助教学是利用计算机系统使用课件来进行教学。课件可以用著作工具或高级语言来开发制作,它能引导学生循环渐进地学习,使学生轻松自如地从课件中学到所需要的知识。CAI的主要特色是交互教育、个别指导和因人施教。

4. 过程控制(或实时控制)

过程控制是利用计算机及时采集检测数据,按最优值迅速地对控制对象进行自动调节或自动控制。采用计算机进行过程控制,不仅可以大大提高控制的自动化水平,而且可以提高控制的及时性和准确性,从而改善劳动条件、提高产品质量及合格率。因此,计算机过程控制已在机械、冶金、石油、化工、纺织、水电、航天等部门得到广泛应用。

例如,在汽车工业方面,利用计算机控制机床、控制整个装配流水线,不仅可以实现精度要求高、形状复杂的零件加工自动化,而且可以使整个车间或工厂实现自动化。

5. 人工智能(或智能模拟)

人工智能(Artificial Intelligence)是计算机模拟人类的智能活动,诸如感知、判断、理解、学习、问题求解和图像识别等。现在人工智能的研究已取得了不少成果,有些已开始走向实用阶段。例如,能模拟高水平医学专家进行疾病诊疗的专家系统,具有一定思维能力的智能机器人等。

6. 网络应用

计算机技术与现代通信技术的结合构成了计算机网络。计算机网络的建立,不仅解决了一个单位、一个地区、一个国家中计算机与计算机之间的通信,各种软、硬件资源的共享问题,也大大促进了国际间的文字、图像、视频和声音等各类数据的传输与处理。

1.1.6 计算机的分类

计算机发展到今天,已是琳琅满目、种类繁多,并表现出各自不同的特点。可以从不同的角度对计算机进行分类。

1. 按计算机信息的表示形式和对信息的处理方式不同划分

按计算机信息的表示形式和对信息的处理方式不同分为数字计算机（digital computer）、模拟计算机（analogue computer）和混合计算机。

数字计算机所处理数据都是以0和1表示的二进制数字，是不连续的离散数字，具有运算速度快、准确、存储量大等优点，因此适宜科学计算、信息处理、过程控制和人工智能等，具有最广泛的用途。

模拟计算机所处理的数据是连续的，称为模拟量。模拟量以电信号的幅值来模拟数值或某物理量的大小，如电压、电流、温度等都是模拟量。模拟计算机解题速度快，适于解高阶微分方程，在模拟计算和控制系统中应用较多。

混合计算机则是集数字计算机和模拟计算机的优点于一身。

2. 按计算机的用途不同划分

按计算机的用途不同分为通用计算机（general purpose computer）和专用计算机（special purpose computer）。

通用计算机广泛适用于一般科学运算、学术研究、工程设计和数据处理等，具有功能多、配置全、用途广、通用性强的特点，市场上销售的计算机多属于通用计算机。

专用计算机是为适应某种特殊需要而设计的计算机，通常增强了某些特定功能，忽略一些次要要求，所以专用计算机能高速度、高效率地解决特定问题，具有功能单纯、使用面窄甚至专机专用的特点。模拟计算机通常都是专用计算机，在军事控制系统中被广泛使用，如飞机的自动驾驶仪和坦克上的兵器控制计算机。本书内容主要介绍通用数字计算机，平常所用的绝大多数计算机都是该类计算机。

3. 计算机按其运算速度快慢、存储数据量的大小、功能的强弱，以及软硬件的配套规模等不同划分

计算机按其运算速度快慢、存储数据量的大小、功能的强弱，以及软硬件的配套规模等不同划分为巨型机、大中型机、小型机、微型机、工作站与服务器等。

1）巨型机（giant computer）

巨型机又称超级计算机（super computer），是指运算速度超过每秒1亿次的高性能计算机，它是目前功能最强、速度最快、软硬件配套齐备、价格最贵的计算机，主要用于解决诸如气象、太空、能源、医药等尖端科学研究和战略武器研制中的复杂计算。它们安装在国家高级研究机关中，可供几百个用户同时使用。

运算速度快是巨型机最突出的特点。如美国Cray公司研制的Cray系列机中，Cray-Y-MP运算速度为每秒20～40亿次，我国自主生产研制的银河-Ⅲ巨型机为每秒100亿次，IBM公司的GF-11可达每秒115亿次，日本富士通研制了每秒可进行3000亿次科技运算的计算机。最近我国研制的曙光4000A运算速度可达每秒10万亿次。世界上只有少数几个国家能生产这种机器，它的研制开发是一个国家综合国力和国防实力的体现。

2）大中型计算机（large-scale computer and medium-scale computer）

这种计算机也有很高的运算速度和很大的存储量并允许相当多的用户同时使用。当然

在量级上都不及巨型计算机,结构上也较巨型机简单些,价格相对巨型机更加便宜,因此使用的范围较巨型机普遍,是事务处理、商业处理、信息管理、大型数据库和数据通信的主要支柱。大中型机通常都像一个家族一样形成系列,如 IBM370 系列、DEC 公司生产的 VAX8000 系列、日本富士通公司的 M-780 系列。同一系列的不同型号的计算机可以执行同一个软件,称为软件兼容。

3)小型机(minicomputer)

其规模和运算速度比大中型机要差,但仍能支持十几个用户同时使用。小型机具有体积小、价格低、性能价格比高等优点,适合中小企业、事业单位用于工业控制、数据采集、分析计算、企业管理以及科学计算等,也可作巨型机或大中型机的辅助机。典型的小型机是美国 DEC 公司的 PDP 系列计算机、IBM 公司的 AS/400 系列计算机、我国的 DJS-130 计算机等。

4)微型计算机(microcomputer)

微型计算机简称微机,是当今使用最普及、产量最大的一类计算机,体积小、功耗低、成本少、灵活性大,性能价格比明显地优于其他类型计算机,因而得到了广泛应用。

微型计算机可以按结构和性能划分为单片机、单板机、个人计算机等几种类型。

(1)单片机(single chip computer)。

把微处理器、一定容量的存储器以及输入输出接口电路等集成在一个芯片上,就构成了单片机。可见单片机仅是一片特殊的、具有计算机功能的集成电路芯片。单片机体积小、功耗低、使用方便,但存储容量较小,一般用作专用机或用来控制高级仪表、家用电器等。

(2)单板机(single board computer)。

把微处理器、存储器、输入输出接口电路安装在一块印刷电路板上,就成为了单板机。一般在这块板上还有简易键盘、液晶和数码管显示器以及外存储器接口等。单板机价格低廉且易于扩展,广泛用于工业控制、微型机教学和实验,或作为计算机控制网络的前端执行机。

(3)个人计算机(Personal Computer,PC)。

供单个用户使用的微型机一般称为个人计算机或 PC,是目前用得最多的一种微型计算机。PC 配置有一个紧凑的机箱、显示器、键盘、打印机以及各种接口,可分为台式微机和便携式微机。

台式微机可以将全部设备放置在书桌上,因此又称为桌面型计算机。当前流行的机型有 IBM-PC 系列,Apple 公司的 Macintosh,我国生产的长城、浪潮、联想系列计算机等。

便携式微机包括笔记本计算机、袖珍计算机以及个人数字助理(Personal Digital Assistant,PDA)。便携式微机将主机和主要外部设备集成为一个整体,显示屏为液晶显示,可以直接用电池供电。

5)工作站

工作站(workstation)是介于 PC 和小型机之间的高档微型计算机,通常配备有大屏幕显示器和大容量存储器,具有较高的运算速度和较强的网络通信能力,有大型机或小型机的多任务和多用户功能,同时兼有微型计算机操作便利和人机界面友好的特点。工作站的独到之处是具有很强的图形交互能力,因此在工程设计领域得到广泛使用。HP、SGI 等公司都是著名的工作站生产厂家。

6）服务器

随着计算机网络的普及和发展，一种可供网络用户共享的高性能计算机应运而生，这就是服务器。服务器一般具有大容量的存储设备和丰富的外部接口，运行网络操作系统，要求较高的运行速度，为此很多服务器都配置了双 CPU。服务器常用于存放各类资源，为网络用户提供丰富的资源共享服务。常见的资源服务器有 DNS（Domain Name System，域名解析）服务器、E-mail（电子邮件）服务器、Web（网页）服务器、BBS（Bulletin Board System，电子公告板）服务器等。

1.1.7　计算机的主要性能指标

在购买个人计算机时，商家必须要提供一个报价单，上面要有主要部件的型号及性能指标，那么，计算机主要的性能指标有哪些呢？

一台微型计算机功能的强弱或性能的好坏，不是由某项指标来决定的，而是由它的系统结构、指令系统、硬件组成、软件配置等多方面的因素综合决定的。但对于大多数普通用户来说，可以从以下几个指标来大体评价计算机的性能。

1. 运算速度

运算速度是衡量计算机性能的一项重要指标。通常所说的计算机运算速度（平均运算速度），是指每秒钟所能执行的指令条数，一般用"百万条指令/秒"（Million Instruction Per Second，MIPS）来描述。同一台计算机，执行不同的运算所需时间可能不同，因而对运算速度的描述常采用不同的方法。常用的有 CPU 时钟频率（主频）、每秒平均执行指令数（ips）等。微型计算机一般采用主频来描述运算速度，例如，Intel Core i7 4790K 的主频为 4GHz，AMD FX-8350 的主频为 4GHz。一般说来，主频越高，运算速度就越快。

2. 字长

一般说来，计算机在同一时间内处理的一组二进制数称为一个计算机的"字"，而这组二进制数的位数就是"字长"。在其他指标相同时，字长越大计算机处理数据的速度就越快。早期的微型计算机的字长一般是 8 位和 16 位。目前 586（Pentium、Pentium Pro、Pentium Ⅱ、Pentium Ⅲ 和 Pentium 4）大多是 32 位，目前主流产品为 64 位机。

3. 存储容量

存储容量表示存储设备存储信息的能力，一般分为内存容量和外存容量。

1）内存储器的容量

内存储器，也简称主存，是 CPU 可以直接访问的存储器，需要执行的程序与需要处理的数据就是存放在主存中的。内存储器容量的大小反映了计算机即时存储信息的能力。随着操作系统的升级，应用软件的不断丰富及其功能的不断扩展，人们对计算机内存容量的需求也不断提高。目前，运行 Windows 95 或 Windows 98 操作系统至少需要 16MB 的内存容量，Windows XP 则需要 128MB 以上的内存容量。内存容量越大，系统功能就越强大，能处理的数据量就越庞大。

2）外存储器的容量

外存储器容量通常是指硬盘容量（包括内置硬盘和移动硬盘）。外存储器容量越大，可存储的信息就越多，可安装的应用软件就越丰富。目前，硬盘容量一般为10GB至60GB，有的甚至已达到120GB。

3）常用的存储容量单位

（1）比特（bit）是表示信息的最小单位，用1位二进制数表示的信息，即1或0，用b作单位。

（2）字节（byte）是信息存储的最小单位。一个存储单元，只能存储1个字节的二进制数，用B作单位。

$$1B = 8b$$

随着计算机技术的发展，计算机的存储容量不断的增大，原有的存储单位已不能满足要求，目前常用的存储单位有千字节（KB）、兆字节（MB）、吉字节（GB）、太字节（TB）。换算关系为：

$$1KB = 2^{10}B = 1024B$$
$$1MB = 1024KB$$
$$1GB = 1024MB$$
$$1TB = 1024GB$$

以上只是一些主要性能指标。除了上述这些主要性能指标外，微型计算机还有其他一些指标，例如，所配置外围设备的性能指标以及所配置系统软件的情况等等。另外，各项指标之间也不是彼此孤立的，在实际应用时，应该把它们综合起来考虑，而且还要遵循"性能价格比"的原则。

1.2　计算机的信息表示

1.2.1　计算机中的数制

所有信息在计算机中均以二进制形式表示，但二进制不直观，所以日常使用的阿拉伯数字称为十进制，除此之外在计算机语言中，还要经常用其他的数制表示，在计算机中还有八进制、十六进制等。

1. 数制

数制是指数据的表示方法，主要有进位规则和数码两部分构成。

数制的特点：每种进位记数制都有固定的数码，按基数进位或借位，用位权来计数。

数制的基数：每种进位记数制中数码的个数称为基数。

（1）二进制

二进制的数码有两个：0和1，基数为2。

进位规则：逢二进一。

二进制的加法：0+0=0　0+1=1+0=1　1+1=10（进位1，表示为2）

二进制的乘法：$0 \times 0 = 0$　$1 \times 0 = 0 \times 1 = 0$　$1 \times 1 = 1$

（2）十进制

十进制的数码有十个：$0,1,2,\cdots,9$，基数为10。

进位规则：逢十进一。

（3）八进制

八进制的数码有八个：$0,1,2,\cdots,7$，基数为8。

进位规则：逢八进一。

（4）十六进制

八进制的数码有十六个：$0,1,2,\cdots,9,A,B,C,D,E,F$，基数为16。

进位规则：逢十六进一。

各种进位制之间的关系如表1-2所示。

表 1-2　各种进位制之间的关系

十进制	二进制	八进制	十六进制	十进制	二进制	八进制	十六进制
0	0	0	0	8	1000	10	8
1	1	1	1	9	1001	11	9
2	10	2	2	10	1010	12	A
3	11	3	3	11	1011	13	B
4	100	4	4	12	1100	14	C
5	101	5	5	13	1101	15	D
6	110	6	6	14	1110	16	E
7	111	7	7	15	1111	17	F

2. 位权值

在进位记数制中数码所处的位置不同，代表的数值大小也不同。

对每一个数位赋予的位值，在数学上叫"权"。

位权与基数的关系是：位权的值等于基数的若干次幂。

例：十进制 1234.5 可以展开为下面多项式的和

$$1234.5 = 1 \times 10^3 + 2 \times 10^2 + 3 \times 10^1 + 4 \times 10^0 + 5 \times 10^{-1}$$
（位权）

注意：幂数，即数码的位置。从小数点左右分，小数点左侧从 0 开始，右侧从负 1 开始。

3. 进位制的表示方法

为了区分各种进制的数，常采用如下方法。

1）数字后面加写相应的英文字母

B（Binary）——表示二进制数。二进制数的 1010 可写成 1010B。

O（Octonary）——表示八进制数。八进制数的 1010 可写成 1010O。

D（Decimal）——表示十进制数。十进制数的 1010 可写成 1010D。一般约定 D 可省略,即无后缀的数字为十进制数字。

H(Hexadecimal)——表示十六进制数。十六进制数的1001可写成1001H。

2)在括号外面加数字下标

$(101)_2$——表示二进制数的101。

$(37)_8$——表示八进制数的37。

$(1688)_{10}$——表示十进制数的1688。

$(3AF)_{16}$——表示十六进制数的3AF6。

4. 进位制之间的转换

设 R 表示二进制、八进制、十进制。

1)十进制数转换为 R 进制

规则:对于整数部分,除 R 取余数,余数倒序写;对于小数部分,乘 R 取整数,整数顺序写。

$$(13.6875)_{10} = (\quad ? \quad)_2$$

用除2取余法,求出整数13对应的二进制

$$(13)_{10} = (1101)_2$$

用乘2取整法,求出0.6875对应的二进制

$0.6875 \times 2 = 1.375$ ——取出整数1 高

$0.375 \times 2 = 0.75$ ——取出整数0

$0.75 \times 2 = 1.50$ ——取出整数1

$0.5 \times 2 = 1.00$ ——取出整数1 低

所以

$$(0.6875)_{10} = (0.1011)_2$$

$$(13.6875)_{10} = (1101.1011)_2$$

十进制转换为其他进位制类似,请读者仿照上例自行练习。

2) R 进制转换为十进制

规则:本位数码乘权的和。

例:

$(10101)_2 = 2^4 + 2^2 + 2^0 = 21$

$(101.11)_2 = 2^2 + 2^0 + 2^{-1} + 2^{-2} = 5.75$

$(101)_8 = 8^2 + 8^0 = 65$

$(101A)_{16} = 16^3 + 16^1 + 16^0 \times 10 = 4122$

3)二进制与八、十六进制间的转换

(1)八进制、十六进制转换为二进制。

规则:每位八进制可用3位二进制数表示,八进制最大数码为7,7D=111B。

$$(7123)_8 = (\underline{111}\ \underline{001}\ \underline{010}\ \underline{011})_2$$
$$\quad\quad\quad 7\quad 1\quad 2\quad 3$$

每位十六进制可用 4 位二进制数表示，十六进制最大数码为 F，0FH＝1111B。

二进制转换为十六进制时，从小数点左右分，每四位为一组，将各组数码转换为二进制。

$$(2C1D)_{16} = (\underline{0010}\ \underline{1100}\ \underline{0001}\ \underline{1101})_2$$
$$\quad\quad\quad\ 2\quad\ \ C\quad\ \ 1\quad\ \ D$$

（2）二进制转换为八进制、十六进制。

二进制转换为八进制时，从小数点左右分，每 3 位为一组，不足位添零，3 位二进制数可用一位八进制数表示，将各位数码转换为二进制。

$$(00\underline{1}\ \underline{101}\ \underline{101}\ \underline{110}.\ \underline{110}\ \underline{101})_2 = (1556.65)_8$$
$$\quad\ \ 1\quad\ 5\quad\ 5\quad\ 6\quad\ 6\quad\ 5$$

二进制转换为十六进制时，从小数点左右分，每 4 位为一组，不足位添零，4 位二进制数可用一位十六进制数表示，将各位数码转换为二进制。

$$(00\underline{11}\ \underline{0110}\ \underline{1110}.\underline{1101}\ \underline{0100})_2 = (36E.D4)_{16}$$
$$\quad\ \ 3\quad\ \ 6\quad\ \ E.\ \ D\quad\ 4$$

5. 用计算机中的计算器进行数制之间的转换

通过上述讲解，我们了解了计算机中的数制及其转换方法。在 Windows 操作系统中提供了计算器的应用程序，我们利用它可以方便地进行各进位制的转换。

按如下操作：单击"开始"→"所有程序"→"附件"→"计算器"命令，如图 1-5 所示。在出现的对话框中单击"查看"菜单，选择"程序员"命令，如图 1-6 所示。进入程序员计算器，如图 1-7 所示。

图 1-5　计算器初始界面　　　　图 1-6　打开"查看"菜单

例如，将十进制的 789 转换为十六进制数。先单击"十进制"单选按钮，在文本框中输入789，如图 1-7 所示。单击"十六进制"单选按钮，则文本框上的结果即为 789 的十六进制值，如图 1-8 所示。

其他进位制之间的转换类似，请读者在计算机上自行练习。

图 1-7 "程序员"计算器界面

图 1-8 将十进制 789 转换为二进制

1.2.2 字符编码

字符是计算机中使用最多的信息形式之一,也是人与计算机通信的重要媒介。字符包括字母、数字及专门的符号,将字符变为指定的二进制符号称为二进制编码。在计算机内部,要为每个字符指定一个确定的编码,作为识别与使用这些字符的依据。

1. ASCII 码

目前计算机中使用最广泛的符号编码是 ASCII 码,即美国标准信息交换码(American Standard Code for Information Interchange)。ASCII 包括 32 个通用控制字符、10 个十进制数码、52 个英文大小写字母和 34 个专用符号,共 $128=2^7$ 个元素,故需要用 7 位二进制数进行编码，以区分每个字符。通常使用一个字节（即 8 个二进制位）表示一个 ASCII 码字符，规定其最高位总是 0。常用的 ASCII 码见表 1-3。

表 1-3　常用的 ASCII 码编码表

类　　型	字　　符	对应的十进制数	对应的十六进制数
阿拉伯数字	0～9	48～57	30H～39H
大写英文字母	A～Z	65～90	41H～5AH
小写英文字母	a～z	97～122	61H～7AH

2. BCD 码

BCD 码（Binary-Coded Decimal）码又称"二-十进制编码"，专门解决用二进制数表示十进制数的问题。二-十进制编码方法很多，有 8421 码、2421 码、5211 码、余 3 码、右移码，等等。最常用的是 8421 编码，其方法是用 4 位二进制数表示一位十进制数，自左至右每一位对应的位权是 8、4、2、1。应该指出的是，4 位二进制数有 0000～1111 共 16 种状态，而十进制数 0～9 只取 0000～1001 共 10 种状态，其余 6 种不同。

由于 BCD 码中的 8421 编码应用最广泛，所以经常将 8421 编码混称为 BCD 码，也为人们所接受。

例如，十进制数 6803 的 8421 编码为 0110 1000 0000 0011。

由于需要处理的数字符号越来越多，为此又出现了"标准 6 位 BCD 码"和 8 位的"扩展 BCD 码"（EBCDIC 码）。

1.2.3　汉字编码

在我国推广应用计算机，必须使其具有汉字信息处理能力。对于这样的计算机系统，除了配备必要的汉字设备和接口外，还应该装配有支持汉字信息输入、输出和处理的操作系统。

汉字也是一种字符，但它远比西文字符量多且复杂，常用的汉字就有 3000～5000 个，显然无法用一个字节的编码来区分。所以，汉字通常用两个字节进行编码。1981 年我国公布的《通用汉字字符集（基本集）及其交换码标准》GB2312—80，共收集了 7445 个图形字符，其中汉字字符 6763 个，并分为两级，即常用的一级汉字 3755 个（按汉语拼音排序）和次常用汉字 3008 个（按偏旁部首排序），其他图形符号 682 个。为了直接用计算机键盘输入汉字，必须为汉字设计相应的编码，以满足计算机处理汉字的需要。

1. 区位码

用一串数字代表一个汉字，最常用的是国标区位码，它实际上是国标码的一种简单变形。把 GB2312—80 全部字符集分为 94 区，其中 1～15 区是字母、数字和图形符号区，16～55 区是一级汉字区，56～87 区是二级汉字和偏旁部首区，每个区又分为 94 位，编号也是从 01～94。这样，每一个字符便具有一个区码和一个位码，区码和位码的编码范围为 0～94。将区码置前、位码置后，组合在一起就成为区位码。例如，汉字"大"字在 20 区第 83 位，它的国标区位码为 2083。在选择区位码作为汉字输入码时,只要输入 2083,便输入了"大"字。

2. 国标码

GB2312—80 编码简称国标码,它规定每个图形字符由两个 7 位二进制编码表示,即每个编码需要占用两个字节,每个字节内占用 7 位信息,最高位补 0。

国标码与区位码是一一对应的。可以这样认为:区位码是十进制表示的国标码,国标码是十六进制表示的区位码。将某个汉字的区码和位码分别转换成十六进制后再分别加 20H,即可得到相应的国标码。

$$区位码(转换成十六进制)+2020H=国标码$$

例如,"大"的区位码为 2083,即 20(区号)83(位号),将其转换为国标码为:

$$2083(十进制) \rightarrow 1453H(十六进制)$$

$$1453H+2020H=3473H$$

故汉字"大"的区位码为 2083,其国标码为 3473H。

3. 汉字机内码

汉字机内码是汉字在计算机内部存储、处理和传输用的信息代码,要求它与 ASCII 码兼容但又不能相同,以便实现汉字和西文的并存兼容。通常将国标码两个字节的最高位置"1"作为汉字的内码。机内码是汉字最基本的编码,不管是什么汉字系统和汉字输入方法,输入的汉字外码到机器内部都要转换成机内码,才能被存储和进行各种处理。

国标码转换为机内码等于国标码加 80H,国标码的范围是 2121H～7E7EH。

$$国标码+8080H=机内码$$

例如,汉字"大"的国标码为 3473H,其机内码为 3473H+8080H=B4F3H。

4. 汉字输入码

在计算机系统处理汉字时,首先遇到的问题是如何输入汉字。汉字输入码又称为外码,是指从键盘输入汉字时采用的编码,主要有以下几类:

1)拼音码

以汉字的汉语拼音为基础,以汉字的汉语拼音或其一定规则的缩写形式为编码元素的汉字输入码统称为拼音码,由于汉字同音字较多,因此重码率较高,输入速度较慢。

2)字形码

指以汉字的形状结构及书写顺序特点为基础,按照一定的规则对汉字进行拆分,从而得到若干具有特定结构特点的形状,然后以这些形状为编码元素"拼形"而成汉字的汉字输入码统称为形码。常用的五笔字型码和表形码就是采用这种编码方法。

3)音形码

这是一类兼顾汉语拼音和形状结构两方面特性的输入码,它是为了同时利用拼音码和拼形码两者的优点,一方面降低拼音码的重码率,另一方面减少拼形码需较多学习和记忆的困难程度而设计的。例如,双拼码、五十字元等。

不同的汉字输入方法有不同的汉字外码,即汉字的外码可以有多个,但内码只能有一个。目前已有的汉字输入编码方法有数百种,如首尾码、拼音码、表形码、五笔字型码等。一种好的汉字输入编码方法应该具备规则简单、易于记忆、操作方便、编码容量大、编码短和重码率低等特征。

5. 汉字输出码

汉字字形码用在输出时产生汉字的字形，通常采用点阵形式产生，所以汉字字形码就是确定一个汉字字形点阵的代码。全点阵字形中的每一点用一个二进制位来表示，随着字形点阵的不同，它们所需要的二进制位数也不同。例如，24×24 的字形点阵，因每字节 8 位二进制数，每行 24 个点为 3 个字节，故每字 3×24 需要 72 字节；32×32 的字形点阵，每字共需 128 字节。与每个汉字对应的这一串字节，就是汉字的字形码。

例如，存储一个 32×32 点阵的汉字字形码需要的字节数。

$$32×32/8=128$$

6. 各种编码之间的关系

汉字通常通过汉字输入码，并借助输入设备输入到计算机内，再由汉字系统的输入管理模块进行查表或计算，将输入码（外码）转换成机器内码存入计算机存储器中。当存储在计算机内的汉字需要在屏幕上显示或在打印机上输出时，要借助汉字机内码在字模库中找出汉字的字形码，这种代码转换过程如图 1-9 所示。

图 1-9　汉字在计算机中的处理

1.2.4　数的编码

前面我们讨论了字符的编码，其实质是将字符（包括 ASCII 码字符和汉字）数码化后在计算机内表示成二进制数，这个数通常被称作"机器数"。字符是非数值型数据，从算术意义上说，它们不能参与算术运算，没有大小之分，也没有正负号之说。因此，字符编码时需要考虑的因素相对较少。计算机中的数据除了非数值型数据外，还有数值型数据。数值型数据有大小、正负之分，能够进行算术运算。将数值型数据全面、完整地表示成一个机器数，应该考虑三个因素：机器数的范围、机器数的符号和机器数中小数点的位置。

1. 机器数的范围

机器数的范围由硬件（CPU 中的寄存器）决定。当使用 8 位寄存器时，字长为 8 位，所以一个无符号整数的最大值是 $(11111111)_2=(255)_{10}$，机器数的范围为 0~255；当使用 16 位寄存器时，字长为 16 位，所以一个无符号整数的最大值是 $(FFFF)_{16}=(65\ 535)_{10}$，机器数的范围为 0~65 535。

2. 机器数的符号

在计算机内部,任何数据都只能用二进制的两个数码"0"和"1"来表示。正负数的表示也不例外,除了用"0"和"1"的组合来表示数值的绝对值大小外,其正负号也必须数码化以 0 和 1 的形式表示。通常规定最高位为符号位,并用 0 表示正,用 1 表示负。在一个 8 位字长的计算机中,数据的格式如图 1-10 所示。

图 1-10　机器数的符号

最高位 D_7 为符号位,$D_6 \sim D_1$ 为数值位。这种把符号数字化,并和数值位一起编码的方法,很好地解决了带符号数的表示方法及其计算问题。这类编码方法,常用的有原码、反码、补码三种。

3. 定点数和浮点数

在计算机内部难以表示小数点。故小数点的位置是隐含的。隐含的小数点位置可以是固定的,也可以是变动的,前者表示形式称为"定点数",后者表示形式称为"浮点数"。

1) 定点数

在定点数中,小数点的位置一旦固定,就不再改变。定点数中又有定点整数和定点小数之分。

对于定点整数,小数点的位置约定在最低位的右边,用来表示整数,如图 1-11 所示;对于定点小数,小数点的位置约定在符号位之后,用来表示小于 1 的纯小数,如图 1-12 所示。

图 1-11　机器内的定点整数

图 1-12　机器内的定点小数

【例 1-1】　设机器的定点数长度为 2 个字节,用定点整数表示 $(194)_{10}$。

因为 $(194)_{10} = 11000010B$,故机器内表示形式如图 1-11 所示。

【例 1-2】　用定点小数表示 $(-0.6875)_{10}$。

因为,$(-0.6875)_{10} = -0.1011000000000000B$,其机内表示如图 1-12 所示。

2）浮点数

如果要处理的数既有整数部分，又有小数部分，则采用定点数便会遇到麻烦。为此引出浮点数，即小数点位置不固定。

现将十进制数 75.24、−7.524、0.7524、−0.07524 用指数形式表示，分别为：

$$0.7524 \times 10^2 、 -0.7524 \times 10^1 、 0.7524 \times 10^0 、 -0.7524 \times 10^{-1}$$

可以看出，在原数字中无论小数点前后各有几位数，它们都可以用一个纯小数（称为尾数，有正、负）与 10 的整数次幂（称为阶数，有正、负）的乘积形式来表示，这就是浮点数的表示法。

同理，一个二进制数 N 也可以表示为 $N = \pm S \times 2^{\pm P}$。

式中的 N、P、S 均为二进制数。S 称为 N 的尾数，即全部的有效数字（数值小于 1），S 前面的 ± 号是尾数的符号；P 称为 N 的阶码（通常是整数），即指明小数点的实际位置，P 前面的 ± 号是阶码的符号。

在计算机中一般浮点数的存放形式如图 1-13 所示。

阶符	阶码 P	尾符	尾码 S

图 1-13　浮点数的存放形式

在浮点数表示中，尾数的符号和阶码的符号各占一位，阶码是定点整数，阶码的位数决定了所表示的数的范围，尾数是定点小数，尾数的位数决定了数的精度，在不同字长的计算机中，浮点数所占的字长是不同的。

1.3　计算机系统的组成

一个完整的计算机系统由硬件和软件组成，如图 1-14 所示。

图 1-14　计算机系统的组成

硬件指构成计算机系统的物理实体或物理装置，由电子元件、机械元件、集成电路构成。软件系统指在硬件基础上运行的各种程序、数据及有关的文档资料。通常把没有软件系统的计算机称为"裸机"。

1.3.1 计算机硬件系统

计算机的硬件由五大部分构成,也称冯·诺依曼结构,由输入设备、存储器、运算器、控制器、输出设备构成。

1. 运算器

运算器即 ALU(Arithmetic Logical Unit),是计算机对数据进行加工处理的部件。

它的主要功能是对二进制数码进行加、减、乘、除等算术运算和与、或、非等基本逻辑运算,实现逻辑判断。运算器在控制器的控制下实现其功能,运算结果由控制器指挥送到内存储器中。

2. 控制器

控制器是用来控制计算机各部件协调工作,并使整个处理过程有条不紊地进行。

它的基本功能就是从内存中取指令和执行指令,然后根据该指令功能向有关部件发出控制命令,执行该指令。另外,控制器在工作过程中,还要接受各部件反馈回来的信息。

通常把运算器和控制器合称谓中央处理器(Center Processing Unit,CPU)。

3. 存储器

存储器具有记忆功能,用来保存信息,如数据、指令和运算结果等。

存储器可分为两种:内存储器与外存储器。

内存储器简称为内存,用来存储当前要执行的程序和数据以及中间结果和最终结果。内存储器由许多存储单元组成,每个存储单元都有自己的地址。外存储器简称外存,用来存储大量暂时不参与运算的数据和程序,以及运算结果。

4. 输入设备

输入设备是将用户的程序、数据和命令输入到计算机的内存器的设备。最常用的输入设备是键盘,常用的输入设备还有鼠标、扫描仪等。

5. 输出设备

输出设备是将计算机运算和处理结果输出的设备。最常用的输出设备是显示器和打印机,常用的输出设备还有绘图仪等。

1.3.2 计算机工作原理

计算机工作的过程实质上是执行程序的过程。在计算机工作时,CPU 逐条执行程序中的语句就可以完成一个程序的执行,从而完成一项特定的任务。

计算机在执行程序时,先将每个语句分解成一条或多条机器指令,然后根据指令顺序,一条指令一条指令地执行，直到遇到结束运行的指令为止。而计算机执行指令的过程又分为取指令、分析指令和执行指令三步。即：从内存中取出要执行的指令并送到 CPU 中，分析指令要完成的动作，然后执行操作，直到遇到结束运行程序的指令为止。

如图 1-15 所示，在计算机工作中有三种信息在流动：数据信息、指令信息和控制信息。

图 1-15　计算机工作原理图

数据信息是指各种原始数据、中间结果、源程序等。这些信息由输入设备送到内存中。在运算过程中，数据从外存读入内存，由内存到 CPU 的运算器进行运算，运算后将计算结果再存入外存，或经输出设备输出。指令信息是指挥计算机工作的具体操作命令。而控制信息是由全机的指挥中心控制器发出的，根据指令向计算机各部件发出控制命令，协调计算机各部分的工作。

1.3.3　计算机软件系统

计算机软件系统包括系统软件和应用软件。系统软件一般由计算机厂商提供，应用软件是为解决某一问题而由用户或软件公司开发的。

1. 系统软件

系统软件是指管理、监控和维护计算机资源（包括硬件及软件）的软件，它主要包括操作系统、各种语言处理程序以及各种工具软件等。

1）操作系统

操作系统（Operating System,OS）是控制和管理计算机硬件和软件资源、合理地组织计算机工作流程并方便用户充分且有效地使用计算机资源的程序集合，操作系统是系统软件的"核心"，是用户与计算机之间的接口，也是其他系统软件和应用软件能够在计算机上运行的基础。

目前，计算机上常用的操作系统有 DOS、Windows、UNIX、Linux 等，其中基于图形界面、多任务的 Windows 操作系统使用最为广泛。

2）程序设计语言及处理程序

人们要利用计算机解决实际问题，一般首先要编写程序。程序设计语言就是用来编写程序的语言,它是人与计算机之间交换信息的工具。程序设计语言一般分为机器语言、汇编语言和高级语言三大类。

(1) 机器语言由二进制数组成,是计算机硬件系统能直接识别的计算机语言,不需翻译,由操作码和操作数组成。操作码指出应该进行什么操作,操作数指出参与操作的数本身,或它在内存中的地址。

使用机器语言编写程序,工作量大、难于记忆、容易出错、调试修改麻烦,但执行速度快。机器语言承受机器型号不同而异,不具备通用性,不可移植,因此说它是"面向机器"的语言。

(2) 汇编语言用助记符代替操作码,用地址符号代替操作数。由于这种"符号化"的做法,所以汇编语言也称为符号语言。用汇编语言编写的程序称为汇编语言"源程序"。汇编语言"源程序"不能直接运行,需要用"汇编程序"把它翻译成机器语言程序后,方可执行,这一过程称为"汇编"。

汇编语言"源程序"比机器语言程序易读、易检查、易修改,同时又保持了机器语言执行速度快、占用存储空间少的优点。汇编语言也是"面向机器"的语言,不具备通用性和可移植性。

(3) 高级语言相当于自然语言,高级语言是由各种意义的"词"和"数学公式"按照一定的"语法规则"组成的。

高级语言最大的优点是它"面向问题,而不是面向机器"。这不仅使问题的表述更加容易,简化了程序的编写和调试,大大提高了编程效率;同时还因这种程序与具体机器无关,所以有很强的通用性和可移植性。

目前,高级语言有面向过程和面向对象之分。传统的高级语言,严于律己,一般是面向过程的,如 Basic、Fortran、Pascal、C、FoxBase 等。随着面向对象技术的发展和完善,面向对象的程序设计方法和程序设计语言,以其独有的优势,得到普遍推广应用,并有完全取代面向过程的程序设计方法和程序设计语言的趋势,目前流行的面向对象的程序设计语言有 Visual Basic、Visual C++、Delphi、Visual FoxPro、Java 等。

3) 工具软件

工具软件又称服务软件,它是开发和研制各种软件的工具,常见的工具软件有诊断程序、调试程序、编辑程序等。这些工具软件为用户编制计算机程序及使用计算机提供了方便。

(1) 诊断程序是面向计算机维护的一种软件,功能是诊断计算机各部件能否正常工作。例如,对微机加电后,一般都首先运行 ROM 中的一段自检程序,以检查计算机系统是否能正常工作。这段自检程序就是一种最简单的诊断程序。

(2) 调试程序是程序开发者的重要工具,用于对程序尤其大型程序进行调试。例如,DEBUG 就是一般 PC 系统中常用的一种调试程序。

(3) 编辑程序是计算机系统中不可缺少的一种工具软件。主要用于输入、修改、编辑程序或数据。

2. 应用软件

应用软件是指专门为解决某个应用领域内的具体问题而编制的软件,由于计算机的应用几乎已渗透到了各个领域，所以应用程序也是多种多样的。

常用的应用软件有以下几种：

- 各种信息管理软件。
- 各种文字处理软件。
- 各种计算机辅助设计软件和辅助教学软件。
- 实时控制软件。
- 各种软件包，如数值计算程序库、图形软件包等。

1.3.4 微型计算机的构成

以上介绍的内容是通用计算机的有关知识。而我们工作和生活使用的计算机一般是指微型计算机。

我们从组装一台微型计算机来介绍其各部分组成。

1. 主板

计算机的主板又称母板。如果你打开过计算机的机箱，就会看到有一个部件将所有部件连接在一起，那就是主板。通过主板，计算机的所有部件可以得到电源并相互通信。主板是计算机关键部件之一，主板上的 CPU、内存插槽、芯片组以及 ROM BIOS 决定了这台计算机的档次。目前，主板的集成度越来越高，可以将声卡、显卡、网卡都可以集成在主板上，芯片数越来越少、故障率逐步降低、速度及稳定性增高，同时也降低了主板的价格。计算机主板如图 1-16 所示。

图 1-16 微型计算机的主板

几乎计算机中的所有部件都插接在主板上，常用的主板有华硕、技嘉等。

2. 中央处理器 CPU

CPU 是计算机的核心部件，可以直接访问内存储器。它主要是由运算器、控制器、寄存器等组成，并采用超大规模集成电路制成芯片。运算器的主要功能是完成各种算术运算、逻辑运算。控制器的主要功能是从内存中读取指令，并对指令进行分析，按照指令的要求控制各部件工作。寄存器是在处理器内部的暂时存储部件，寄存器的位数是影响 CPU 性能与速度的一个重要因素。如图 1-17 所示为 Intel 公司的四核至强 X5365。目前，世界上主要生产微机 CPU 的厂家有 Intel 和 AMD 两家著名的公司。CPU 的性能指标直接影响微机的性能，主要参数是字长和主频。目前主流的 CPU 的字长可达 64 位，主频可达到 3GHz 以上。

图 1-17　微处理器 CPU

CPU 的主要性能指标：

（1）主频。主频是 CPU 的时钟频率（CPU Clock Speed）。主频越高，CPU 的运算速度也就越快。但由于内部其他器件的不同，不是所有时钟频率相同的 CPU 性能都一样。目前 CPU 的主频可达 2GHz 以上。

（2）字与字长。计算机内部作为一个整体参与运算、处理和传送的一串二进制数，称为一个"字"（Word）。字是计算机内 CPU 进行数据处理的基本单位。一般将计算机数据总线所包含的二进制位数称为字长。字长的大小直接反映计算机的数据处理能力，字长越长，一次可处理的数据二进制位越多，运算能力就越强，计算精度就越高。目前微型计算机字长有 8 位、16 位、32 位和 64 位等。

（3）时钟频率。时钟频率即 CPU 的外部时钟频率（即外频），它直接影响 CPU 与内存之间的数据交换速度。数据带宽＝（时钟频率×数据宽度）/8。时钟频率由电脑主板提供。Intel 公司的芯片组 BX 提供 100MHz 的时钟频率，815、845 芯片组提供 133MHz 的时钟频率，目前 CPU 外频已经达到了 200MHz 以上。

（4）地址总线宽度。地址总线宽度决定了 CPU 可以访问的物理地址空间。简单地说，就是 CPU 能够使用多大容量的内存。假设 CPU 有 n 根地址线，则其可以访问的物理地址为 $2n$。目前，微型计算机地址总线有 8 位、16 位、32 位等。

（5）数据总线宽度。数据总线负责整个系统的数据流量的大小，数据总线宽度决定了 CPU 与二级高速缓存、内存以及输入/输出设备之间一次数据传输的信息量。

（6）内部缓存（L1、L2Cache）。封闭在 CPU 芯片内部的高速缓存，用于暂时存储 CPU 运算时的部分指令和数据，存取速度与 CPU 主频一致。L1、L2 缓存的容量单位一般为 KB。L1 缓存越大，CPU 工作时与存储速度较慢的 L2 缓存和内存间交换数据的次数越少，相对计算机的运算速度越快。

3. 存储器

微型计算机存储器分内部存储器和外部存储器。

1) 内存储器

微机内部直接与 CPU 交换信息的存储器称主存储器或内存储器。其主要功能是存放计算机运行时所需要的程序和数据。

(1) 内存储器的分类。微机的内存储器分为随机存储器(Random Access Memory, RAM)、只读存储器(Read Only Memory,ROM)、高速缓冲存储器(Cache)。

① 随机存储器(RAM)

RAM 中的内容随时可读、可写,断电后 RAM 中的信息全部丢失。RAM 用于存放当前运行的程序和数据。根据制造原理不同,RAM 可分为静态随机存储器(SRAM)和动态随机存储器(DRAM)。DRAM 较 SRAM 电路简单,集成度高,但速度较慢,微机的内存一般采用 DRAM。目前微机中常用的内存以内存条的形式插于主机板上,如图 1-18 所示。常用的容量为 512MB、1GB、2GB、4GB 等。

图 1-18　内存储器

② 只读存储器(ROM)。只能读出事先所存数据的固态半导体存储器。英文简称 ROM。ROM 所存数据,一般是装入整机前事先写好的,在整机工作过程中只能读出,而不像随机存储器那样能快速地、方便地加以改写。ROM 所存数据稳定,断电后所存数据也不会改变;其结构较简单,读出较方便,因而常用于存储各种固定程序和数据,如开机自检程序等内容。

③ 高速缓冲存储器(Cache)。随着微电子技术的不断发展,CPU 的主频不断提高。主存由于容量大、寻址系统繁多、读写电路复杂等原因,造成了主存的工作速度大大低于 CPU 的工作速度,直接影响了计算机的性能。如图 1-19 所示,为了解决主存与 CPU 工作速度上的矛盾,设计者们在 CPU 和主存之间增设一级容量不大、但速度很高的高速缓冲存储(Cache),高速缓冲存储器(Cache)实际上是为了把由 DRAM 组成的大容量内存储器都看作是高速存储器而设置的小容量局部存储器,一般由高速 SRAM 构成。这种局部存储器是面向 CPU 的,引入它是为减小以至消除 CPU 与内存之间的速度差异对系统性能带来的影响。Cache 的有效性是利用了程序对存储器的访问在时间上和空间上所具有的局部区域性,即对大多数程序来说,在某个时间片内会集中重复地访问某一个特定的区域。因此采用 Cache 可以提高系统的运行速度。Cache 由静态存储器(SRAM)构成,常用的容量为

128KB、256KB、512KB。在高档微机中为了进一步提高性能,还把 Cache 设置成二级或三级。

图 1-19　Cache 功能图

(2) 内存的性能指标。对存储器主要要求有存储容量大、存取速度快、稳定可靠、经济性能好。存储器的性能指标主要有以下几项。

① 存储容量。存储器可以容纳的二进制信息量称为存储容量,通常以 RAM 的存储容量来表示微型计算机的内存容量。存储器的容量以字节(Byte)为单位,1 个字节为 8 个二进制位(Bit)。常用的单位还有 KB、MB、GB、TB 等。

② 存取周期。存取周期指存储器进行两次连续、独立的操作(读写)之间所需的最短时间,单位为 ns(纳秒)。存储器的存取周期是衡量主存储器工作速度的重要指标。

③ 功耗。这个指标反映了存储器耗电量的大小,也反映了发热程度。功耗小,对存储器的工作稳定有利。

2) 外存储器

外存储器又称为辅助存储器,用来长期保存数据、信息,主要包括软盘存储器、硬盘存储器、光盘存储器、优盘等。由于软盘很容易坏损,目前配置微机已不再安装软盘。

(1) 硬盘。硬盘片是由涂有磁性材料的铝合金构成,读写硬盘时,磁性圆盘高速旋转产生的托力使磁头悬浮在盘面上而不接触盘面,硬盘容量视具体类型而定。目前常用的硬盘容量在 160GB~1TB,转速为 7200rpm。硬盘的结构如图 1-20 所示。

图 1-20　硬盘示意图及硬盘外观图

(2) 光盘。随着多媒体技术的发展,光盘存储器的使用越来越普遍。光盘又称 CD (Compact Disc,压缩盘),由于其存储容量大、存储成本低、易保存,因此在微机中得到了广泛的应用。光盘一般采用丙烯树脂做基片,表面涂布一层碲合金或其他介质的薄膜,通过激光在光盘上产生一系列的凹槽来记录信息。利用金属盘片表面凹凸不平的特征,通过光的反射强度来记录和识别二进制的 0、1 信息。光盘一般直径为 5.25in,分为只读(Read-Only)、一次写入(Write Once)和可擦式(Erasable)等几种。只读式光盘(CD-ROM)是用得最广泛的一种,其容量一般为 650MB。与光盘相配套使用的光盘驱动器的发展也非常快,从最初的单倍速、双倍速到 8 倍速、20 倍速、32 倍速、40 倍速等,目前使用比较广泛的是 40 倍速的光驱，其中一倍速为150Kb/s。

常见的光盘有以下三种。

- CD-ROM (Compact Disk Read Only Memory)只读型光盘。CD-ROM 由基底层、记录层、反射层、保护层组成，直径为 120mm 或 80mm，中心定位孔直径 15mm，厚 1.2mm。CD-ROM 中的程序或数据预先由生产厂家写入，用户只能读出，不能改变其内容。
- CD-R(CD-Recordable)一次写入型光盘。CD-R 是一种一次性写、多次读的光盘，信息的存放格式与只读光盘 CD-ROM 相同，其材质中多了一层刻录层，可以用 CD-R 刻录机通过刻录软件向 CD-R 中一次性写入数据。
- CD-RW(CD-Rewriteable)可重写刻录型光盘。CD-RW 技术先进，可以重复刻录，但价格较贵。

（3）可移动外存储器。可移动外存储器包括 U 盘和移动硬盘。目前很多数码产品都可以当做 U 盘使用，例如 MP3、MP4、MP5、手机等。U 盘与主机的 USB 口相连接，在 Windows 2000 以上的系统中使用，无需安装驱动程序，可即插即用。目前 U 盘的容量基本都在 4G 以上，可靠性远高于软盘，其价格便宜，深受计算机用户的喜爱。可直接插 USB 口的硬盘，称为移动硬盘，其容量通常在 80GB 以上。

4. 鼠标与键盘

鼠标与键盘，常称为输入设备。

1）鼠标

鼠标是微机最基本的输入设备，通过移动鼠标可以快速定位屏幕上的对象，从而实现执行命令、设置参数、选择菜单等操作。

鼠标可以通过 RS-232 串口、PS/2 插口、USB 接口与主机相连，即插即用。

按照不同的工作原理，可分为机械鼠、光电鼠、无线遥控鼠标器，如图 1-21 所示。

机械鼠标器　　　　光电鼠标器　　　无线遥控鼠标器

图 1-21　鼠标

（1）机械式鼠标器：鼠标内有一个圆的实心橡皮球，在它的上下方向和左右方向各有一个转轮和它相接触，这两个转轮各连接着一个光栅轮，光栅轮的两侧各有一个发光二极管和光敏电阻。当鼠标移动时，橡皮球滚动，并带动两个飞轮转动，光敏电阻便感受到光线的变化，并把信号传送给主机。

（2）光电式鼠标器：光电鼠标的内部有红外光发射和接收装置，它利用光的反射来确定鼠标的移动。当光电式鼠标在反射板上移动时，光源发出的光经反射后，再由鼠标器接收，并将鼠标移动的信息转换为编码信号送入计算机。

（3）无线遥控鼠标器：无线遥控式鼠标又可分为红外无线型鼠标和电波无线型鼠标。

红外无线型鼠标一定要对准红外线发射器后才可以活动自如；而电波无线型鼠标较为灵活,但价格贵。

2）键盘

键盘是最常用的输入设备,如图1-22所示,它可以将英文字母、汉字、数字、标点符号等输入到计算机中,从而向计算机输入数据、文本、程序和命令。

图1-22　键盘

键盘按其按键的功能和排列位置可分为打字机键、功能键、光标控制键和数字小键盘四部分。

计算机键盘中各主要键的功能如表1-4所示。

表1-4　键盘中各主要键的功能

键	作 用	说 明
Esc	释放键	取消当前的操作。在DOS下废除当前行,等待新的输入
Space	空格键	按一下产生一个空格
Backspace	退格键	删除光标左侧的字符
Shift	换档键	同时按下Shift和具有两档字符的键,上档符起作用
Tab	跳格制表定位	按一次光标向右跳8个字符位置
Caps Lock	大小写转换	按下此键Caps Lock灯亮,处于大写状态,否则为小写
NumLock	数字锁定转换	NumLock灯亮,小键盘数字键起作用,否则下档有效
Del	删字符	按一次删除光标右侧一个字符
Ins	插入/覆盖转换	插入状态时在光标左侧插入字符,否则覆盖当前字符
Ctrl	控制键	此键与其他键配合使用时可产生各种功能效果
Alt	控制键	又称替换键,具有与Ctrl键相似的作用
Enter	回车键	光标移到下一行
PrintScreen	打印屏幕	将屏幕上的内容打印
PageUp	向前翻页	光标快速定位到上一页
PageDown	向后翻页	光标快速定位到下一页

5. 显示器

显示器又称为"监视器",是计算机中标准的输出设备。

1）显示器的分类

按能显示的色彩种类的多少,可分为单色显示器和彩色显示器；按显示器件不同有阴极射线管显示器(CRT),如图1-23所示；液晶显示器(LCD)如图1-24所示；发光二极管(LED)、等离子体(PDP)、荧光(VF)等平板显示器；按显示方式的不同有图形显示方式的显示器和字符显示方式的显示器；按照显像管外观不同有球面屏幕、平面直角屏幕、柱面屏幕等几种。

按显示方式分类：分为字符显示方式和图形显示方式两种。

字符显示方式是把要显示字符的编码送入主存储器中的显示缓冲区，再由显示缓冲区送往字符发生器（ROM构成），将字符代码转换成字符的点阵图形，最后通过视频控制电路送给显示器显示。字符显示的最大分辨率为 80×25。图形显示方式是直接将显示字符或图形的点阵送往显示缓冲区，再由显示控制电路送到显示器显示。这种显示方式的分辨率可高达 1600×1200，甚至更高。

图 1-23   液晶显示器（LCD）

图 1-24   阴极射线管显示器（CRT）

2）显示器的主要技术参数

（1）屏幕尺寸：指显示器的对角线长度，以英寸为单位（1英寸＝2.54厘米），常见的显示器为 15″、17″、19″、21″等。

（2）点距：点距指屏幕上的相邻像素点之间的距离。点距越小，显示器的分辨率越高。常见的显示器的点距有 0.20、0.25、0.26、0.28 等。

（3）分辨率：指显示屏幕上可以容纳的像素点的个数，通常写成"水平点数"×"垂直点数"的形式。例如，800×600、1024×768 等。显示器的分辨率受点距和屏幕尺寸的限制，也和显示卡有关。

（4）灰度和颜色深度：灰度指像素点亮度的级别数，在单色显示方式下，灰度的级数越多，图像层次越清晰。颜色深度指计算机中表示色彩的二进制数，一般有1位、4位、8位、16位、24位，24位可以表示的色彩数为1600多万种。

（5）刷新频率：指每秒钟内屏幕画面刷新的次数。刷新的频率越高，画面闪烁越小。通常是 $75 \sim 90 \mathrm{Hz}$。

（6）扫描方式：水平扫描方式分为隔行扫描和逐行扫描。隔行扫描指在扫描时每隔一行扫一行，完成一屏后再返回来扫描剩下的行；逐行扫描指扫描所有的行。隔行扫描的显示器比逐行扫描闪烁得更厉害，也会让使用者的眼睛更疲劳。现在的显示器采用的都是逐行扫描方式。

3）显示适配器

显示适配器又称显卡，它是连接CPU与显示器的接口电路。显卡的工作原理是：CPU将要显示的数据通过总线传送给显示芯片；显示芯片对数据进行处理后，送到显示缓存；显示缓存读取数据后将其送到RAMDAC进行数/模转换，然后通过VGA接口送到显示器显示。

6. 打印机

打印机用于将计算机运行结果或中间结果等信息打印在纸上。利用打印机不仅可以打印文字，也可以打印图形、图像。因此打印机已成为微机中重要的输出设备。

1）打印机的分类

按输出方式分为逐行打印机和逐字打印机。逐行打印机是按"点阵"逐行打印，打印机自上而下每次动作打印一行点阵；逐字打印机则是按"字符"逐行打印，打印机自左至右每次动作打印一个字符的一列点阵。

按打印颜色分为单色打印机和彩色打印机。

按工作方式分为击打式打印机和非击打式打印机。击打式打印机噪音大、速度慢、打印质量差，但是价格便宜，常用的针式打印机。非击打式打印机的噪音小、速度快、打印质量高，但价格较贵，常用的有激光打印机、喷墨打印机。

2）打印机的工作原理及特点

（1）针式打印机。其工作原理是在指令的控制下，打印机不断敲打在循环的色带上，将色带的墨打印在纸上。针式打印机一般有 9 针、24 针，常用的是 24 针。针式打印机的特点是：噪声大、精度低，但价格便宜、对纸张的要求低。针式打印机主要用于打印票据或具有复写功能的纸张。

（2）激光打印机。激光打印机是 20 世纪 60 年代末 Xerox 公司发明的，采用的是电子照相（Electro-photo-graphy）技术。该技术利用激光束扫描光鼓，通过控制激光束的开与关使传感光鼓吸与不吸墨粉，光鼓再把吸附的墨粉转印到纸上而形成打印结果。激光打印机的整个打印过程可以分为控制器处理阶段、墨影及转印阶段。激光打印机的特点是分辨率高、打印质量好、打印速度快，也是目前主流使用的打印机。

（3）喷墨打印机。目前喷墨打印机按打印头的工作方式可以分为压电喷墨技术和热喷墨技术两大类型。

压电喷墨打印机是将许多小的压电陶瓷放置到喷墨打印机的打印头喷嘴附近，利用它在电压作用下会发生形变的原理，适时地把电压加到它的上面。压电陶瓷随之产生伸缩使喷嘴中的墨汁喷在打印纸上。

热喷墨打印机是利用电阻加热喷墨打印机的喷头，使其中的墨水汽化，将墨水喷在打印纸上。喷墨打印机的特点是：打印速度较高，分辨率较高，但由于其耗材价格较高，目前使用该种打印机的用户很少。

3）打印机主要技术参数

打印分辨率：用 DPI（点/英寸）表示。激光和喷墨打印机一般都能达到 600DPI。

打印速度：可用 CPS（字符/秒）表示或用"页/分钟"表示。

打印纸最大尺寸：一般打印机是 A4 幅面。

1.4 计算机病毒及其防范

1.4.1 计算机病毒概述

1. 计算机病毒的概念

计算机病毒（Computer Virus）在《中华人民共和国计算机信息系统安全保护条例》中被明确定义，病毒指"编制或者在计算机程序中插入的破坏计算机功能或者破坏数据，影响计算机使用并且能够自我复制的一组计算机指令或者程序代码"。而在一般教科书及通用资料中被定义为：利用计算机软件与硬件的缺陷，由被感染机内部发出的破坏计算机数据并影响计算机正常工作的一组指令集或程序代码。

2. 计算机病毒的产生

病毒不是来源于突发或偶然的原因。一次突发的停电和偶然的错误，会在计算机的磁盘和内存中产生一些乱码和随机指令，但这些代码是无序和混乱的，病毒则是一种比较完美的、精巧严谨的代码，按照严格的秩序组织起来，与所在的系统网络环境相适应和配合起来，病毒不会偶然形成，并且需要有一定的长度，这个基本的长度从概率上来讲是不可能通过随机代码产生的。现在流行的病毒是由人故意编写的，多数病毒可以找到作者和产地信息，从大量的统计分析来看，病毒作者主要情况和目的是：一些天才的程序员为了表现自己和证明自己的能力，出于对上司的不满，为了好奇，为了报复，为了祝贺和求爱，为了得到控制口令，为了防止所开发的软件拿不到报酬而预留的陷阱等；当然也有因政治、军事、宗教、民族、专利等方面的需求而专门编写的，其中也包括一些病毒研究机构和黑客的测试病毒。

3. 计算机病毒的特点

计算机病毒具有以下几个特点：

（1）寄生性。计算机病毒寄生在其他程序之中，当执行这个程序时，病毒就起破坏作用，而在未启动这个程序之前，它是不易被人发觉的。

（2）传染性。计算机病毒不但本身具有破坏性，更有害的是具有传染性，一旦病毒被复制或产生变种，其速度之快令人难以预防。传染性是病毒的基本特征。在生物界，病毒通过传染从一个生物体扩散到另一个生物体。在适当的条件下，它可得到大量繁殖，并使被感染的生物体表现出病症甚至死亡。同样，计算机病毒也会通过各种渠道从已被感染的计算机扩散到未被感染的计算机，在某些情况下造成被感染的计算机工作失常甚至瘫痪。当在一台机器上发现了病毒时，往往曾在这台计算机上用过的可移动磁盘已感染上了病毒，而与这台机器相联网的其他计算机也许也被该病毒染上了。是否具有传染性是判别一个程序是否为计算机病毒的最重要条件。

（3）潜伏性。有些病毒像定时炸弹一样，让它什么时间发作是预先设计好的。比如黑色星期五病毒，不到预定时间一点都觉察不出来，等到条件具备的时候一下子就爆发开来，对系统进行破坏。一个编制精巧的计算机病毒程序，进入系统之后一般不会马上发作，可以在几周或者几个月内甚至几年内隐藏在合法文件中,对其他系统进行传染,而不被人发现,潜伏性愈好,其在系统中的存在时间就会愈长,病毒的传染范围就会愈大。潜伏性的第一种表现是指,病毒程序不用专用检测程序是检查不出来的,因此病毒可以静静地躲在磁盘或磁带里待上几天,甚至几年,一旦时机成熟,得到运行机会,就要四处繁殖、扩散,继续为害。潜伏性的第二种表现是指,计算机病毒的内部往往有一种触发机制,不满足触发条件时,计算机病毒除了传染外不做什么破坏。触发条件一旦得到满足,有的在屏幕上显示信息、图形或特殊标识,有的则执行破坏系统的操作,如格式化磁盘、删除磁盘文件、对数据文件做加密、封锁键盘以及使系统死锁等。

(4)隐蔽性。计算机病毒具有很强的隐蔽性,有的可以通过病毒软件检查出来,有的根本就查不出来,有的时隐时现、变化无常,这类病毒处理起来通常很困难。

(5)破坏性。计算机中毒后,可能会导致正常的程序无法运行,把计算机内的文件删除或受到不同程度的损坏。通常表现为增、删、改、移。

(6)计算机病毒的可触发性。病毒因某个事件或数值的出现,诱使病毒实施感染或进行攻击的特性称为可触发性。为了隐蔽自己,病毒必须潜伏,少做动作。如果完全不动,一直潜伏的话,病毒既不能感染也不能进行破坏,便失去了杀伤力。病毒既要隐蔽又要维持杀伤力,它必须具有可触发性。病毒的触发机制就是用来控制感染和破坏动作的频率的。病毒具有预定的触发条件,这些条件可能是时间、日期、文件类型或某些特定数据等。病毒运行时,触发机制检查预定条件是否满足,如果满足,启动感染或破坏动作,使病毒进行感染或攻击;如果不满足,使病毒继续潜伏。

4. 计算机病毒分类

根据多年对计算机病毒的研究,按照科学的、系统的、严密的方法,计算机病毒可分类如下:

1) 按照计算机病毒属性的方法进行分类

根据病毒存在的媒体,病毒可以划分为网络病毒、文件病毒、引导型病毒。网络病毒通过计算机网络传播感染网络中的可执行文件,文件病毒感染计算机中的文件(如 COM、EXE、DOC 等),引导型病毒感染启动扇区(Boot)和硬盘的系统引导扇区(MBR),还有这三种情况的混合型,例如,多型病毒(文件和引导型)感染文件和引导扇区两种目标,这样的病毒通常都具有复杂的算法,它们使用非常规的办法侵入系统,同时使用了加密和变形算法。

2) 按照计算机病毒传染的方法进行分类

根据病毒传染的方法可分为驻留型病毒和非驻留型病毒,驻留型病毒感染计算机后,把自身的内存驻留部分放在内存(RAM)中,这一部分程序挂接系统调用并合并到操作系统中去,并处于激活状态,一直到关机或重新启动。非驻留型病毒在得到机会激活时并不感染计算机内存,一些病毒在内存中留有小部分,但是并不通过这一部分进行传播,这类病毒也被划分为非驻留型病毒。

3) 根据病毒破坏的能力进行分类

无害型:除了传染时减少磁盘的可用空间外,对系统没有其他影响。

无危险型:这类病毒仅仅是减少内存、显示图像、发出声音及同类音响。

危险型:这类病毒在计算机系统操作中造成严重的错误。

非常危险型：这类病毒删除程序、破坏数据、清除系统内存区和操作系统中重要的信息。这些病毒对系统造成的危害，并不是本身的算法中存在危险的调用，而是当它们传染时会引起无法预料的和灾难性的破坏。由病毒引起其他的程序产生的错误也会破坏文件和扇区，这些病毒也按照它们具有的破坏能力划分。一些现在的无害型病毒也可能会对新版的DOS、Windows和其他操作系统造成破坏。例如，在早期的病毒中，有一个名为Denzuk的病毒在360KB磁盘上能很好地工作，不会造成任何破坏，但是在后来的高密度软盘上却能引起大量的数据丢失。

4）根据病毒特有的算法进行划分

（1）伴随型病毒，这一类病毒并不改变文件本身，它们根据算法产生EXE文件的伴随体，具有同样的名字和不同的扩展名（COM）。例如，XCOPY.EXE的伴随体是XCOPY.COM。病毒把自身写入COM文件并不改变EXE文件，当DOS加载文件时，伴随体优先被执行到，再由伴随体加载执行原来的EXE文件。

（2）"蠕虫"型病毒，通过计算机网络传播，不改变文件和资料信息，利用网络从一台机器的内存传播到其他机器的内存，计算网络地址，将自身的病毒通过网络发送。它们在系统中存在，一般除了内存不占用其他资源。

（3）寄生型病毒　除了伴随和"蠕虫"型，其他病毒均可称为寄生型病毒，它们依附在系统的引导扇区或文件中，通过系统的功能进行传播，按其算法不同可分为：

- 练习型病毒。病毒自身包含错误，不能进行很好的传播，例如一些病毒在调试阶段。
- 诡秘型病毒。它们一般不直接修改DOS中断和扇区数据，而是通过设备技术和文件缓区等DOS内部修改，使用比较高级的技术，利用DOS空闲的数据区进行工作。
- 变型病毒（又称幽灵病毒）。这一类病毒使用一个复杂的算法，使自己每传播一份都具有不同的内容和长度。它们一般是由一段混有无关指令的解码算法和被变化过的病毒体组成。

5. 用户计算机中毒的24种症状

- 计算机系统运行速度减慢。
- 计算机系统经常无故发生死机。
- 计算机系统中的文件长度发生变化。
- 计算机存储的容量异常减少。
- 系统引导速度减慢。
- 丢失文件或文件损坏。
- 计算机屏幕上出现异常显示。
- 计算机系统的蜂鸣器出现异常声响。
- 磁盘卷标发生变化。
- 系统不识别硬盘。
- 对存储系统异常访问。
- 键盘输入异常。
- 文件的日期、时间、属性等发生变化。
- 文件无法正确读取、复制或打开。

- 命令执行出现错误。
- 虚假报警。
- 换当前盘。有些病毒会将当前盘切换到 C 盘。
- 时钟倒转。有些病毒会命名系统时间倒转，逆向计时。
- Windows 操作系统无故频繁出现错误。
- 系统异常重新启动。
- 一些外部设备工作异常。
- 异常要求用户输入密码。
- Word 或 Excel 提示执行"宏"。
- 使不应驻留内存的程序驻留内存。

【知识拓展】 IT 史上所出现的重大病毒

1. Elk Cloner（1982 年）

它被看作攻击个人计算机的第一款全球病毒，也是所有令人头痛的安全问题先驱者。它通过苹果 Apple Ⅱ 软盘进行传播。这个病毒被放在一个游戏磁盘上，可以被使用 49 次。在第 50 次使用的时候，它并不运行游戏，取而代之的是打开一个空白屏幕，并显示一首短诗。

2. Brain（1986 年）

Brain 是第一款攻击运行微软的受欢迎的操作系统 DOS 的病毒，是可以感染 360KB 软盘的病毒，该病毒会填充满软盘上未用的空间，而导致它不能再被使用。

3. Morris（1988 年）

Morris 该病毒程序利用了系统存在的弱点进行入侵，Morris 设计的最初的目的并不是搞破坏，而是用来测量网络的大小。但是，由于程序的循环没有处理好，计算机会不停地执行、复制 Morris，最终导致死机。

4. CIH（1998 年）

CIH 病毒是迄今为止破坏性最严重的病毒，也是世界上首例破坏硬件的病毒。它发作时不仅破坏硬盘的引导区和分区表，而且破坏计算机系统 BIOS，导致主板损坏。此病毒是由台湾大学生陈盈豪研制的，据说他研制此病毒的目的是纪念 1986 年的灾难或是让反病毒软件难堪。

5. Melissa（1999 年）

Melissa 是最早通过电子邮件传播的病毒之一，当用户打开一封电子邮件的附件，病毒会自动发送到用户通讯簿中的前 50 个地址，因此这个病毒在数小时之内就传遍了全球。

6. Love bug（2000 年）

Love bug 也通过电子邮件附近传播，它利用了人类的本性，把自己伪装成一封求爱信来欺骗收件人打开。这个病毒以其传播速度和范围让安全专家吃惊。在数小时之内,这个小小的计算机程序便征服了全世界范围的全部计算机系统。

7. "红色代码"(2001 年）

被认为是史上最昂贵的计算机病毒之一,这个自我复制的恶意代码"红色代码"利用了微软 IIS 服务器中的一个漏洞。该蠕虫病毒具有一个更恶毒的版本,被称作红色代码Ⅱ。这两个病毒都除了可以对网站进行修改外,被感染的系统性能还会严重下降。

8. Nimda(2001 年）

尼姆达(Nimda)是历史上传播速度最快的病毒之一,在上线之后的 22 分钟之后就成为传播最广的病毒。

9. "冲击波"(2003 年）

冲击波病毒的英文名称是 Blaster,还被叫做 Lovsan 或 Lovesan,它利用了微软软件中的一个缺陷,对系统端口进行疯狂攻击,可以导致系统崩溃。

10. "震荡波"(2004 年）

震荡波是又一个利用 Windows 缺陷的蠕虫病毒,震荡波可以导致计算机崩溃并不断重启。

11. "熊猫烧香"(2007 年）

熊猫烧香会使所有程序图标变成熊猫烧香,并使它们不能应用。

12. "扫荡波"(2008 年）

同冲击波和震荡波一样,也是个利用漏洞从网络入侵的程序。而且正好在黑屏事件,大批用户关闭自动更新以后,这更加剧了这个病毒的蔓延。这个病毒可以导致被攻击者的机器被完全控制。

13. Conficker(2008 年）

Conficker 病毒原来要在 2009 年 3 月进行大量传播,然后在 4 月 1 日实施全球性攻击,引起全球性灾难。不过,这种病毒实际上没有造成什么破坏。

14. "木马下载器"(2009 年）

当年的年度新病毒,中毒后会产生 1000～2000 不等的木马病毒,导致系统崩溃,短短 3 天变成 360 安全卫士首杀榜前 3 名(现在位居榜首）。

15. "鬼影病毒"(2010 年）

该病毒成功运行后,在进程中、系统启动加载项里找不到任何异常,同时即使格式化重装系统,也无法彻底清除该病毒。犹如"鬼影"一般"阴魂不散",所以称为"鬼影"病毒。

1.4.2　计算机病毒的防范

为了防止计算机病毒的蔓延和扩散,避免计算机病毒给用户造成危害,任何计算机用户都必须加强对计算机病毒的防范。预防计算机病毒的主要方法是切断病毒的传播途径。对于微型计算机而言,单机之间计算机病毒传染的主要媒介是可移动存储设备,包括 U 盘、移动硬盘、数码设备、手机等。网络上的病毒可以直接通过网络操作传播。

1. 计算机病毒的防范

(1)计算机中必须要安装杀毒软件,并且杀毒软件的病毒库要经常更新,以快速检测到可能入侵计算机的新病毒或者变种。常用的杀毒软件有卡巴斯基 Kaspersky Anti-Virus (AVP) Personal、瑞星杀毒软件、金山毒霸、江民杀毒软件、NOD32、360 杀毒软件等。

(2)使用安全监视软件(和杀毒软件不同,比如 360 安全卫士、瑞星卡卡)主要防止浏览器被异常修改,安装不安全的恶意插件。

(3)使用防火墙或者杀毒软件自带防火墙。

(4)关闭电脑自动播放(网上有)并对电脑和移动存储工具进行常见病毒免疫。

(5)定时全盘病毒木马扫描。

2. 远离计算机病毒的注意事项

1)建立良好的安全习惯

对一些来历不明的邮件及附件不要打开,不要上一些不太了解的网站、不要执行从 Internet 下载后未经杀毒处理的软件等,这些必要的习惯会使您的计算机更安全。

2)关闭或删除系统中不需要的服务

默认情况下,许多操作系统会安装一些辅助服务,如 FTP 客户端、Telnet 和 Web 服务器。这些服务为攻击者提供了方便,而又对用户没有太大用处,如果删除它们,就能大大减少被攻击的可能性。

3)经常升级安全补丁

据统计,有 80% 的网络病毒是通过系统安全漏洞进行传播的,像蠕虫王、冲击波、震荡波等,所以我们应该定期到微软网站去下载最新的安全补丁,防患于未然。

4)使用复杂的密码

有许多网络病毒就是通过猜测简单密码的方式攻击系统的,因此使用复杂的密码将会大大提高计算机的安全系数。

5)迅速隔离受感染的计算机

当计算机发现病毒或异常时应立刻断网,以防止计算机受到更多的感染,或者成为传播源,再次感染其他计算机。

6)了解一些病毒知识

这样就可以及时发现新病毒并采取相应措施,在关键时刻使自己的计算机免受病毒破坏。如果能了解一些注册表知识,就可以定期看一看注册表的自启动项是否有可疑键值;如果了解一些内存知识,就可以经常看看内存中是否有可疑程序。

7) 最好安装专业的杀毒软件进行全面监控

在病毒日益增多的今天，使用杀毒软件进行防毒，是越来越经济的选择，不过用户在安装了反病毒软件之后，应该经常进行升级、将一些主要监控经常打开（如邮件监控）、内存监控等、遇到问题要上报，这样才能真正保障计算机的安全。

8) 用户还应该安装个人防火墙软件进行防黑

由于网络的发展，用户电脑面临的黑客攻击问题也越来越严重，许多网络病毒都采用了黑客的方法来攻击用户电脑，因此，用户还应该安装个人防火墙软件，将安全级别设为中、高，这样才能有效地防止网络上的黑客攻击。

【课后习题】

1. 搜集在 2008 年北京奥运会和 2010 年上海世博会上及国内外大型活动中计算机技术的应用情况。

2. 到电脑公司模拟组装一台自己喜欢的电脑。要求写出自己的装机需求，电脑最后配置、装机体验及收获。

第2章 操作系统

2.1 操作系统概述

操作系统是一种系统软件,其功能是使计算机系统能协调、高效和可靠地进行工作,同时也为了给用户一种方便友好地使用计算机的环境。在计算机操作系统中,通常都设有存储器管理、设备管理、文件管理、作业管理等功能模块,它们相互配合,共同完成操作系统既定的全部职能。

2.1.1 操作系统功能

操作系统的功能主要包括存储器管理、设备管理、文件管理和作业管理。

1. 存储器管理

存储器管理主要是指针对内存储器的管理。主要任务是:分配内存空间,保证各作业占用的存储空间不发生矛盾,并使各作业在自己所属存储区中不互相干扰。

2. 设备管理

设备管理是指负责管理各类外围设备(简称为外设),包括分配、启动和故障处理等。主要任务是:当用户使用外部设备时,必须提出要求,待操作系统进行统一分配后方可使用。当用户的程序运行到要使用某外设时,由操作系统负责驱动外设。操作系统还具有处理外设中断请求的能力。

3. 文件管理

文件管理是指操作系统对信息资源的管理。在操作系统中,将负责存取的管理信息的部分称为文件系统。文件是在逻辑上具有完整意义的一组相关信息的有序集合,每个文件都有一个文件名。文件管理支持文件的存储、检索和修改等操作以及文件的保护功能。操作系统一般都提供功能较强的文件系统,有的还提供数据库系统来实现信息的管理工作。

4. 作业管理

每个用户请求计算机系统完成的一个独立的操作称为作业。作业管理包括作业的输入和输出,作业的调度与控制(根据用户的需要控制作业运行的步骤)。

2.1.2 Windows 发展变化

1. Windows Server 2003

Windows Server 2003 是微软在 XP 之后开发的新的操作系统。它包括：

（1）Windows Server 2003 标准版，是一个可靠的网络操作系统，可迅速方便地提供企业解决方案。这种灵活的服务器是小型企业和部门应用的理想选择。Windows Server 2003 标准版支持文件和打印机共享，提供安全的 Internet 连接，允许集中化的桌面应用程序部署。

（2）Windows Server 2003 企业版，是为满足各种规模的企业的一般用途而设计的。它是各种应用程序、Web 服务和基础结构的理想平台，它提供高度可靠性、高性能和出色的商业价值，是一种全功能的服务器操作系统，支持多达 8 个处理器。提供企业级功能，如 8 节点群集、支持高达 32GB 内存等，可用于基于 Intel Itanium 系列的计算机，将可用于能够支持 8 个处理器和 64GB RAM 的 64 位计算平台。

（3）Windows Server 2003 数据中心版，是为运行企业和任务所倚重的应用程序而设计的，这些应用程序需要最高的可伸缩性和可用性，支持高达 32 路的 SMP 和 64GB 的 RAM，提供 8 节点群集和负载平衡服务，将可用于能够支持 64 位处理器和 512GB RAM 的 64 位计算平台。

（4）Windows Server 2003 Web 版，Windows 操作系统系列中的新产品，Windows Server 2003 Web 版用于 Web 服务和托管。Windows Server 2003 Web 版用于生成和承载 Web 应用程序、Web 页面以及 XML Web 服务，其主要目的是作为 IIS 6.0 Web 服务器使用，提供一个快速开发和部署 XML Web 服务和应用程序的平台，这些服务和应用程序使用 ASP.NET 技术，该技术是.NET 框架的关键部分。

Windows Server 2003 R2，扩展了 Windows Server 2003 操作系统，在轻松地集成到现有 Windows Server 2003 环境的同时，提供了更高效的方法，来管理和控制对本地和远程资源的访问。Windows Server 2003 R2 构建了更高的安全性、可靠性和性能，扩展了对本地和远程资源的连接和控制。企业可通过增强的资源管理和控制，得到更低的成本和更好的效率。

2. Windows Vista

Windows Vista 是微软公司的一款具有革命性变化的操作系统。微软最初在 2005 年 7 月 22 日正式公布了这一名字。在 2006 年 11 月 8 日，Windows Vista 开发完成并正式进入批量生产。此后的两个月仅向 MSDN 用户、计算机软硬件制造商和企业客户提供。在 2007 年 1 月 30 日，Windows Vista 正式对普通用户出售，同时也可以从微软的网站下载。Windows Vista 包含了上百种新功能；其中较特别的是新版的图形用户界面和称为 Windows Aero 的全新界面风格、加强后的搜寻功能（Windows Indexing Service）、新的多媒体创作工具（例如 Windows DVD Maker），以及重新设计的网络、音频、输出（打印）和显示子系统。Vista 也使用点对点技术（peer-to-peer）提升了计算机系统在家庭网络中的通信能力,将让在不同计算机或装置之间分享文件与多媒体内容变得更简单。针对开发者方面,Vista使用. NET Framework 3.0版本,比起传统的 Windows API更能让开发者方便地写出高品质的程序。

3．Windows Server 2008

Windows Server 2008 内置的 Web 和虚拟化技术,可增强服务器基础结构的可靠性和灵活性。新的虚拟化工具、Web资源和增强的安全性可节省时间、降低成本,并且提供了一个动态而优化的数据中心平台。强大的新工具,如 IIS7、Windows Server Manager 和 Windows PowerShell,能够加强对服务器的控制,并可简化 Web 配置和管理任务。先进的安全性和可靠性增强功能,如 Network Access Protection 和 Read-Only Domain Controller,可加强服务器操作系统安全并保护服务器环境,确保拥有坚实的业务基础。

Windows Server 2008 是灵活、稳定的 Windows Server 操作系统,借助其新技术和新功能,如 Server Core、PowerShell、Windows Deployment Services 和加强的网络和群集技术,提供了性能最全面、最可靠的 Windows 平台,可以满足所有的业务负载和应用程序要求。Server Manager 可以加速服务器的安装和配置,并能通过统一的管理控制台,简化进行中的服务器角色管理。

4．Windows 7

Windows 7 由微软公司 2009 年 10 月 22 日于美国正式发布。Windows 7 可供家庭及商业工作环境、笔记本电脑、平板电脑、多媒体中心等使用。Windows 7 的各方面都有所简化,开机画面也很简洁。Windows 7 除了外观上的改变,安装也很简便,对于一个新用户来说,它的用户帐户设置很容易;对于旧用户来说,也可以将老系统中的个人信息最大程度地保留。

5．Windows Server 2008

Windows 7 发布的同时也发布了服务器版本——Windows Server 2008,是专为强化下一代网络、应用程序和 Web 服务的功能而设计的。Windows Server 2008 可使用户在企业中开发、提供和管理丰富的用户体验及应用程序,提供高度安全的网络基础架构,提高和增加技术效率与价值。

6．Windows 8

Windows 8 旨在让人们的日常电脑操作更加简单和快捷,为人们提供高效易行的工作环境。Windows 8 支持来自 Intel、AMD 和 ARM 的芯片架构。2011 年 9 月 14 日,Windows 8 开发者预览版发布,宣布兼容移动终端。2012 年 8 月 2 日,微软宣布 Windows 8 开发完成,正式发布 RTM 版本;10 月 26 日正式推出 Windows 8,微软自称触摸革命将开始。

7．Windows Server 2012

Windows Server 2012 是微软的一个服务器系统。这是 Windows 8 的服务器版本,并且是 Windows Server 2008 R2 的继任者。该操作系统已经在 2012 年 8 月 1 日完成编译 RTM 版，并且在 2012 年 9 月 4 日正式发售。

2.1.3　Windows 7 的主要特点和版本

1. Windows 7 的特点

Windows 7 因其创新的性能、出色的兼容性和卓越的使用体验，获得了来自 IT 各界人士的一致好评。下面将介绍 Windows 7 的 4 个特点。

1）更加简单

Windows 7 将会让搜索和使用信息更加简单，包括本地、网络和互联网搜索功能；直观的用户体验将更加高级，还会整合自动化应用程序提交和交叉程序数据透明性。

2）更加安全

Windows 7 包括改进的安全和功能合法性，还将数据保护和管理扩展到外围设备。Windows 7 改进了基于角色的计算方案和用户帐户管理，在数据保护和兼顾协作的固有冲突之间搭建了沟通桥梁，同时也开启了企业级的数据保护和权限许可。

3）更好的连接

Windows 7 将进一步增强移动工作能力，无论在何时、何地，任何设备都能访问数据和应用程序，开启坚固的特别协作体验，无线连接、管理和安全功能进一步扩展，性能和当前功能以及新兴移动硬件得到了优化，多设备同步、管理和数据保护功能被扩展。另外，Windows 7 还带来了灵活计算基础设施，包括网络中心模型。

4）更低的成本

Windows 7 将帮助企业优化它们的桌面基础设施，还具有无缝操作系统、应用程序和数据移植功能，并简化 PC 供应和升级，系统下载进一步向完整的应用程序更新和补丁方面努力。Windows 7 还将包括改进的硬件和软件虚拟化体验，并将扩展 PC 自身的 Windows 帮助和 IT 专业问题解决方案。

2. Windows 7 的版本

Windows 7 在零售市场上主要有 4 个版本：Windows 7 Home Basic（家庭普通版）、Windows 7 Home Premium（家庭高级版）、Windows 7 Professional（专业版）以及 Windows 7 Ultimate（旗舰版）。下面介绍各版本的主要功能。

1）Windows 7 Home Basic

Windows 7 Home Basic 主要的新特性有实时缩略图预览、增强的视觉体验、高级网络支持、移动中心以及支持部分 Aero 特效。

2）Windows 7 Home Premium

Windows 7 Home Premium 作为 Home 的加强版，包括 Aero Glass 高级界面、高级窗口导航、改进的媒体格式支持和媒体流增强、多点触摸和更好的手写识别等功能。

3）Windows 7 Professional

Windows 7 Professional 代替了 Vista 系统下的商业版本，支持加入管理网络、高级网络备份和加密文件系统等数据保护功能,同时还加强了网络的功能。

4) Windows 7 Ultimate

Windows 7 Ultimate 是各版本中最灵活、最强大的一个版本,它在家庭高级版的娱乐功能和专业版的业务功能基础上结合了显著的易用性。

2.1.4 Windows 7 的启动和退出

1. 启动 Windows 7

开启电源,系统首先进入登录窗口,选择用户并输入密码,如图 2-1 所示。选择相应的用户名并输入密码,系统会打开 Windows 7 的桌面。用不同的身份登录,用户将拥有不同的桌面和开始菜单。

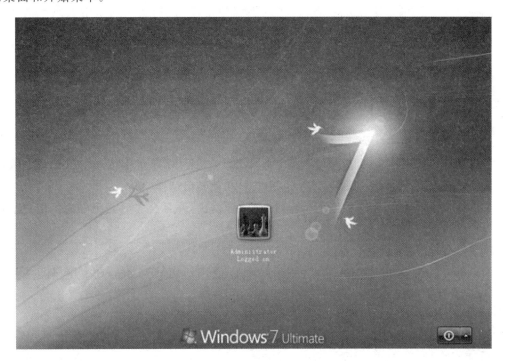

图 2-1　Windows 7 的登录窗口

2. 退出 Windows 7

当用户要结束对计算机的操作时,一定要先退出中文版 Windows 7 系统,然后再关闭显示器,否则会丢失文件或破坏程序。单击"开始"→"关机"命令,如图 2-2 所示,关闭计算机。

【内容扩展】

由于中文版 Windows 7 是一个支持多用户的操作系统,当登录系统时,只需要在登录界面上选择用户名前的图标,即可实现多用户登录,各个用户可以进行个性化设置而互不影响。

图 2-2　Windows 7 的关闭

为了便于不同的用户快速登录来使用计算机,中文版 Windows 7 提供了切换用户的功能,应用切换功能,使用户不必重新启动计算机就可以实现多用户登录,这样既快捷方便,又减少了对硬件的损耗。

中文版 Windows 7 的"切换用户",可执行下列操作:

当用户需要切换时,通过"开始"→"关机"级联菜单,如图 2-2 所示,可快速退出当前用户,回到"用户登录界面"。

中文版 Windows 7 注销,可执行下列操作:

当用户需要注销时,通过"开始"→"关机"级联菜单,如图 2-2 所示,系统将个人信息保存在磁盘中,并切换到"用户登录界面"。注销和重新启动相似,注销前要保存好数据。

中文版 Windows 7 的睡眠,可执行下列操作:

当用户需要让计算机睡眠时,通过"开始"→"关机"级联菜单,如图 2-2 所示,系统以最小的能耗保证计算机处于锁定状态,与休眠不同的是,从睡眠恢复到原始状态不需要按 Power 按钮。

中文版 Windows 7 的锁定,可执行下列操作:

当用户暂时离开计算机,又不希望其他人看到自己计算机的信息,就可以选择"开始"→"关机"级联菜单中的"锁定"命令使计算机锁定,需要恢复时,则需要输入用户密码。

3. 关闭计算机

当用户不再使用计算机时,可选择"开始"按钮,在"开始"菜单中选择"关机"命令按钮 `关机`,右边的级联菜单,如图 2-2 所示,用户可在此做出选择。

关机:选择此项后,系统将停止运行,保存设置退出,并且会自动关闭电源。用户不再使用计算机时选择该项可以安全关机。

重新启动:此选项将关闭并重新启动计算机。

用户也可以在关机前关闭所有的程序,然后使用 Alt＋F4 组合键快速调出"关闭 Windows"对话框进行关机。

2.2 Windows 7 用户界面

1. 桌面

"桌面"就是在安装好中文版 Windows 7 后,用户启动计算机登录到系统后看到的整个屏幕界面,它是用户和计算机进行交流的窗口,上面可以存放用户经常用到的应用程序和文件夹图标,用户可以根据自己的需要在桌面上添加各种快捷图标,在使用时双击图标就能够快速启动相应的程序或文件。

通过桌面,用户可以有效地管理自己的计算机,与以往任何版本的 Windows 相比,中文版 Windows 7 桌面有着更加漂亮的画面、更富个性的设置和更为强大的管理功能。

当用户安装好中文版 Windows 7 第一次登录系统后,可以看到一个非常简洁的画面,在桌面的右下角只有一个回收站的图标,如图 2-3 所示。

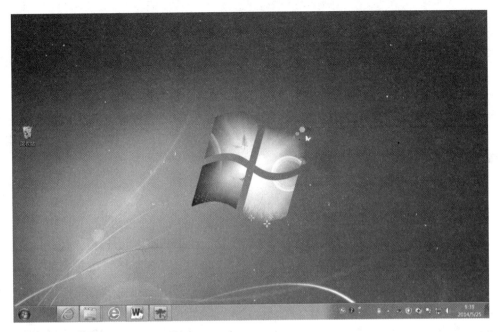

图 2-3 Windows 7 初次启动

如果用户想恢复系统默认的图标,可执行下列操作:

(1) 右击桌面,在弹出的快捷菜单中选择"个性化"命令。

(2) 在打开的窗口选择"更改桌面图标"命令。

(3) 打开"桌面图标设置"对话框。在"桌面图标"选项组中选中"计算机"、"网络"等复选框,选择"确定"按钮返回到"个性化"设置窗口。

【知识扩展】

"图标"是指在桌面上排列的小图像,它包含图形、说明文字两部分,如果用户把鼠标放在图标上停留片刻,桌面上会出现对图标所表示内容的说明或者是文件存放的路径,双击图标就可以打开相应的内容。

- "库"图标:它用于管理"我的文档"、"我的图片"、"我的音乐"、"下载"等文件夹,这些文件夹下的是系统默认的存储相对应文件类型的位置。

- "计算机"图标:用户通过该图标可以实现对计算机硬盘驱动器、文件夹和文件的管理,在其中用户可以访问连接到计算机的硬盘驱动器、照相机、扫描仪和其他硬件以及有关信息。

- "网络"图标:该项中提供了网络上其他计算机上文件夹和文件访问以及有关信息,在双击展开的窗口中用户可以进行查看工作组中的计算机、查看网络位置及添加网络位置等工作。

- "回收站"图标:在回收站中暂时存放着用户已经删除的文件或文件夹等一些信息,当用户还没有清空回收站时,可以从中还原删除的文件或文件夹。

- "Internet Explorer"图标:用于浏览互联网上的信息,通过双击该图标可以访问网络资源。

**2.	"开始"菜单**

Windows 7 的"开始"菜单别具一格，是一个智能化的菜单。"开始"菜单由常用程序区、当前用户图标区、跳转列表区、搜索区、所有程序区等部分组成。

选择任务栏上的"开始"按钮可打开"开始"菜单。"开始"菜单包含使用 Windows 时需要开始的所有工作。"开始"菜单上的一些项目带有向右箭头，这意味着第二级菜单上还有更多的选项。鼠标指针放在有箭头的项目上时，另一个菜单将出现。左边顶端的是固定项目，如连接到 Internet 浏览器。

**3.	任务栏**

一般位于桌面最下面一行，也可用鼠标拖动到桌面的左、右边或上面。当打开程序、文档或窗口后，在"任务栏"上就会出现一个相应的按钮。如果要切换窗口，只需选择该窗口的按钮即可。关闭一个窗口后，其按钮也从"任务栏"上消失。任务栏还包括开始菜单和通知区域（在此处可看到时钟）。通知区域中的其他图标可能临时出现，显示正在进行的活动状态，如图 2-4 所示。

图 2-4	任务栏

任务栏操作包括：

（1）调整大小——将鼠标指向任务栏边沿，鼠标指针变为双向箭头，左键拖动可改变任务栏大小。

（2）移动位置——用鼠标拖动任务栏空白处可将任务栏置于桌面的顶部、底部或左右两侧。

（3）任务栏选项——右击任务栏的空白处，选择快捷菜单的"属性"命令，弹出"任务栏和「开始」菜单属性"对话框。选择"常规"选项卡下边 3 个选项（方框中有"√"为选中）控制任务栏的显示属性。

① 锁定任务栏：禁止移动任务栏和改变任务栏的大小。

② 自动隐藏任务栏：只有鼠标指针指向任务栏的位置时，任务栏才显示。

③ 使用小图标：以小图标的显示任务栏上的程序图标。

屏幕上的任务栏位置用来设置任务栏在屏幕上的位置，任务栏按钮用来设置任务栏上的程序按钮是否合并及隐藏。

**4.	菜单栏**

菜单是一个应用程序的命令集合，用户可以从中选择所需要的命令执行。它操作简便，可减轻用户记忆命令的烦恼。Windows 7 中的菜单分为四类：一是控制菜单，是一种包含了窗口操作命令的菜单（见图 2-5），所有的窗口都有控制菜单；二是"开始"菜单（见图 2-6），通过选择"开始"按钮来操作菜单；第三类是快捷菜单，就是在不同位置右击，弹出的快捷菜单如图 2-7 所

图 2-5	控制菜单

示;第四类是应用程序菜单(见图2-8),它是每个应用程序窗口特有的菜单。

图 2-6 "开始"菜单　　　　　　　　　图 2-7 快捷菜单

图 2-8 应用程序菜单

1) 菜单的打开与关闭

(1) 菜单的打开。

方法1:将鼠标指针移到菜单栏上所需的菜单名上,选择菜单名即可打开菜单。

方法2:按下 Alt+菜单名后面括号内的带下划线的字母,同样可打开菜单。

(2) 菜单的关闭。

选择菜单名或菜单以外的任何地方即可关闭菜单。

2) 菜单中常用的符号

一个菜单含有若干个命令项,这些命令项又分成若干个组,组与组之间用一横线隔开。有些命令项还带有一些其他符号或不同的颜色,这些都是 Windows 7 规定的特殊含义,现说明如下。

(1) 灰色的命令:表示此类命令当前不能使用。如在剪贴板上还未放置信息时,"编辑"菜单的"粘贴"命令为灰色。

(2) 命令名后带"…":选择此命令后将弹出一个对话框,需要用户进一步提供信息。如"工具"菜单的"文件夹选项"命令。

(3) 命令名前带"●":表示此命令为开关命令,且当前为选中状态,正在起作用;再次选择该命令，则此命令不再起作用。如"视图"菜单的"显示段落标记"命令。

（4）命令名后带（×）:（）中的带下划线的字母表示该命令的访问键。如"文件（F）"。

（5）命令名右侧的三角形（）：表示该命令含有若干个子命令，选择此命令会引出一个级联菜单，列出各个附加命令，要求用户作进一步的选择。如"查看"菜单的"排序方式"命令。

3）菜单命令的选择

方法 1（鼠标方式）：选择要选择的命令项。

方法 2（快捷键方式）：打开菜单后，按下快捷键，即可执行相应的命令。

方法 3（等效键方式）：不打开菜单，直接按等效键，即可执行相应的命令。

5. 对话框

在操作 Windows 7 的菜单时，有的菜单项后面带有"…"，则表示选择该项会出现一个对话框。此外，当 Windows 7 要警告、确认或提醒时也会出现对话框。图 2-9 和图 2-10 是几个典型的对话框，要求用户在其中进行设置。对话框都有类似的结构，它们通常由下列几种部件组成。

图 2-9　对话框案例（1）

1）标签

用于显示具有提示作用的文字内容。

2）命令按钮

几乎所有的对话框均有"确定"和"取消"按钮。单击"确定"按钮，系统会立即执行对话

图 2-10　对话框案例(2)

框的设置,同时关闭对话框;单击"取消"按钮,对话框的设置会被取消并关闭对话框。

3）文本框

文本框是供用户输入信息的位置,许多操作都有需要用户输入内容的要求,当插入点在文本框中闪烁时,可以输入内容。

4）选项卡

Windows 7 中有很多对话框是组合式的。也就是说它所能完成的功能不止一项。这类对话框就各种功能做成功能组的形式,每个功能组用一个功能组名称标识,该标识称为选项卡。用户操作时,可在这些功能组中进行切换,切换的方法就是选择相应的选项卡。

5）下拉列表框

有时在一个框中要求用户输入的内容是可选择的,此时系统会做成下拉列表框的形式,将几种或更多种选择都做成一个清单,选择下拉列表框右边的"▼"可以显示清单,用户可在其中选择一项,并且仅选一项。如果内容较多,下拉列表框空间太小,所选项目未在列表中发现,还可以用鼠标拖动右边的滑动杆上下移动,直到所需的内容出现,然后选择该选项即可。

6）单选按钮

单选框的标识是选项前边有一个圆圈,如果选择选中该选项,圈内会出现一个实心圆点,表明该选项处于选中状态。如果选中后,再次选择,则实心圆点消失,该选项处于未选中状态。在一个单选按钮组所排列的单选按钮中只能选中一个。

7）复选框

复选框是一种开关选项,选择前面的小方格,可在选中和未选中之间切换。当其中有"√",表明该功能被选中;反之未选中。

8）微调控件

用以接收给定范围的数值。用户可以选择在框中输入，也可通过选择向上、向下按钮交互式改变框中的数值。

9）滑动杆

拖动滑动杆上的按钮，可动态改变其值。

6. 窗口

Windows 操作系统称为视窗或窗口，就是因为整个操作系统的操作是以窗口为主体进行的，Windows 7 极好地体现了多窗口多任务同步处理的优异性能。窗口是屏幕上的一个长方形区域，每个应用程序都在窗口中运行，含有文件或子文件夹的文件夹在被打开时，均出现在窗口中。

1）窗口组成

"计算机"就是一个典型的窗口，依据具体的应用程序的不同，窗口的部件可能会有一些差异，但主要部件是一样的，应用程序窗口中通常含下述部件，如图 2-11 所示。

图 2-11 "计算机"窗口（1）

（1）标题栏。标题栏位于窗口最顶部，用于显示窗口标题。

控制图标（也称应用程序图标）位于标题的左侧，选择可打开控制菜单，在此菜单中可以对整个窗口进行还原、移动、调整窗口大小、最大化、最小化和关闭等操作。最小化、最大化和关闭按钮，位于标题栏最右端。正常状态窗口是 Windows 系统的默认大小尺寸；选择最大化按钮，可使窗口充满整个屏幕，当窗口最大化后，该按钮变成还原按钮，选择还原按钮，使最大化窗口恢复为正常状态的窗口；选择最小化按钮，窗口则缩小为一个图标或按钮；

选择关闭按钮将关闭窗口,并终止其相应程序的运行。

(2)菜单栏。菜单栏位于标题栏的下方,窗口的主要命令显示在菜单栏上,选择一个菜单名,将弹出下拉菜单。依据具体应用程序的不同,菜单栏中含哪些菜单也不完全一样,但大多数菜单栏中都含有"帮助"菜单。如"计算机"窗口中含有"文件"、"编辑"、"查看"、"工具"和"帮助"菜单。

(3)工具栏。工具栏通常位于菜单栏的下方,它包括了各种功能和命令按钮,利用工具栏中的按钮可快速地执行命令。对于不同的窗口有不同的工具栏。如"计算机"窗口有"组织"、"共享"、"刻录"、"新建文件夹"、"更改您的视图"、"显示预览窗格"、"获取帮助"等,如图 2-12 所示。

(4)地址栏。地址栏通常位于工具栏的下方,它具有下拉列表,并且可以在地址文本框中直接输入或者修改地址,提供了另外一种快速访问其他驱动器或文件夹的方法。

Windows 7 窗口中通常还包括状态栏、边框和角及滚动条等部分,它们的使用方式和以前的版本中的对应元素完全一致。

图 2-12 "计算机"窗口(2)

2) 窗口操作

(1)多窗口排列。Windows 7 是一个基于图形的多任务操作系统,它可以同时运行多个应用程序。实际使用时,多个窗口的切换很不方便,且容易造成混乱。Windows 7 提供了 3 种标准的窗口排列方式,即层叠窗口、堆叠显示窗口和并排显示窗口。利用这 3 种窗口排列方式可方便地进行查看和切换窗口。

图 2-13 任务栏的快捷菜单

方法:用鼠标右击任务栏,在弹出的快捷菜单中选择排列方式,如图 2-13 所示。

(2)窗口的切换。Windows 7 允许两个以上的程序同时运行,并且可以在已经打开的应用程序窗口之间来回切换,而无须将任何一个程序窗口关闭。当打开两个以上窗口时,只有一个窗口位于其他窗口的上方,该窗口的标题栏呈高亮显示,称此窗口为前台窗口,相应程序称为前台程序。其他位于前台窗口之下的窗口、标题栏呈灰度显示,称此窗口为后台窗口,相应程序称为后台程序。

方法 1:选择需切换窗口的任意位置,若该窗口被完全遮盖,还可选择任务栏上相应按钮。

方法 2:Alt+Tab。即先按住 Alt 键不放,然后按 Tab 键。此时屏幕中央会出现一个小窗口,其中列出所有正在运行的程序图标,按 Tab 键可在图标间进行切换,直至切换到所需的程序图标,松手即可。

(3)窗口的移动。窗口的显示位置一般都不是固定的。如果打开的窗口太多,某个窗口遮住了另一个用户希望看到的非当前活动窗口,最方便的方法就是将前面的窗口从当前的位置上移开。

方法:用鼠标拖曳要移动窗口的标题栏至合适的位置,释放即可。

（4）调整窗口的大小。如果打开的窗口尺寸过大或过小，看起来不合适，可以通过拉伸窗口的边框和角的办法来调整窗口的尺寸。

方法：将鼠标指针移到上下边框上，此时鼠标指针变成 ↕ 形状，或移到左右边框上，此时指针变成 ↔ 形状，或移动鼠标指针到窗口的角上，此时指针变成 ↖ 或 ↗ 形状，按住鼠标左键并拖动鼠标，向内侧拉伸，窗口变小；向外拉伸，窗口变大，到合适的尺寸释放鼠标即可。

（5）窗口最小化。如果暂时不使用已打开的窗口，但又不希望关闭该窗口，可将该窗口最小化。

方法 1：选择标题栏中的"最小化"按钮。

方法 2：在标题栏右击，在弹出的快捷菜单中选择"最小化"命令。

（6）窗口最大化。如果希望将已打开的窗口铺满整个桌面，可将该窗口最大化。

方法 1：选择标题栏中的"最大化"按钮。

方法 2：在标题栏右击，在弹出的快捷菜单中选择"最大化"命令。

（7）窗口的关闭。关闭窗口有很多种方法。

方法 1：选择"文件"菜单中的"退出"命令。

方法 2：选择标题栏中的"关闭"按钮。

方法 3：在标题栏右击，在弹出的快捷菜单中选择"关闭"命令。

方法 4：双击窗口左上角的控制图标。

方法 5：按组合键 Alt＋F4。

2.3 基本操作

2.3.1 文件和文件夹概念

1. 文件的概念

在计算机中，文件是指赋予名字并存储于存储介质上的一组相关信息的集合。文件的范围很广，具有一定独立功能的程序模块或者数据都可以作为文件。如应用程序、文字资料、图片资料或数据库均可作为文件。计算机中的数据及各种信息都是保存在文件中的。

2. 文件夹

文件夹是 Windows 7 中保存文件的基本单元，是用来放置各种类型的文件的。有了文件夹，才能将不同类型或者不同时间创建的文件分别归类保存，在需要某个文件时可快速找到它。例如，可将文件、图像和音乐文件分别存放在库中的"我的文档"、"我的图片"和"我的音乐"文件夹中。这些文件夹很容易在开始菜单的右边找到，而且这些文件夹提供到经常执行的任务的便利链接。在 Windows 7 中，文件的存储方式呈树状结构。其主要优点是结构层次分明，很容易让人们理解。文件夹树的最高层称为根文件夹，在根文件夹中建立的文件夹称为子文件夹，子文件夹还可再含子文件夹。如果在结构上加上许多子文件夹，它便形成一棵倒置的树，根向上，而树枝向下生长，这也称为多级文件夹结构，如图 2-14 所示。

图 2-14　多级文件夹结构

2.3.2　文件及文件夹操作

1. 创建文件夹

【例 2-1】　在 D 盘根目录,建立一个名为 K31200001 的文件夹。

方法 1(菜单):在"资源管理器"或"我的电脑"中,打开要创建文件夹的上级文件夹,即本地磁盘(D:),选择"文件"→"新建"→"文件夹"命令,即可在当前位置创建一个文件夹,如图 2-15 所示,输入文件夹名称即可。

图 2-15　新建文件夹

方法 2(右击):在"资源管理器"或"计算机"中,打开要创建文件夹的上级文件夹,右击文件夹空白位置,执行"新建"→"文件夹"命令,即可在当前位置创建一个文件夹,输入文件夹名称即可。

2. 移动文件或文件夹

方法 1(菜单命令):在"资源管理器"或"计算机"中,选定要移动的文件或文件夹,选择"编辑"菜单中的"剪切"命令,将需移动的文件放在"剪贴板"中,选择目标位置,选择"编辑"菜单中的"粘贴"命令。

方法2(右击)：在"资源管理器"或"计算机"中，选定要移动的文件或文件夹，右击，在弹出的快捷菜单中选择"剪切"命令，将需移动的文件放在"剪贴板"上，选择目标位置，右击，在弹出的快捷菜单中选择"粘贴"命令。

方法3(工具按钮)：在"资源管理器"或"计算机"中，选定要移动的文件或文件夹，选择工具栏"组织"中的"剪切"按钮，将需移动的文件放在"剪贴板"上，选择目标位置，选择工具栏上的"粘贴"按钮。

方法4(鼠标拖曳)：在"资源管理器"或"计算机"中，选定要移动的文件或文件夹，将选定文件拖曳到目标位置。

特别提示：文件在不同驱动器之间的进行拖曳将完成文件(夹)的复制操作。

3. 复制文件或文件夹

方法1：在"资源管理器"或"计算机"中，选定要复制的文件或文件夹，选择"编辑"菜单中的"复制"命令，将需复制的文件放在"剪贴板"上，选择目标位置，选择"编辑"菜单，选择"粘贴"命令。

方法2：在"资源管理器"或"计算机"中，选定要复制的文件或文件夹，在右键快捷菜单中选择"复制"命令，将需复制的文件放在"剪贴板"上，选择目标位置，在右键快捷菜单中选择"粘贴"命令。

方法3：在"资源管理器"或"计算机"中，选定要复制的文件或文件夹，选择工具栏中"组织"的"复制"按钮，将需复制的文件放在"剪贴板"上，选择目标位置，选择工具栏上的"粘贴"按钮。

方法4(Ctrl+鼠标拖曳)：在"资源管理器"或"我的电脑"中，选定要复制的文件或文件夹，按住Ctrl键的同时将选定文件拖曳到目标位置。

4. 重命名文件或文件夹

方法1(菜单命令)：在"资源管理器"或"计算机"中，选定要重新命名的文件或文件夹，并选择"文件"菜单中的"重命名"命令使文件(夹)名称呈反向显示，之后编辑文件名，选择其他位置确定即可。

方法2(右击)：在"资源管理器"或"我的电脑"中，右击要重新命名的文件或文件夹，在弹出的快捷菜单中选择"重命名"命令使文件(夹)名称呈反向显示，编辑文件名并在其他位置单击即可。

方法3(二次选择)：在"资源管理器"或"我的电脑"中，选择要重新命名的文件或文件夹，使其处于选中状态，再次选择名称位置使文件(夹)名称呈反向显示，编辑文件名并在其他位置单击即可。

5. 删除文件和文件夹

为了保证计算机中文件系统的整洁，同时节省磁盘空间，用户要经常删除一些无用的或损坏的文件或文件夹。

方法1：在"资源管理器"或"计算机"中，选定要删除的文件或文件夹，按键盘上的Del键。

方法2：在"资源管理器"或"计算机"中，选定要删除的文件或文件夹，选择"文件"菜单中的"删除"命令。

方法3：在"资源管理器"或"计算机"中,选定要删除的文件或文件夹,右击,在弹出的快捷菜单中选择"删除"命令。

方法4：在"资源管理器"或"我的电脑"中,选定要删除的文件或文件夹,选择工具栏"组织"中的"删除"按钮。

6. 查看和设置文件属性

Windows 7 中的文件和文件夹都有属性窗口。从属性对话框中,用户可以获得以下信息：文件或文件夹属性；文件类型；打开该文件的程序的名称；文件夹中所包含的文件和子文件夹的数量；最近一次修改或访问文件的时间等。并可根据需要在查看属性的同时更改文件的属性。

方法1(右击)：右击文件或文件夹,在弹出的快捷菜单中选择"属性"命令,打开属性对话框,选择"常规"选项卡(见图2-16),用户在查看的同时,可通过选择相关属性的复选框来更改其属性设置。Windows 7 的文件属性有只读、隐藏和存档3种。

方法2(菜单)：在 Windows 资源管理器中选择要更改属性的文件或文件夹,选择"文件"菜单中的"属性"命令。也可以打开如图2-16所示的对话框,具体操作同方法1。

图 2-16　文件属性对话框

7. 创建快捷方式

在 Windows 7 中,为使用户能够方便快捷地访问某个项目,常常在桌面上建立快捷方式。例如,控制面板、文件夹、应用程序、打印机等。

1) 用快捷方式向导在桌面上创建快捷方式

步骤一：右击桌面上的空白区域,在弹出的快捷菜单中选择"新建"→"快捷方式"命令,打开"创建快捷方式"向导窗口，如图 2-17 所示。

图 2-17　创建快捷方式向导(1)

步骤二：在对话框的"请键入对象的位置"文本框中输入需要创建快捷方式的项目名称及路径，也可以通过单击"浏览"按钮，打开"浏览文件夹"对话框，从中选择需要的项目。

步骤三：单击"下一步"按钮，在如图 2-18 所示的对话框中输入该快捷方式的名称。

图 2-18　创建快捷方式向导(2)

步骤四：在"键入该快捷方式的名称"文本框中输入该快捷方式在桌面上的显示名称，再单击"完成"按钮。此时，桌面上就会显示出用户新建的快捷方式图标。

2）右键拖曳在桌面创建快捷方式

如果对象已在某个窗口,可用右键拖曳该对象到桌面,松手后在弹出的快捷菜单中(见图 2-19)选择"在当前位置创建快捷方式"命令创建快捷方式,桌面上就会显示出用户新建的快捷方式图标。

3）复制粘贴快捷方式

先选定文件,复制该文件,在指定文件夹粘贴快捷方式,如图 2-20 所示。

图 2-19　右键拖曳后的菜单

图 2-20　粘贴快捷方式菜单

8. 图标的排列

用鼠标将桌面上的图标拖动到任意一个位置。方法是:

(1) 将鼠标指针移动到要拖动的图标上,单击鼠标左键。这时,图标会变成深色显示。

(2) 按住鼠标左键不放,移动鼠标,图标就会跟着鼠标移动。

(3) 将图标拖动到需要的位置,放开鼠标左键,图标就会停留在新的位置。

使用 Windows 7 的桌面快捷菜单,选择排序方式级联命令,可以有"名称"、"大小"、"项目类型"、"修改日期",如图 2-21 所示,让 Windows 7 可以按照指定方式排序桌面上各个图标的位置,使得桌面井井有条。

图 2-21　粘贴快捷方式菜单

① 将鼠标指针指到桌面并右击显示桌面快捷菜单,选择"排序方式"命令。

② 在级联菜单中选择命令，Windows 7 就会将桌面上的图标按照设定的方式摆放整齐。

③ 如果对"自动排列"的效果不满意，可以重复步骤①、②，在"排序方式"的级联菜单中选择相应方式，Windows 7 会按照这些顺序调整桌面图标。

- 名称：按图标名称开头的字母或拼音顺序排列。
- 大小：按图标所代表文件的大小的顺序来排列。
- 项目类型：按图标所代表的文件的类型来排列。
- 修改日期：按图标所代表文件的最后一次修改时间来排列。

在排列图标的时候，Windows 7 将系统图标放在所有图标的最前面。因此，像"计算机"、"网络"、Internet Explorer、"回收站"等总是出现在最前面，把剩下的图标按字母顺序排列。

在窗口中排列图标的方法与桌面几乎是一样的，其差别仅在于窗口的快捷菜单是用鼠标右键选择窗口中的空白位置得到的，多了"递增"和"递减"。另外，排列窗口中的图标还可以通过窗口中的"查看"菜单来完成。

当用户选择"排序方式"子菜单其中几项后，在其旁边出现"●"标志，说明该选项被选中，再次选择这个命令后，"●"标志消失，即表明取消选中了此选项。

9. 图标的重命名与删除

若要给图标重新命名，可执行下列操作：

（1）在该图标上右击。

（2）在弹出的快捷菜单中选择"重命名"命令。

（3）当图标的文字说明位置呈反色显示时，用户可以输入新名称，然后在桌面上任意位置选择，即可完成对图标的重命名。

桌面的图标失去使用的价值时，就需要删掉。同样，在所需要删除的图标上右击，在弹出的快捷菜单中执行"删除"命令。

用户也可以在桌面上选中该图标，然后在键盘上按下 Delete 键直接删除。当选择删除命令后，系统会弹出一个对话框询问用户是否确实要删除所选内容并移入回收站。单击"是"按钮，删除生效，单击"否"按钮或者是选择对话框的关闭按钮，此次操作取消。

2.3.3 回收站

1. 回收站的概念

回收站是 Windows 7 用于存储从硬盘上被删除文件、文件夹和快捷方式的场所。它为用户提供了一个恢复误删除的机会。回收站好像办公室废纸篓，可以将不需要的文件放在其中，当需要时还可以再捡回来，确实不要的再真正删掉。所以它可以在需要某些项目时，将它们还原，也可以将确实不需要的项目彻底删除。从硬盘上的删除，实际上可以视为是一种文件移动，即将文件从原位置移动到回收站中。回收站将保留这些项目直到用户决定从计算机中永久地将它们删除。所以，这些项目仍然占用硬盘空间，并可以被恢复或还原到原位置。当回收站充满后,最先删除的会被回收站自动清除,以使"回收站"的空间存放最近删除的文件和文件夹。

2. 回收站中对象的浏览

双击"回收站"图标,如图 2-22 所示,可打开"回收站"窗口,浏览回收站的对象。选择"文件"菜单中的"属性"命令,可以看到被删除项目的详细资料,包括原位置、删除日期、大小等。

图 2-22 "回收站"窗口

特别提示:从软盘或网络驱动器中删除的项目不经过回收站,将被永久删除,无法利用"还原"命令恢复。按 Shift+Del 键,执行的删除也不经回收站。

3. 回收站的操作

1) 文件的还原

放在回收站中的项目,如果想根据需要恢复,可在"回收站"窗口中选择要恢复的项目,然后选择"文件"菜单中的"还原"命令,或者右击要还原的项目,在弹出快捷菜单中选择"还原"命令,即可将该项目恢复到原来的位置。

2) 文件的删除

放在回收站中的项目,如果确实不再需要,可以彻底删除以腾出空间。可在"回收站"窗口中选择要删除的项目,然后选择"文件"菜单中的"删除"命令,或者右击要删除的项目,在弹出的快捷菜单中选择"删除"命令。由于清空和删除均无法恢复,所以系统会弹出确认对话框要求确认,如图 2-23 所示。单击"是"按钮,即可将该项目永久删除。

图 2-23 确认删除文件窗口

3）回收站的清空

由于回收站中的内容依然占有磁盘空间，所以需要时可将其清空以释放该部分存储空间。可以在"回收站"窗口选择"文件"菜单中的"清空回收站"命令，在弹出的确认窗口中单击"是"按钮，即可将回收站全部清空。

4. 回收站属性设置

回收站实际上是 Windows 7 在每个硬盘上保留的一个特殊区域。其大小通常为每个硬盘容量的 10%。用户可以根据需要对其大小进行修改。Windows 7 可以为每个分区或硬盘分配一个独立的"回收站"，并且允许为每个"回收站"指定不同的大小；也可让所有分区共享一个回收站。经过设置，Windows 7 还可让从硬盘上删除的项目不经过回收站或在永久删除项目时不要求用户确认。这些都需要通过修改回收站"属性"来完成。

方法 1：右击"回收站"图标，在弹出的快捷菜单中选择"属性"命令，如图 2-24 所示。从中选择回收站驱动器的大小、删除是否经回收站及是否显示删除确认对话框。

方法 2：在"资源管理器"或"计算机"中选择"回收站"图标，在工具栏"组织"中选择"属性"图标（见图 2-24 所示），其他同上。

图 2-24 "回收站 属性"对话框

2.3.4 鼠标和键盘操作

鼠标和键盘是计算机重要的输入设备,用于从外界将数据、命令输入到计算机的内存,供计算机处理。

1. 鼠标

1) 鼠标的基本操作

用鼠标在屏幕上的项目之间进行交互操作就如同现实生活中用手取用物品一样。可以用鼠标将对象选定、移动、打开、更改,以及将其从其他对象之中剔除出去。鼠标的基本操作有选择(选择左键)、选择右键、指向、拖动、双击(双击左键)。

2) 鼠标的形状

鼠标的形状如图 2-25 所示。

图 2-25　鼠标的各种形状

选择"控制面板"→"硬件和声音"→"鼠标"图标,可打开"鼠标 属性"对话框,如图 2-26 所示。通过该对话框,可对鼠标功能和鼠标指针的外观进行设置。例如,可以更改鼠标上某些按钮的功能,或调整双击的速度。

2. 键盘

键盘是人-机对话的最基本的输入设备,用户可以通过键盘输入命令程序和数据。利用键盘可完成中文 Windows 7 提供的所有操作功能。当文档窗口或对话框中出现闪烁的插入标记时,直接敲键盘就可输入文字。快捷方式下,同时按 Alt 键和指定字母,可以启动相应的程序或文件。在菜单操作中,可以通过键盘上的箭头键来改变菜单选项;按 Enter 键来执行相应选项。

图 2-26   "鼠标 属性"对话框

2.3.5   中文输入技术

1. 中文输入法（汉字输入法）

中文输入方法主要可以分为键盘输入和非键盘输入两大类。键盘输入是通过键入外码（输入码）来输入汉字的。外码按其不同的编码方法又可以分为音码、形码、音形混合码和数码四种。

非键盘输入可以分为手写输入、语音输入、光电扫描输入等。由于键盘是计算机系统的标准配置，不需要再添加其他的输入设备就可以输入汉字，因此目前约90%以上的人使用键盘输入中文。

要实现计算机对汉字的处理，就要解决汉字的输入、存储及输出这三方面的问题。其中汉字的存储及输出（包括显示输出、打印输出和语音输出等）都可以通过程序控制由计算机自动完成，只有汉字的输入是与普通用户直接相关的问题。

1）汉字的输入

使用键盘输入汉字时，通常是先把表达汉字的字母或数字——"外码"通过键盘输入，经计算机转换识别后，按统一标准的"内码"存入计算机的存储器中。

2）汉字的存储

虽然可以通过各种不同的输入法来输入汉字，但在计算机内部，必须转换成符合统一标准的"机内码"（简称"内码"，或称"存储码"），才能实现汉字信息的交换。因此，国家标准的机内码是整个汉字信息输入、存储、输出处理过程的核心。

3）汉字的输出

汉字的输出，就是根据欲输出汉字的"机内码"，取出对应的汉字"字型码"，从字库中找到相应的字型，并从输出设备（显示器或打印机）上输出。

2. 汉字编码标准

1980 年我国颁布了第一个汉字编码字符集标准,即 GB2312.80《信息交换用汉字编码字符集.基本集》。它共收录 6763 个汉字及 682 个符号,奠定了中文信息处理的基础。20 年来,随着国际间交流与合作的扩大,信息处理应用对字符集提出了多文种、大字量、多用途的要求,GB2312.80 必须扩充才能适应时代的要求。于 2000 年 3 月 17 日信息产业部和原国家质量技术监督局联合发布了 GB18030.2000《信息交换用汉字编码字符集.基本集的扩充》,该标准作为国家强制性标准自发布之日起实施。

GB18030 标准采用单字节、双字节和四字节三种方式对字符进行编码,全面兼容 GB2312,收录了包括中、日、韩(CJK)统一汉字字符在内的约 2.7 万个汉字,总编码空间超过 160 万个码位,为解决人名、地名用字问题提供了方便,为汉字研究、古籍整理等领域提供了统一的信息平台。GB18030 还收录了藏、蒙、维、彝等多种少数民族文字,这将为推进少数民族的信息化、网络化建设奠定基础。GB18030 作为一种单、双、四字节混合编码,对未来国际互联网上的信息沟通有至关重要的作用。

3. 中文输入法基本操作

中文 Windows 7 提供了智能 ABC、微软拼音、全拼、郑码等中文输入法,此外,还可以通过中文 Windows 2000 所提供的输入法生成器,生成适合自己的输入法。

1)输入法指示器

任务栏右端有输入法指示器,指示当前使用的是哪种输入法。若看不到输入法指示器图标,是因为没有启动它,可以按下述方法启动:选择"控制面板"→"时钟、区域和语言"→"区域和语言"图标,在打开的对话框中选择"键盘和语言"→"更改键盘"→"语言栏"→"停靠于任务栏"选项。

2)选择当前使用的输入法

选择输入法指示器,会弹出输入法菜单,如图 2-27 所示,选择所需要的输入法,例如"微软拼音"。

图 2-27 输入法

3)输入法使用中的热键

中文 Windows 7 为用户设置了一些键盘输入法使用中默认的热键。

中/英文输入切换热键是:Ctrl+Space(空格)。

各种输入法循环顺序切换热键是:Ctrl+Shift。

中/英文符号状态切换热键是:Ctrl+Period(句点)。

全角/半角状态切换热键是:Shift+Space。

在全角状态下输入的数字、英文字母及某些符号(包括空格)所占的宽度,是在半角状态下输入时所占宽度的两倍。可根据需要通过该热键进行选择。

4. 微软智能 ABC 输入法

"智能 ABC"是一种简单易学的输入法,只要掌握汉语拼音,很快就可以通过键入拼音来输入汉字。若再学习一些技巧,更会大幅度提高输入速度,因此它深受广大用户的喜爱。

智能 ABC 输入法启动以后，在桌面上会出现输入法状态条。可以设置中英文状态、标点符号的中英文、软键盘。

若想输入一些特殊的字母、数字及符号，右击此按钮，将弹出包含 13 种软键盘列表的快捷菜单，可从中选择一种。单击此按钮，可以打开或关闭软键盘。

表 2-1 给出了一些常用按键及其功能说明。

表 2-1　移动光标和编辑外码常用按键及功能表

键　　位	←	→	↑	↓	Backspace	Del	Esc
功　　能	左移光标	右移光标	光标移到上一行	光标移到下一行	删除光标左边的字符	删除光标右边的字符	取消全部输入内容

2.4　高级应用

2.4.1　外观和个性化设置

1. 设置主题

主题决定着整个桌面的显示风格，在 Windows 7 为用户提供了多个主题选择。在"控制面板"窗口单击"外观和个性化"选项组，在打开的"外观和个性化"窗口中选择"个性化"选项，打开如图 2-28 所示的"个性化"窗口。也可在桌面空白处右击，在弹出的快捷菜单中选择"个性化"命令来打开该窗口。

在如图 2-28 所示的窗口中部主题区域提供了多个主题选择，如 Aero 主题提供了 7 个不同的主题（可提供移动滚动条来查看），用户可以根据喜好选择喜欢的主题。选择一个主题后，其声音、背景、窗口颜色等都会随着改变。

主题是一整套显示方案，更改主题后，之前所有的设置如桌面背景、窗口颜色、声音等元素都将改变。当然，在应用了一个主题后也可以单独更改其他元素，如桌面背景、窗口颜色、声音和屏幕保护程序等，当这些元素更改设置完毕后，在"我的主题"下的"未保存的主题"选项上右击，在弹出的快捷菜单中选择"保存主题"命令，打开"将主题另存为"对话框，输入主题的名称，再单击"确定"按钮，即可保存该主题。

2. 设置桌面背景

单击图 2-28 所示的"个性化"窗口下方的桌面背景选项，打开如图 2-29 所示的"桌面背景"设置窗口，选择想要当做背景的图案，单击"保存修改"按钮即可。如果不想选择 Windows 7 提供的背景图片，可单击"浏览"按钮，在文件系统或网络中搜索用户所需的图片文件为背景。可以选择一个图片作为桌面背景，也可选择多个图片创建一个幻灯片作为桌面背景。

单击图 2-29 中的"图片位置"下拉列表框，可以为背景选择显示选项，其中，"居中"是将图案显示在桌面背景的中央，图案无法覆盖到的区域将使用当前的桌面颜色；"填充"是使用图案填满桌面背景，图案的边沿可能会被裁剪；"适应"是让图案适应桌面背景，并保持当

图 2-28　个性化窗口

图 2-29　桌面背景

前比例。对于比较大的照片或图案,如果不想看到内容变形,通常可使用该方式;"拉伸"是拉伸图案以适应桌面背景,并尽量维持当前比例,不过图案高度可能会有变化,以填充空白区域;"平铺"是对图案进行重复,以便填满整个屏幕,对于小图案或图标,可考虑该方式。

Windows 7 提供了大量的背景图案,并将这些图片进行分组。背景图案保存 Windows\Web\Wallpaper 目录的子文件夹中,每个文件夹对应一个集合。背景图案可以使用.BMP、.GIF、.JPF、.JPEG、.DIB 和.PNG 格式的文件。如果用户要创建新的集合,则只需在 Wallpaper 文件夹下创建子文件夹,并向其中添加文件即可。

3. 设置颜色和外观

Windows Aero 界面是一种增强型界面,可提供很多新功能,例如透明窗口边框、动态预览、更平滑的窗口拖曳、关闭和打开窗口的动态效果等。作为安装过程的一部分,Windows 7 会运行性能测试,并检查计算机是否可以满足 Windows Aero 的基本要求。在兼容系统中,Windows 7 默认对窗口和对话框使用 Areo 界面。

单击如图 2-28 所示的"个性化"窗口下方的"窗口颜色"选项,打开如图 2-30 所示的"窗口颜色和外观"设置窗口,可对 Aero"颜色方案"、"窗口透明度"和"颜色浓度"三个方面的外观选项进行优化设置;若选择如图 2-30 所示窗口下部的"高级外观设置"链接,则打开如图 2-31 所示的"窗口颜色和外观"对话框,在"项目"下拉列表框中,可以进一步对诸如桌面、菜单、标题按钮、滚动条等进行设置。

图 2-30 "窗口颜色和外观"设置窗口

4. 设置屏幕保护

屏幕保护程序是指当用户在指定时间内你没有使用计算机时,通过屏幕保护程序可以使屏幕暂停显示或以动画显示,让屏幕上的图像或字符不会长时间停留在某个固定的固定位置上,而减少屏幕的耗损、节省能源并保障系统安全。屏幕保护程序启动后,只需移动鼠

图 2-31 "窗口颜色和外观"对话框

标或按键上的任意键,即可退出屏幕保护程序。Windows 7 提供了气泡、彩带、三维数字等屏幕保护程序,还可以使用计算机内保存的照片作为屏幕保护程序。

单击如图 2-28 所示的"个性化"窗口下方的"屏幕保护程序"链接,打开如图 2-32 所示的"屏幕保护程序设置"对话框,单击"屏幕保护程序"下拉列表框,在其中选择所需的选项,在"等待"数值框中输入启动屏幕保护程序的时间,单击"预览"按钮,可预览设置后的效果。通过图 2-32 中的"设置"按钮可以对选择的屏幕保护程序做进一步设置,但并不是每一个屏幕保护程序都提供了设置的选项。若希望在退出屏幕保护程序时能够通过输入密码恢复屏幕,则可选中"在恢复时显示登录屏幕"复选框,通过登录密码恢复屏幕。设置完相应选项后单击"确定"按钮屏幕保护程序即可生效。

5. 设置默认桌面图标

默认情况下,只有"回收站"图标会显示在桌面上。为了使用方便,用户往往需要添加其他常用图标到桌面上。

在如图 2-28 所示的"个性化"窗口左上部选择"更改桌面图标"链接,弹出如图 2-33 所示的"桌面图标设置"对话框。该对话框中的每个默认图标都有复选框,选中复选框可以显示图标,取消选中复选框可以隐藏图标,选择后单击"确定"按钮即可将该图片显示在桌面或将桌面上的该图标隐藏起来。

提示:在桌面空白处右击,在弹出的快捷菜单中执行"查看"▶"显示桌面图标"命令,可将桌面的图标全部隐藏;再次执行该命令,又可以将桌面的图标全部显示出来。

个性化设置中还有一些其他的设置,在如图 2-28 所示的"个性化"窗口中单击"更改鼠

图 2-32 "屏幕保护程序设置"对话框

图 2-33 "桌面图标设置"对话框

标指针"链接可以设置鼠标的指针方案；其中的"更改帐户图片"链接可以选择显示在欢迎屏幕和"开始"菜单上的图片；"声音"图标可用于设置声音方案和启动程序事件时的声音选择。

6. 显示设置

1）设置屏幕分辨率

屏幕分辨率指组成显示内容的像素总数，设置不同的分辨率，屏幕上的显示效果也不一样，一般分辨率越高，屏幕上的显示的像素越多，相应的图标也就越大。在"控制面板"窗口执行"外观和个性化"→"显示"→"调整屏幕分辨率"命令，打开如图 2-34 所示的"屏幕分辨率"窗口，在该窗口中通过拖动"分辨率"下拉列表框中的滑块可调整分辨率。

图 2-34　"屏幕分辨率"窗口

2）设置颜色质量

颜色质量指可同时在屏幕上显示的颜色数量，颜色质量在很大程度上取决于屏幕分辨率设置。颜色质量的范围可以从标准 VGA 的 16 色，一直到高端显示器的 40 亿色（32 位）。在如图 2-34 所示的"屏幕分辨率"窗口选择"高级设置"选项，打开如图 2-35 所示的"视频适配器"对话框，在"监视器"选项卡中，使用"颜色"下拉列表可选择颜色质量。

3）设置刷新频率

刷新频率是指屏幕上的内容重绘的速率。刷新频率越高，显示内容的闪烁感就越不明显。人眼对闪烁并不是非常敏感，但过低的刷新率（低于 72Hz）会导致长时间使用眼睛疲劳的状况，因此选择合适的刷新频率就显得非常重要。在如图 2-35 所示的对话框中，使用"屏幕刷新频率"下拉列表可选择所需的屏幕刷新频率。

7. 桌面小工具

Windows 7 为用户提供了一些桌面小工具程序，如"时钟"、"日历"、"天气"等，这些小工

图 2-35 "监视器"选项卡

具显示在桌面上既美观又实用。单击"控制面板"→"窗口选择"→"外观和个性化"→"桌面小工具"选项，打开如图 2-36 所示的"桌面小工具"窗口（可通过在桌面的快捷菜单或"开始"菜单中选择相应的选项，也可打开该窗口）。窗口中列出了一些常用的小工具，这些小工具可以卸载、还原，也可以联机获取更多小工具。

图 2-36 桌面小工具窗口

双击需要添加的小工具图标即可将其添加到桌面。添加了小工具后，还可以对其样式、显示效果等进行设置。例如双击"时钟"图标，将其添加到桌面后，在时钟上右击，弹出快捷菜单,其中"前端显示"命令会使"时钟"显示在其他窗口的前端;"不透明度"命令可以对透明度进行选择;"选项"命令则显示"时钟"对话框。单击该对话框中部的左右箭头可以更改时钟的显示样式;在"时钟名称"文本框中可以输入显示在时钟上的名称;选中"显示秒针"复选框,可以在时钟上显示秒针。设置完成后单击"确定"按钮。

添加的小工具可以拖放到桌面的任意位置,如果不再需要打开的小工具,可将光标移动到小工具上,在该小工具右侧出现的按钮上单击即可关闭该小工具。

2.4.2 时钟、语言和区域设置

1. 设置系统日期和时间

在"控制面板"窗口单击"时钟、语言和区域"选项组,在打开"时钟、语言和区域"窗口中选择"日期和时间"选项,打开如图 2-37 所示的"日期和时间"对话框(或者单击任务栏右下角的时间图标,在弹出的界面中选择"更改日期和时间设置"选项,也可以打开该窗口)。在该对话框单击"更改时间和日期"按钮,弹出如图 2-38 所示的"日期和时间设置"对话框,在该对话框中设置日期和时间后,单击"确定"按钮即可。

图 2-37　"日期和时间"对话框

图 2-38　日期和时间设置对话框

如果用户需要附加一个或两个地区的时间,可单击"附加时钟"选项卡 →"日期和时间"→"附加时钟"对话框。在该对话框中选择"显示此时钟"复选框,然后在选择需要显示的地区,还可在"输入显示名称"文本框中为该时钟设置名称。设置后,当鼠标单击任务栏的时间后将显示设置效果。

2. 设置时区

在图 2-37 中选择时区区域中的"更改时区"按钮，可以打开"时区设置"对话框，在"时区"下拉列表框中可以选择所需的时区。

3. 设置日期、时间或数字格式

在"控制面板"窗口单击"时钟、语言和区域"选项组，在打开的"时钟、语言和区域"窗口中选择"区域和语言"选项，打开"区域和语言"对话框，在该对话框的"格式"选项卡中可以根据需要来更改日期和时间格式，单击"其他设置"按钮，在该对话框的"格式"选项卡中可以根据需要来更改日期和时间格式，单击"其他设置"按钮，将打开"自定义格式"对话框，可进一步对数字、货币、时间、日期等格式进行设置。

4. 设置输入法

虽然 Windows 7 中自带了简体中文和微软拼音等多种汉字输入法，但不是所有的汉字输入法都显示在语言栏的输入法列表中，此时可以通过添加管理输入法将适合自己的输入法显示出来。

1）添加 Windows 7 自带的输入法

以添加简体中文全拼输入法为例，通过"控制面板"→"时钟、语言和区域"选项组，打开"区域和语言"对话框，选择"键盘和语言"选项卡，单击"更改键盘"按钮，弹出如图 2-39 所示的"文本服务和输入语言"对话框，单击"添加"按钮，弹出如图 2-40 所示的"添加输入语言"对话框。在该对话框中选择"简体中文全拼"复选框，单击"确定"按钮，返回"文本服务和输入语言"对话框，在"已安装的服务"列表框中将显示已添加的输入法。

图 2-39 "文本服务和输入语言"对话框

图 2-40 "添加输入语言"对话框

2) 删除 Windows 7 自带的输入法

以删除简体中文全拼输入法为例,在图 2-39 中选择"已安装的服务"列表框中的"搜狗五笔输入法",单击右侧的"删除"按钮,然后单击"确定"按钮即可删除该输入法。除了系统自带的汉字输入法外,用户还可以从网上下载一些使用比较广泛的汉字输入法安装到系统中。

(1) 各种输入法的切换。

使用"'输入法列表'菜单"切换输入法,单击任务栏右端的"输入法"按钮,将显示所有"输入法列表"菜单,单击"输入法列表"菜单中需要切换的输入法。

使用"输入法热键"切换输入法,如果在"输入法区域设置"对话框中设置了切换输入法热键,使用这一热键即可切换输入法,如 Ctrl+Shift。

(2) 中文输入法和英文输入法之间的切换。

单击任务栏右端的"输入法"按钮,然后在显示的"输入法列表"菜单中选择英文输入法,同时按下 Ctrl+空格键,也可以在所选的中文输入法和英文输入法之间切换。

(3) 输入法状态栏。

在中文输入法为"微软拼音-新体验 2010"状态时,输入法状态栏会出现图标 ,表示当前即为该输入法。

大小写切换:在使用中文输入法时,按下 CapsLock 键可以输入大写的英文字母,此时按住 shift 键可以输入小写的英文。

全半角切换:在输入法状态栏中的 按钮用于切换全角和半角字符输入,该按钮显示为 状态时可以输入半角字符,单击半角字符 按钮,此按钮将变化为全角字符 按钮,此时可以输入全角字符。

中文标点和英文标点之间的切换:单击输入法任务栏全角、半角切换按钮右侧的 按钮,可以切换中文标点和英文标点,当此按钮显示为 状态时可以输入英文标点符号,显示为 状态时可以输入中文标点符号。

2.4.3 硬件设置

1. 硬件的安装与卸载

计算机硬件通常可分为即插即用型和非即插即用型两种。即插即用型有移动磁盘、鼠标、键盘、摄像头等，都不需要安装驱动程序，直接连接即可使用。其卸载方法都很简单，一般情况下直接拔掉硬件即可（或者单击任务栏通知区域的图标，在弹出的菜单中选中"弹出设备"命令）。非即插即用硬件有打印机、扫描仪等，则需要安装相应的驱动程序，且这部分硬件最好是安装厂家提供的驱动程序，以降低故障产生的概率。

Windows 7对设备的支持有了很大的改进。通常情况下，当连接设备到计算机时，Windows会自动完成对驱动程序的安装，这时不需要人工的干预，安装完成后，用户可以正常地使用设备。否则，需要手工安装驱动程序。手工安装驱动程序有两种方式：

（1）如果硬件设备带安装光盘或可以从网上下载到安装程序，然后按照向导来进行安装。

（2）如果硬件设备未提供用来安装的可执行文件，但提供了设备的驱动程序（无自动安装程序），则用户可手动安装驱动程序。方法是：在"控制面板"窗口单击"硬件和声音"选项组，在打开的"硬件和声音"窗口中执行"设备和打印机"→"设备管理器"命令，打开"设备管理器"窗口。在计算机名称上右击，在弹出的快捷菜单中选择"添加过时硬件"命令，在弹出的"欢迎使用添加硬件向导"对话框中按向导引导完成设备的添加。

在"设备管理器"窗口中选择需要卸载的设备，在其上右击，在弹出的快捷菜单中选择"卸载"命令即可完成该设备的卸载。

2. 添加、配置和删除打印机

1）添加打印机

在"控制面板"窗口单击"硬件和声音"选项组，在打开的"硬件和声音"窗口中执行"设备和打印机"→"添加打印机"命令，打开如图2-41所示的"添加打印机"对话框。这里以"添加本地打印机"为例，在该对话框中选择"添加本地打印机"（若选择"添加网络、无线或Bluetooth打印机"选项，将实现在局域网中安装打印机），然后进入端口选择页面，选择所需的打印机端口，单击"下一步"按钮，在弹出的如图2-42所示的窗口中选择某一厂商的某一打印机型号后开始安装打印机驱动程序，单击"下一步"按钮，在弹出的下一步窗口中选择所要使用的驱动器程序版本（选择"使用当前已安装的驱动器程序（推荐）"），单击"下一步"按钮，输入打印机名后单击"下一步"按钮开始安装，单击"完成"按钮即可。安装完成后，会在"设备和打印机"窗口中显示已安装好的打印机，如图2-43所示。

2）配置打印机

在安装完打印机之后，需要对所安装的打印机进行配置，简单的打印机只有很少的设置或根本没有设置，而激光打印机则有很多的硬件和软件设置选项。

在图2-43所示的窗口中选择要配置的打印机图标，在其上右击，在弹出的快捷菜单中选择"打印机属性"命令，弹出如图2-44所示的"打印机属性设置"对话框。

图 2-41 添加本地打印机

图 2-42 安装驱动程序

常规：可以设置打印机的位置和打印测试页。

共享：可以设置当前打印机是否共享，也可以更改打印机的驱动程序。

端口：添加、配置和删除打印机的端口。

高级：设置可使用此打印机的时间、优先级，更改驱动程序，设置后台打印以及打印管理器、分隔页等。

图 2-43   已安装的打印机

图 2-44   打印机属性设置对话框

安全：可以设置各个用户的使用权限。

设备设置：可以设置纸张输入盒的纸张类型、手动送纸纸张类型、替换的字体、打印机内存等。

3）删除打印机

删除一个已安装的打印机很简单，在图 2-43 所示的窗口中，选择要删除的打印机图标后，在其上右击，在弹出的快捷菜单中选择"删除设备"命令即可将所选打印机删除。

2.4.4 帐户设置

当多个用户同时使用一台计算机时，若可以在计算机中创建多个帐户，不同的用户可以在各自的帐户下进行操作，则更能保证各自文件的安全。Windows 7 支持多用户使用，只需为每个用户建立一个独立的帐户，每个用户可以按自己的喜好和习惯配置个人选项，每个用户可以用自己的帐号登录 Windows，并且多个用户之间的 Windows 设置是相对独立互不影响的。

在 Windows 7 中，系统提供了 3 种不同类型的用户，分别为管理员帐户、标准帐户和来宾帐户，不同的帐户使用权限不同。管理员帐户拥有最高的操作权限，具有完全访问权，可以做任何需要的修改；标准帐户可以执行管理员帐户下几乎所有操作，但只能更改不影响其他用户或计算机安全的系统设置；来宾帐户针对的是临时使用计算机的用户，拥有最低的使用权限，不能对系统进行修改，只能进行最基本的操作，该帐户默认没有被启用。

1. 创建新帐户

在"控制面板"窗口单击"用户帐户和家庭安全"选项组，在打开的"用户帐户和家庭安全"窗口中选择"添加或删除用户帐户"，打开如图 2-45 所示的"管理帐户"窗口。窗口的上半部分显示的是当前系统中所有有用帐户，当成功创建新用户帐户后，新帐户会在该窗口中显示。单击"创建一个新帐户"链接，打开如图 2-46 所示的"创建新帐户"窗口，输入要创建用户帐户的名称，单击"创建帐户"按钮，完成一个新帐户的创建。

图 2-45 管理帐户窗口

图 2-46　创建新帐户窗口

2. 设置帐户

在如图 2-45 所示的窗口中选择一个帐户，单击该帐户名，如图中的 student 帐户，弹出如图 2-47 所示的"更改帐户"窗口，可进行更改帐户名称、创建、修改或删除密码（若该用户已创建密码，则是修改密码、删除密码）、删除帐户等操作。

图 2-47　更改帐户窗口

1) 创建密码

单击图 2-47 中的"创建密码"链接，打开如图 2-48 所示的"创建密码"窗口，输入密码即可。

图 2-48　创建密码窗口

2) 更改帐户名称和图片

单击图 2-47 中的"更改帐户名称"链接，打开如图 2-49 所示的"重命名帐户"窗口，输入新的帐户名称即可。

图 2-49　更改帐户名

单击图 2-47 中的"更改图片"链接，打开如图 2-50 所示的"选择图片"窗口，选择要更改的图片即可。

图 2-50　选择图片窗口

3）删除帐户

选择要删除的帐户名，单击图 2-47 中的"删除帐户"链接，完成相应的设置即可。

3. 设置家长控制

为了能让家长更方便地控制孩子使用计算机，Windows 7 提供了"家长控制"功能。使用"家长控制"功能，可以对指定帐户的使用时间及使用程序进行限定，可以对孩子玩的游戏的类型进行限定。

2.4.5　程序设置

1. 添加/删除 Windows 组件

Windows 7 提供了若干可供选择的组件，这些组件可以根据需要添加到系统中，也可以从系统中删除。

在控制面板窗口中单击"程序"选项组，打开如图 2-51 所示的"程序"窗口，在其中选择"打开或关闭 Windows 功能"选项，打开如图 2-52 所示的 Windows 功能窗口。组件列表框中列出了 Windows 所包含的组件名称，包括已经安装和尚未安装的组件。凡是被选中的复选框，表示组件已经被安装到了系统中；未被选中的复选框，表示尚未安装的组件。用鼠标选中或去除复选框中的"√"可以完成相应组件的安装和删除。

图 2-51　程序窗口

图 2-52　Windows 功能窗口

2. Windows 自动更新设置

使用自动更新,就不用联机搜索更新,也不必担心计算机缺少 Windows 的关键修复程序,Windows 会自动检查适用于计算机的最新更新,根据所选择的 Windows Update 设置,

Windows 可以自动安装更新，或者只通知用户有新的更新可用。

若要让 Windows 在可获得重要更新时安装这些更新，应设置启用自动更新，重要更新可以让用户受益匪浅，例如获得更高的安全性和可靠性。

2.5 常用附件

Windows 7 的附件中自带了非常实用的工具软件，如记事本、写字板、画图、便笺、计算器、截图工具、照片查看器等。即便计算机中没有安装专用的应用程序，通过附件中的工具软件，也能够满足日常的文件编辑、绘图、计算、图片浏览等需求。

1. 记事本

记事本是一个基本的文本编辑器，用于纯文本文件的编辑，默认文件格式为 TXT。记事本编辑功能没有写字板强大（使用写字板输入和编辑文件的操作方法同 Word 类似，其默认文件格式为 RTF），用记事本保存文件不包含特殊格式代码或控制码。记事本可以被 Windows 的大部分应用程序调用，常被用于编辑各种高级语言程序文件，并成为创建网页 HTML 文档的一种较好工具。

执行"开始"→"附件"→"记事本"命令，打开"记事本"程序窗口。在记事本的文本区输入字符时，若不自动换行，则每行可以输入很多字符，需要左右移动滚动条来查看内容，很不方便，此时可以通过菜单栏的"格式"→"自动换行"命令来实现自动换行。

记事本还可以建立时间记录文档，用于记录用户每次打开该文档的日期和时间。设置方法是：在记事本文本区的第一行第一列开始位置输入大写英文字母.LOG，按 Enter 键即可。以后每次打开该文件时，系统会自动在上一次文件结尾的下一行显示打开该文件时的系统日期和时间，以达到跟踪文件编辑时间的目的。当然也可以通过执行"编辑"→"时间/日期"命令，将每次打开该文件时的系统日期和时间插入文本中。

2. 连接到投影仪

Windows 7 为用户提供了简单便捷地将计算机连接到投影仪，以便在大屏幕上进行演示的方法。

首先确保投影仪已打开，然后将显示器电缆从投影仪插入到计算机上的视频端口，因投影仪使用 VGA 或 DVI 电缆，必须将该电缆插入计算机的匹配视频端口。虽然某些计算机具有两种类型的视频端口，但大多数便携式计算机只有一种类型的视频端口。也可以使用 USB 电缆将某些投影仪连接到计算机上的 USB 端口。

然后执行"开始"→"所有程序"→"附件"→"连接到投影仪"命令，弹出用于选择桌面显示方式的四个选项（其中，"仅计算机"表示仅在计算机屏幕上显示桌面；"复制"表示在计算机屏幕和投影仪上均显示桌面；"扩展"表示将桌面从计算机屏幕扩展到投影仪；"仅投影仪"表示仅在投影仪上显示桌面），选择相应选项即可。

也可以通过附件中的"连接到网络投影仪"来通过网络连接到某些投影仪，从而可通过网络进行演示。当然，这需要投影仪具有该网络功能。

3．画图

画图是一款图形处理及绘制软件,利用该程序可以手工绘制图像也可以对来自扫描仪或数码相机的图片进行编辑修改,并在编辑结束后用不同的图形文件格式保存。

执行"开始"→"所有程序"→"附件"→"画图"命令,打开如图2-53所示的"画图"程序窗口,该窗口主要组成部分如下。

图2-53 画图程序窗口

(1)标题栏:位于窗口最上方,显示标题名称,在标题栏上右击,可以打开"窗口控制"菜单。

(2)"画图"按钮:提供了对文件进行操作的命令,如新建、打开、保存、打印等。

(3)快速访问工具栏:提供了常用命令,如保存、撤销、重做等,还可以通过该工具栏右侧的"向下"按钮来自定义快速访问工具栏。

(4)功能选项卡和选项区:功能选项卡位于标题栏下方,将一类功能组织在一起,其中包含"主页"和"查看"两个选项卡,图2-53中显示的是"主页"选项卡中的功能。

(5)绘图区:该区域是画图程序中最大的区域,用于显示和编辑当前图像效果。

(6)状态栏:状态栏显示当前操作图像的相关信息,其左下角显示鼠标的当前坐标,中间部分显示当前图像的像素尺寸,右侧显示图像的显示比例,并可调整。

画图程序中所有绘制工具及编辑命令都集成在"主页"选项卡中,其按钮根据同类功能组织在一起形成选项组,各选项组主要功能如下。

(1)"剪贴板"选项组:提供"剪切"、"复制"、"粘贴"命令,方便编辑。

(2)"图像"选项组:根据选择物体的不同,提供矩形或自由选择等方式。还可以对图像进行剪裁,重新调整大小、旋转等操作。

(3)"工具"选项组:提供各种常用的绘图工具,如铅笔、颜色填充、插入文字、橡皮擦、颜色吸取器、放大镜等,单击相应按钮即可使用相应的工具绘图。

(4)"刷子"选项组:单击"刷子"选项下的"箭头"按钮,在弹出的下拉列表中,有9种刷子格式的刷子供选择。单击其中任意的"刷子"按钮，即可使用刷子工具绘图。

（5）"形状"选项组：单击"形状"选项下的"箭头"按钮，在弹出的下拉列表中，有23种刷子格式的刷子供选择。单击其中任意的"形状"按钮，即可在画布中绘制该图形。

（6）"粗细"选项组：单击"粗细"选项下的"箭头"按钮，在弹出的下拉选项，可设置所有绘图工具的粗细程度。

（7）"颜色"选项组："颜色1"为前景色，用于绘制线条颜色；"颜色2"为背景色，用于绘制图像填充色。单击"颜色1"或"颜色2"选项后，可在颜色块中选择任意颜色。

4. 截图工具

Windows 7自带的截图工具用于帮助用户截取屏幕上的图像，并且可以对截取的图像进行编辑。

执行"开始"→"所有程序"→"附件"→"截图工具"命令，打开如图2-54所示的"截图工具"程序窗口，单击"新建"按钮右侧的向下"箭头"按钮，弹出"截图方式"菜单，截图工具提供了"矩形截图"、"窗口截图"、"任意格式截图"四种截图方式，可以截取屏幕上的任何对象，如图片、网页等。

图2-54　截图工具程序窗口

（1）矩形截图。矩形截图截取的图形为矩形。
- 在图2-54的"新建"下拉列表框中选择"矩形截图"选项，此时，除了截图工具窗口外，屏幕处于一种白色半透明状态。
- 当光标变成"十"形状时，将光标移到所需截图的位置，按住鼠标左键不放，拖动鼠标，选中框成红色实线显示，被选中的区域变得清晰。释放鼠标左键，打开"截图工具"编辑窗口（此处以截取桌面为例），被选中的区域截取到该窗口中。
- 通过菜单栏和工具栏，使用"笔"、"橡皮"等对图片勾画重点或添加备注，或将它通过电子邮件发送出去。
- 在菜单栏执行"文件"→"另存为"命令，可在打开的"另存为"对话框中对图片进行保存，保存的文件格式为PNG格式。

（2）任意格式截图：截取的图像为任意形状。

在图2-54"新建"下拉列表框中选择"任意格式截图"选项，此时，除了截图工具窗口外，屏幕处于一种白色半透明状态，光标则变成剪刀形状，按住鼠标左键不放，拖动鼠标选中的区域可以是任意形状，同样选中成橙红色实线显示，被选中的区域变得清晰。释放鼠标左键，被选中的区域截取到"截图工具"编辑窗口中。编辑和保存操作与矩形截图方法一样。

（3）窗口截图，可以自动截取一个窗口，如对话框。
- 在图2-54"新建"下拉列表框中选择"窗口截图"选项，此时，除了截图工具窗口外，屏幕处于一种白色半透明状态。

- 当光标变成小手的形状,将光标移到所需截图的窗口,此时该窗口周围将出现红色边框,单击鼠标左键,打开"截图工具"编辑窗口,被截取的窗口将出现在该编辑窗口中。
- 编辑和保存操作与矩形截图方法一样。

(4)全屏幕截图:自动将当前桌面上的所有信息都作为截图内容,截取到"截图工具"编辑窗口,然后按照与矩形截图一样的方法进行编辑和保存操作。

5. 计算器

Windows 7 自带的计算器程序除了具有标准型模式外,还具有科学型、程序员和统计信息模式,同时还附带了单位转换、日期计算和工作表等功能。Windows 7 中计算器的使用与现实中计算器的使用方法基本相同,使用鼠标单击操作界面中相应的按钮即可计算。

1)标准型计算器

执行"开始"→"所有程序"→"附件"→"计算器"命令,打开如图 2-55 所示的"计算器"程序窗口,计算器程序默认的打开模式为标准型,使用标准型模式可以进行加、减、乘、除等简单的四则混合运算。

需要注意的是,标准型模式中的混合运算只能按照自左而右的优先级运算。如:求(1+1)＊(5+5)的值,在标准型模式中因没有括号,因此输入后只能按 1+1＊5+5 的形式自左而右运算并得到运算结果 15,而不是需要的结果 20。

2)科学型计算器

在图 2-55 中执行"查看"→"科学型"命令,打开如图 2-56 所示的科学型计算器。使用科学型计算器可以进行比较复杂的运算,例如三角函数运算、乘方运算、方根运算,运算结果可精确到 32 位。如:求 2^{10} 的值,只需在图 2-56 中先输入"2",然后单击 x^y 按钮,再输入 10,然后单击"＝"按钮即可得结果 1024;上例中的(1+1)＊5+5),可在科学型计算器中完成。

图 2-55　标准型计算器

图 2-56　科学型计算器

3)程序员型计算器

在图 2-55 中执行"查看"→"程序员"命令,打开程序员型计算器。使用程序员型计算器不仅可以实现进制之间的转换,而且可以进行与、或、非等逻辑运算。如:将十进制数 25 转换为二进制，只需输入 25，然后单击"二进制"单选按钮即可得转换结果 11001。

4）统计信息型计算器

在图 2-55 中执行"查看"→"统计信息"命令，打开统计信息型计算器。使用统计信息型计算器可以进行平均值、平均平方值、求和、平方值总和、标准偏差以及总体标准偏差等统计运算。

5）其他功能

无论在哪种模式下，单击菜单栏的"查看"命令，弹出下拉菜单，选择单位转换命令可实现各种单位之间的转换；选择"日期计算"命令可计算两个日期之间相差的天数和指定日期加上或减去指定天数后的日期；选择"工作表"子菜单中的"抵押"、"汽车租赁"等命令，可实现贷款月还款额计算、汽车油耗计算等。

6. 照片查看器

Windows 照片查看器是 Windows 7 自带的看图工具，是一个集成系统的系统组件，不能单独运行。当双击 BMP、JPG、PNG 等格式图片时，系统默认情况下自动使用 Windows 照片查看器打开此图片。

2.6　系统维护

在计算机的使用过程中，有效的系统维护和安全设置能保障用户拥有一个稳定、顺畅的使用环境，这里介绍 Windows 7 自带的一些系统维护工具和防火墙的使用。

2.6.1　磁盘管理

计算机中所有的文件都存放在硬盘中，硬盘中还存放着许多应用程序的临时文件，同时 Windows 将硬盘的部分空间作为虚拟内存，因此，保持硬盘的正常运转是很重要的。

1. 磁盘检查

若用户在系统正常运行过程中或在运行某程序、移动文件、删除文件的过程中，非正常关闭计算机的电源，均可能造成磁盘的逻辑错误或物理错误，以至于影响计算机的运行速度，影响文件的正常读写。

磁盘检查程序可以诊断硬盘或优盘的错误，分析并修复若干种逻辑错误，查找磁盘上的物理错误，并标记处位置，下次在支持性文件写操作时就不会写到坏扇区中。

在要检查的磁盘驱动器上右击，在弹出的快捷菜单中选择"属性"命令，打开"磁盘属性"对话框，选择"工具"选项卡，如图 2-57 所示，在"查错"选项区域中单击"开始检查"按钮，弹出如图 2-58 所示"检查磁盘"对话框，选中磁盘检查选项，单击"开始"按钮，即可启动磁盘检查程序开始磁盘检测与修复。

图 2-57　查看磁盘属性　　　　　　　　　　　图 2-58　磁盘检查

2. 磁盘清理

磁盘清理可以删除计算机上不再需要的文件,已释放磁盘空间并让计算机运行得更快。该程序可删除临时文件,Internet 缓存文件,清空回收站并删除各种系统文件和其他不再需要的项。

执行"开始"→"所有程序"→"附件"→"系统工具"→"磁盘清理"命令,在打开的对话框中选择要清理的驱动器后单击"确定"按钮,便开始检查磁盘空间和可以被清理掉的数据。清理完毕,程序将报告清理后可能释放的磁盘空间,如图 2-59 所示,列出可能被删除的目标文件类型以及每个目标文件类型的说明,用户选定那些确定要删除的文件类型后,单击"确定"按钮,即可删除选定的文件释放出相应的磁盘空间。

3. 磁盘碎片清理

这里的"碎片"是指磁盘上的不连续的空闲空间。当用户对计算机使用了较长一段时间后,由于大量的进行了文件的写入和删除操作,磁盘碎片会显著增加。碎片的增加,会导致字节数较大的文件在磁盘上的不连续存放,这直接影响了大文件的存取速度,也必定会影响机器的整体运行速度。

磁盘碎片整理程序可以重新安排磁盘中的文件存放区和磁盘空闲区,使文件尽可能地存储在连续的单元中,使磁盘空闲区形成连续的空闲区,以便磁盘和驱动器能够更有效地工作。磁盘碎片整理程序可以按计划自动运行,但也可以手动分析磁盘和驱动器以及对其进行碎片整理。

执行"开始"→"所有程序"→"附件"→"系统工具"→"磁盘碎片整理程序"命令,打开磁盘碎片整理程序窗口。在该窗口中选择需要进行磁盘碎片整理的驱动器,其中,"分析磁盘"

图 2-59　磁盘清理

按钮,可进行文件系统碎片程度的分析,以确定是否需要对磁盘进行碎片整理,在 Windows 完成分析磁盘后,可以在"上一次运行时间"列中检查磁盘上碎片的百分比,若数字高于 10%,则应该对磁盘进行碎片整理;"磁盘碎片整理"按钮,可对选定驱动器进行碎片整理,磁盘碎片整理程序可能需要几分钟到几个小时才能完成,具体取决于硬盘碎片的大小和程度。在碎片整理过程中,仍然可以使用计算机;"配置计划"按钮,可进行磁盘碎片整理程序计划配置。

　　提示:如果磁盘已经由其他程序独占使用,或者磁盘使用 NTFS 文件系统、FAT 或 FAT32 之外的文件系统格式化,则无法对该磁盘进行碎片处理,也不能对网络位置进行碎片整理。

2.6.2　查看系统信息

　　系统信息显示有关计算机引荐配置、计算机组件和软件(包括驱动程序)的详细信息。通过查看系统的运行情况,可以对系统当前运行情况进行判断,以决定应该采用何种操作。

　　执行"开始"→"所有程序"→"附件"→"系统工具"→"系统信息"命令,打开如图 2-60 所示的"系统信息"窗口。在该窗口中用户可以了解系统的各个组成部分的详细运行情况。想了解哪个部分,单击该窗口的左窗格中列出的类别项前面的"+",右侧窗口便会列出有关该类别的详细信息。

　　系统摘要:显示有关计算机和操作系统的常规信息,如计算机名、制造商、计算机使用的基本输入输出系统(BIOS)的类型以及安装的内存的数量。

　　硬件资源:显示有关计算机硬件的高级详细信息。

　　组件:显示有关计算机上安装的磁盘驱动器、声音设备、调制解调器和其他组件的

图 2-60　系统信息窗口

信息。

　　软件环境：显示有关驱动程序、网络连接以及其他与程序有关的详细信息。

　　若希望在系统信息中查找特定的详细信息，可在"系统信息"窗口底部的"查找什么"文本框中输入要查找的信息。如：若要查找计算机的磁盘信息，可在"查找什么"文本框中输入"磁盘"，然后单击"查找下一个"按钮即可。

2.6.3　备份和还原

　　Windows 7 自带了功能强大的备份还原功能，且灵活性强，可以创建系统映像，也可以创建只包含某驱动器或文件的备份，同时多还原点的特性使还原后更加方便，不必再次去设置或安装。

　　执行"开始"→"所有程序"→"维护"→"备份和还原"命令，打开如图 2-61 所示的"备份和还原"窗口（或在"控制面板"窗口，选择"系统安全"→"备份和还原"选项也可打开该窗口）。该图是系统安装后未设置的默认状态，有"创建系统映像"、"创建系统修复光盘"、"备份"和"还原"四个主要功能，其中后两项需设置备份后才显示。

1. 创建系统映像

　　系统映像是驱动器的精确副本，默认情况下系统映像包含 Windows 运行所需要的驱动器、系统设置、程序及文件。如果硬盘或计算机无法工作，则可以使用系统映像来还原计算机的内容。系统映像必须保存在硬盘驱动器上，默认情况下系统映像仅包含 Windows 运行所需的驱动器。

单击图 2-61 左侧的"创建系统映像"链接，打开"创建系统映像"窗口。首先选择备份位置，如果选择的是 DVD，则需要刻录机同步保存映像（不过一般不建议这么做，因为会涉及刻录成功率等问题，还是硬盘或网络位置存储后再刻到 DVD 更好），这里选择备份在硬盘上。选择好备份保存的驱动器后，单击"下一步"按钮，选择要备份的内容，系统映像只能整个分区选择，不能只选择某个文件或文件夹，一般只需备份系统硬盘（默认已选中），若需要且空间又允许也可以连后面分区一起备份。单击"下一步"按钮，确认备份设置无误后单击"开始备份"按钮即可开始备份。这时保存备份的驱动器下就会有 Windows Image Backup 目录。依次展开可以看到以计算机名命名的文件夹，里面是 XML、VHD、配置文件等。

图 2-61　备份和还原窗口

提示：考虑到安全方面的因素，尽量不要将系统映像文件与系统安装分区位于同一个硬盘上，否则整个硬盘出现故障时，Windows 7 系统将无法从映像中进行彻底还原操作。此外，Windows 7 自带的备份功能生成的备份文件和压缩率较低。

2. 创建文件备份

系统映像创建备份是对整个分区的备份，如果想要备份用户的某些文件或文件夹，那么选择创建定期备份文件比较合适，可以根据需要备份所需文件或文件夹。如果以前从未使用过 Windows 备份，图 2-61 显示的是"设置备份"选项，选择后可按照向导备份文件；如果以前创建过备份，则图 2-61 中显示的是"立即备份"选项，选择后可以等待定期计划备份发生,或者可以通过单击"更改设置"选项手动创建新备份。

在图 2-61 中单击"设置备份"选项,打开"设置备份"对话框,选择保存备份的位置后(建议将备份保存到外部硬盘上,此外选择移动硬盘 F),单击"下一步"按钮,在打开的对话框中,选择"让我选择"单选按钮("Windows 选择"将备份保存在库、桌面和默认 Windows 文件夹的数据文件;"让我选择"则可以自己选择要备份的项目以及是否在备份中包含系统映像,后者更灵活、更能满足用户意愿),在打开"设置备份的选择备份内容"对话框中,选择要备份的文件或文件夹,如果只备份用户文件或文件夹,可以不选择数据文件和复选框"包括驱动器 SYS(C:)DXITYINGXIANG(S)"(此处选择 E 区的"基础"文件夹),单击"下一步"按钮,打开"设置备份的查看设置"对话框,可以查看备份位置和备份内容,单击该窗口中的"更改计划"选项,可以打开"设置备份的设置计划"对话框,以设置按计划运行备份,单击"确定"按钮,开始备份,在窗口中可以看到备份进度。

如果不希望按计划时间备份,也可以在窗口中左侧区域,单击"禁用计划"选项,禁用计划后在该窗口备份区域将会出现"启用计划",需要时则可随时再单击"启用计划"选项即可。

3. 创建系统修复光盘

系统崩溃现象时常发生,如果手头有一个修复光盘,那么系统通常很快就能恢复正常,而 Windows 7 系统恰好提供了这样一种功能。

在图 2-61 中单击"创建系统修复光盘"链接,打开"系统修复光盘创建向导"对话框,依照向导屏幕的提示,选择一个 CD 或 DVD 驱动器,同时将空白光盘插入到该驱动器中,之后按照默认设置完成剩余操作,最后按下计算机电源按钮重新启动计算机,如果出现提示,请按任意键从系统修复光盘启动计算机。

4. 系统还原

使用系统映像无法还原单个项目,系统映像只能完全覆盖还原,当前的所有程序、系统设置和文件都将被系统映像中的相应内容替换。所以系统映像一般是在系统无法正常启动,或想主动恢复到以前的某个时间状态才会使用。

系统还原有以下三种办法。

1)开机快速按 F8 键还原

开机启动时快速按下 F8 键,然后在出现的选项界面中选择"修复计算机"选项,单击"下一步"按钮,输入用户名和密码,在"系统恢复"菜单中选择"系统映像恢复"选项,然后系统会自动扫描驱动器下备份的系统映像并进入"镜像恢复"窗口,窗口中会列出该镜像的保存位置、日期和时间还有计算机名称,如果有多个系统映像,可选择某个时间点的映像进行恢复(这时候,还可以单击下面的"高级"按钮,去网络上搜索系统映像,进行还原),选择镜像后,单击"下一步"按钮,进行确认后,即可开始还原。

2)通过"控制面板"还原

在图 2-61 中单击"恢复系统设置或计算机"选项,打开"恢复"窗口,单击"高级恢复方法"选项,打开"高级恢复方法"窗口,单击"使用之前的系统映像恢复计算机"选项,打开"用户文件备份"窗口,提示备份数据,因为从映像还原后,系统分区的个人文件如果没有备份,则可能会全部丢失。再次确认后重新启动计算机,启动后会自动进入"镜像恢复"窗口,这里后面的操作同方法 1)，此处不再赘述。如果没有选择备份，到最后一步确认还原之前，都可以撤销重来。

3) 使用 Windows 7 安装光盘或系统修复光盘还原

还可以使用 Windows 7 安装光盘或系统修复光盘进行还原，设置计算机从光盘启动，后面操作同方法 2)类似，此处不再赘述。

5. 备份文件还原

有了备份文件后，以后不管遇到多大的故障，都能快速将所备份的文件或文件夹恢复到正常状态，且备份文件可以还原单个项目。在图 2-61 中单击"选择要从中还原文件的其他备份"选项，弹出"文件还原向导"对话框，选择要从中还原文件的备份(或者单击"浏览网络设置"按钮，从网络的某个位置处选择目标备份文件)，单击"下一步"按钮，在弹出下一步向导对话框中，若选中"选择此备份中的所有文件"复选框，则可还原整个目标备份内容；若单击"浏览文件"按钮，则可通过"浏览文件的备份"对话框来选择仅还原目标备份中的某个或某几个文件或文件夹。选择好要还原的内容后，单击"下一步"按钮，确定文件还原后存放的位置(既可以在原始位置还原，也可以还原在其他位置)，单击"还原"按钮即可。

2.6.4 系统安全

大部分人工作和生活都离不开互联网，因此防火墙对于保护计算机安全来说显得尤为重要，Windows 7 自带的防火墙软件仅提供简单的基本功能，且只能保护入站流量，阻止任何非本机启动的入站连接，默认情况下，该防火墙还是关闭的，于是只能另外去选择专业可靠的安全软件来保护自己的计算机。而 Windows 7 则全面改进了自带的防火墙，提供了更加强大的保护功能。

打开"控制面板"窗口，选择"系统和安全"→"Windows 防火墙"选项，打开如图 2-62 所示的"Windows 防火墙"窗口，在该窗口右侧可以看到各种类型的网络的连接情况，通过窗口左侧的列表项可以完成防火墙的设置。

1. 打开或关闭 Windows 防火墙

防火墙如果设置不好，不但阻止不了网络的恶意攻击，还可能会阻挡用户自己正常访问的互联网。Windows 7 系统的防火墙设置较以前的版本相对简单很多，普通用户就可以独立进行相关的基本设置。

Windows 7 为每种类型的网络都提供了启用或关闭防火墙的操作，在图 2-62 左侧窗格中单击"打开或关闭 Windows 防火墙"选项，打开如图 2-63 所示的"自定义设置"窗口。

1) 打开 Windows 防火墙

默认情况下已选中该设置。当 Windows 防火墙处于打开状态时，大部分程序都被阻止通过防火墙进行通信，如果要允许某个程序通过防火墙进行通信，可以将其添加到允许的程序列表中。

• 阻止所有接入连接，包括位于允许程序列表中的程序。

此设置将阻止所有主动连接到计算机的尝试，当需要为计算机提供最大程序的保护时

图 2-62　Windows 防火墙窗口

图 2-63　自定义设置窗口

可以使用该设置,使用此设置,Windows 防火墙在阻止程序时不会通知,并且将会忽略允许的程序列表中的程序。即便阻止所有接入连接,仍然可以查看大多数网页,发送和接收电子邮件，以及查看及时消息。

• Windows 防火墙阻止新程序时通知我。

如果选中此复选框，当 Windows 防火墙阻止新程序时会通知用户，并为用户提供解除阻止此程序的选项。

2）关闭 Windows 防火墙（不推荐）

避免使用此设置，除非计算机上运行了其他防火墙，关闭 Windows 防火墙可能会使计算机更容易受到黑客和恶意软件的侵害。

2. Windows 防火墙的高级设置

作为 Windows 7 旗舰版用户，想要把防火墙设置得更全面详细，Windows 7 的防火墙还提供了高级设置功能。在图 2-62 的左窗格中单击"高级设置"链接，打开如图 2-64 所示的"高级安全 Windows 防火墙"窗口，在这里可以为每种网络类型的配置文件进行设置，包括出站规则、入站规则、连接安全规则等。

图 2-64　高级安全 Windows 防火墙窗口

3. 还原默认设置

Windows 7 系统提供的防火墙还原默认设置功能使得 Windows 7 的用户可以放心大胆去设置防火墙，若设置失误，还原默认设置功能可将防火墙恢复到初始状态。

在图 2-62 左侧窗格中单击"还原默认设置"选项，打开"还原默认设置"窗口，单击"还原默认设置"按钮即将防火墙恢复到初始状态。

还原默认设置将会删除所有网络位置类型设置的所有 Windows 防火墙设置。这可能会导致以前已允许通过防火墙的某些程序停止工作。

4. 允许程序通过 Windows 防火墙进行通信

默认情况下,Windows 防火墙会阻止大多数程序,以使计算机更安全,但有时也需要某些程序通过防火墙进行通信,以便正常工作。

在图 2-62 左侧窗格中单击"允许程序或功能通过 Windows 防火墙"选项,打开"允许的程序和功能"窗口,选中要允许的程序对应的复选框和要允许的通信的网络位置,然后单击"确定"按钮即可。

提示:防火墙因无法确定电子邮件的内容,而无法阻止电子邮件病毒和网络钓鱼,因此,除了防火墙外还要安装一个好的防病毒程序,并定期更新。

2.7 Android 系统

Android 是一种基于 Linux 的自由及开放源代码的操作系统,主要使用于移动设备,如智能手机和平板电脑,由 Google 公司和开放手机联盟领导及开发。Android 操作系统最初由 Andy Rubin 开发,主要支持手机。Google 以 Apache 开源许可证的授权方式,发布了 Android 的源代码。第一部 Android 智能手机发布于 2008 年 10 月。Android 逐渐扩展到平板电脑及其他领域上,如电视、数码相机、游戏机等。2011 年第一季度,Android 在全球的市场份额首次超过塞班系统,跃居全球第一。2012 年 11 月数据显示,Android 占据全球智能手机操作系统市场 76% 的份额,中国市场的占有率为 90%。

2.7.1 系统架构

Android 的系统架构和其操作系统一样,采用了分层的架构。分为四个层,从高层到低层分别是应用程序层、应用程序框架层、系统运行库层和 Linux 内核层。

1. 应用程序

Android 会同一系列核心应用程序包一起发布,该应用程序包包括客户端、SMS 短消息程序、日历、地图、浏览器、联系人管理程序等。所有的应用程序都是使用 Java 语言编写的。

2. 应用程序框架

开发人员也可以完全访问核心应用程序所使用的 API 框架。该应用程序的架构设计简化了组件的重用;任何一个应用程序都可以发布它的功能块并且任何其他的应用程序都可以使用其所发布的功能块(不过应遵循框架的安全性)。同样,该应用程序重用机制也使用户可以方便地替换程序组件。

隐藏在每个应用后面的是一系列的服务和系统,其中包括:

- 丰富而又可扩展的视图(View),可以用来构建应用程序,它包括列表(List)、网格

（Grid）、文本框（Text box）和按钮（Button），甚至可嵌入的 Web 浏览器。

- 内容提供器（Content Providers）使得应用程序可以访问另一个应用程序的数据（如联系人数据库），或者共享它们自己的数据。
- 资源管理器（Resource Manager）提供非代码资源的访问，如本地字符串、图形和布局文件（Layout file）。
- 通知管理器（Notification Manager）使得应用程序可以在状态栏中显示自定义的提示信息。
- 活动管理器（Activity Manager）用来管理应用程序生命周期并提供常用的导航回退功能。

3. 系统运行库

Android 包含一些 C/C++库，这些库能被 Android 系统中不同的组件使用。它们通过 Android 应用程序框架为开发者提供服务。

2.7.2 系统结构

1. 系统内核

Android 是运行于 Linux kernel 之上，但并不是 GNU/Linux。因为一般 GNU/Linux 支持的功能，Android 大都没有支持，包括 Cairo、X11、Alsa、FFmpeg、GTK、Pango 及 Glibc 等都被移除掉了。Android 又以 Bionic 取代 Glibc、以 Skia 取代 Cairo、再以 opencore 取代 FFmpeg 等等。Android 为了达到商业应用，必须移除被 GNU GPL 授权证所约束的部分，例如 Android 将驱动程序移到 Userspace，使得 Linux driver 与 Linux kernel 彻底分开。Bionic/Libc/Kernel/并非标准的 Kernel header files。Android 的 Kernel header 是利用工具由 Linux Kernel header 所产生的，这样做是为了保留常数、数据结构与宏。

Android 的 Linux kernel 控制包括安全（Security）、存储器管理（Memory Management）、程序管理（Process Management）、网络堆栈（Network Stack）、驱动程序模型（Driver Model）等。下载 Android 源码之前，先要安装其构建工具 Repo 来初始化源码。Repo 是 Android 用来辅助 Git 工作的一个工具。

2. 后缀简介

APK 是安卓应用的后缀，是 AndroidPackage 的缩写，即 Android 安装包（apk）。APK 是类似 Symbian Sis 或 Sisx 的文件格式。通过将 APK 文件直接传到 Android 模拟器或 Android 手机中执行即可安装。apk 文件和 sis 一样，把 android sdk 编译的工程打包成一个安装程序文件，格式为 apk。APK 文件其实是 zip 格式，但后缀名被修改为 apk，通过 UnZip 解压后，可以看到 Dex 文件，Dex 是 Dalvik VM executes 的全称，即 Android Dalvik 执行程序，并非 Java ME 的字节码而是 Dalvik 字节码。

3. 硬件抽象层

Android 的 HAL（硬件抽象层）是能以封闭源码形式提供硬件驱动模块。HAL 的目的是为了把 Android 框架（Android framework）与 Linux 内核（Linux kernel）隔开，让 Android 不至过度依赖 Linux 内核，以达成内核独立（Kernel independent）的概念，也让 Android 框架的开发能在不考虑驱动程序实现的前提下进行发展。

HAL 存根（HAL stub）是一种代理人（Proxy）的概念，存根（Stub）是以 *.so 档的形式存在。存根向 HAL"提供"操作函数（Operations），并由 Android 运行库（Android runtime）向 HAL 取得存根的 Operations，再调用（Callback）这些操作函数。HAL 里包含了许多的代理人。运行时只要说明"类型"，即模块 ID（Module ID），就可以取得操作函数。

4. 中介软件

操作系统与应用程序的沟通桥梁，应用分为两层：函数层（Library）和虚拟机（Virtual Machine）。Bionic 是 Android 改良 libc 的版本。Android 同时包含了 Webkit，所谓的 Webkit 就是 Apple Safari 浏览器背后的引擎。Surface Flinger 是将 2D 或 3D 的内容显示到屏幕上。Android 使用工具链（Toolchain）为 Google 自制的 Bionic Libc。

Android 采用 OpenCORE 作为基础多媒体框架。Open CORE 可分为 7 大块：PVPlayer、PVAuthor、Codec、PacketVideo Multimedia Framework（PVMF）、Operating System Compatibility Library（OSCL）、Common、OpenMAX。

Android 使用 skia 为核心图形引擎，搭配 OpenGL/ES。skia 与 Linux Cairo 功能相当，但相较于 Linux Cairo，skia 的功能还处于雏形阶段。2005 年，Skia 公司被 Google 收购，2007 年初，Skia GL 源码被公开，Skia 也是 Google Chrome 的图形引擎。

Android 的多媒体数据库采用 SQLite 数据库系统。数据库又分为共用数据库及私用数据库。用户可通过 ContentResolver 类（Column）取得共用数据库。

Android 的中间层多以 Java 实现，并且采用特殊的 Dalvik 虚拟机（Dalvik Virtual Machine）。Dalvik 虚拟机是一种"暂存器形态"（Register Based）的 Java 虚拟机，变量皆存放于暂存器中，虚拟机的指令相对减少。

Dalvik 虚拟机可以有多个实例（Instance），每个 Android 应用程序都用一个自属的 Dalvik 虚拟机来运行，让系统在运行程序时可达到优化。Dalvik 虚拟机并非运行 Java 字节码（Bytecode），而是运行一种 .dex 格式的文件。

5. 安全权限机制

Android 本身是一个权限分立的操作系统。在这类操作系统中，每个应用都以唯一的一个系统识别身份运行（Linux 用户 ID 与群组 ID）。系统的各部分也分别使用各自独立的识别方式。Linux 就是这样将应用与应用，应用与系统隔离开。

系统更多的安全功能通过权限机制提供。权限可以限制某个特定进程的特定操作，也可以限制每个 URI 权限对特定数据段的访问。

Android 安全架构的核心设计思想是，在默认设置下，所有应用都没有权限对其他应用、系统或用户进行较大影响的操作。这其中包括读写用户隐私数据（联系人或电子邮件）、读写其他应用文件、访问网络或阻止设备待机等。

安装应用时，在检查程序签名提及的权限，且经过用户确认后，软件包安装器会给予应用权限。从用户角度看，一款 Android 应用通常会要求如下的权限。

拨打电话、发送短信或彩信、修改/删除 SD 卡上的内容、读取联系人的信息、读取日程的信息，写入日程数据、读取电话状态或识别码、精确的（基于 GPS）地理位置、模糊的（基于网络获取）地理位置、创建蓝牙连接、对互联网的完全访问、查看网络状态，查看 Wi-Fi 状态、避免手机待机、修改系统全局设置、读取同步设定、开机自启动、重启其他应用、终止运行中的应用、设定偏好应用、震动控制、拍摄图片等。

一款应用应该根据自身提供的功能，要求合理的权限。用户也可以分析一款应用所需的权限，从而简单判定这款应用是否安全。如一款应用是不带广告的单机版，也没有任何附加的内容需要下载，那么它要求访问网络的权限就比较可疑。

2.7.3　应用组件

Android 开发四大组件分别是：活动（Activity）——用于表现功能；服务（Service）——后台运行服务，不提供界面呈现；广播接收器（Broadcast Receiver）——用于接收广播；内容提供商（Content Provider）——支持在多个应用中存储和读取数据，相当于数据库。

1. 活动

Android 中，Activity 是所有程序的根本，所有程序的流程都运行在 Activity 之中，Activity 可以算是开发者最常遇到，也是 Android 当中最基本的模块之一。在 Android 的程序当中，Activity 一般代表手机屏幕的一屏。如果把手机比作一个浏览器，那么 Activity 就相当于一个网页。在 Activity 当中可以添加一些 Button、Check box 等控件。可以看到，Activity 概念和网页的概念相当类似。

2. 服务

Service 是 Android 系统中的一种组件，它跟 Activity 的级别差不多，但是它不能自己运行，只能在后台运行，并且可以和其他组件进行交互。Service 是没有界面的长生命周期的代码。Service 是一种程序，它可以运行很长时间，但是它却没有用户界面。这么说有点枯燥，来看个例子。打开一个音乐播放器的程序，这个时候若想上网了，那么，打开 Android 浏览器，这个时候虽然已经进入了浏览器这个程序，但是，歌曲播放并没有停止，而是在后台继续一首接着一首地播放。其实这个播放就是由播放音乐的 Service 进行控制。当然这个播放音乐的 Service 也可以停止，例如，当播放列表里边的歌曲都结束，或者用户按下了停止音乐播放的快捷键等。Service 可以在和多场合的应用中使用，比如播放多媒体的时候用户启动了其他 Activity 这个时候程序要在后台继续播放，比如检测 SD 卡上文件的变化，再或者在后台记录地理信息位置的改变等等。

2.7.4　平台优势

1. 开放性

在优势方面，Android 平台首先就是其开发性，开发的平台允许任何移动终端厂商加入到 Android 联盟中来。显著的开放性可以使其拥有更多的开发者,随着用户和应用的日益丰富,一个崭新的平台也将很快走向成熟。

开发性对于 Android 的发展而言,有利于积累人气,这里的人气包括消费者和厂商,而对于消费者来讲,最大的收益正是丰富的软件资源。开放的平台也会带来更大竞争,如此一来,消费者将可以用更低的价位购到满意的手机。

2. 丰富的硬件

这一点还是与 Android 平台的开放性相关,由于 Android 的开放性,众多的厂商会推出千奇百怪、功能特色各异的多种产品。功能上的差异和特色,却不会影响到数据同步、甚至软件的兼容,如同从诺基亚 Symbian 风格手机一下改用苹果 iPhone,同时还可将 Symbian 中优秀的软件带到 iPhone 上使用,联系人等资料更是可以方便地转移。

3. 方便开发

Android 平台提供给第三方开发商一个十分宽泛、自由的环境,不会受到各种条条框框的阻扰,可想而知,会有多少新颖别致的软件会诞生。但也有其两面性,血腥、暴力、情色方面的程序和游戏如何控制正是留给 Android 难题之一。

4. Google 应用

在互联网的 Google 已经走过十多年的历史,从搜索巨人到全面的互联网渗透,Google 服务如地图、邮件、搜索等已经成为连接用户和互联网的重要纽带,而 Android 平台手机将无缝结合这些优秀的 Google 服务。

2.8　Windows 7 综合操作案例

1. 创建文件夹

在 D 盘或者其他地方创建一个以自己名字命名的文件夹,并在该文件夹中创建三个文件夹,分别是"图片"、"音乐"、"文档"。

操作过程如下:

(1) 双击打开"计算机"图标,进入待创建文件夹盘。

(2) 单击窗口工具栏中的"新建文件夹"按钮,新建一个文件夹,并重命名该文件夹为自己的姓名,按 Enter 键结束或者鼠标在窗口空白处单击。

(3) 双击打开该文件夹,右击,在弹出的快捷菜单中选择"新建"→"文件夹"命令,使用另一种方式新建文件夹,并修改文件夹名称为"图片"。

(4) 用同样的方法创建"音乐"、"文档"文件夹。

2. 创建文件

在"文档"文件夹下创建一个名为 excer.txt 的文件。

(1) 打开"文档"文件夹。

（2）选择"文件"→"新建"→"文本文档 TXT File"，创建一个名为"新建文本文档"的文本文件。

（3）在该文件上右击，在弹出的快捷菜单中选择"重命名"命令，将该文件修改为 excer.txt。

3. 移动文件

将刚才创建的 excer 文档移动到"图片"文件夹中。

（1）利用工具栏操作：打开"文档"文件夹，选中 excer.txt 文件，单击工具栏中的"组织"→"剪切"命令，然后打开文件夹"图片"，单击工具栏中的"组织"→"粘贴"命令。

（2）利用菜单操作：打开"文档"文件夹，选中 excer.txt 文件，单击"编辑"菜单下的"剪切"命令，然后打开文件夹"图片"，单击菜单"编辑"→"粘贴"命令。

（3）利用快捷菜单：打开"文档"文件夹，选中 excer.txt 文件，右击，在弹出的快捷菜单中选择"剪切"命令，然后打开"图片"文件夹，在空白处右击，在弹出的快捷菜单中选择"粘贴"命令即可。

（4）利用快捷键：打开"文档"文件夹，选中 excer.txt 文件，按下键盘上的 Ctrl+X 快捷键，然后打开"图片"文件夹，按下键盘上的 Ctrl+V 快捷键。

（5）利用鼠标左键：将"文档"和"音乐"文件夹都打开，在选中 excer.txt 文件，按住鼠标左键同时按住键盘上的 Shift 键，拖动该文件到"音乐"文件夹中即可。

（6）利用鼠标右键：将"文档"和"音乐"文件夹都打开，在选中 excer.txt 文件，按住鼠标右键拖动该文件到"音乐"文件夹中放开右键，在弹出的快捷菜单中选择"移动到当前位置"命令。

（7）利用"移动到文件夹"：选中 excer.txt 文件，选择"编辑"→"移动到文件夹"选项，在打开的对话框中，选择目标文件夹，单击"移动"按钮完成。

4. 复制文件

将刚才创建的 excer 文档复制到"图片"文件夹中。

（1）利用工具栏操作：打开"文档"文件夹，选中 excer.txt 文件，单击工具栏中的"组织"→"复制"命令，然后打开文件夹"图片"，单击工具栏中的"组织"→"粘贴"命令。

（2）利用菜单操作：打开"文档"文件夹，选中 excer.txt 文件，单击"编辑"菜单下的"复制"命令，然后打开"图片"文件夹，单击菜单"编辑"→"粘贴"命令。

（3）利用快捷菜单：打开"文档"文件夹，选中 excer.txt 文件，右击，在弹出的快捷菜单中选择"复制"命令，然后打开"图片"文件夹，在空白处右击，在弹出的快捷菜单中选择"粘贴"命令即可。

（4）利用快捷键：打开"文档"文件夹，选中 excer.txt 文件，按下键盘上的 Ctrl+C，然后打开"图片"文件夹，按下键盘上的 Ctrl+V。

（5）利用鼠标左键：将"文档"和"音乐"文件夹都打开，选中 excer.txt 文件，按住鼠标左键同时按住键盘上的 Ctrl 键，拖动该文件到"音乐"文件夹中即可。

（6）利用鼠标右键：将"文档"和"音乐"文件夹都打开，选中 excer.txt 文件，按住鼠标右键拖动该文件到"音乐"文件夹中放开右键，在弹出的快捷菜单中选择"复制到当前位置"

命令。

(7) 利用"移动到文件夹"：选中 excer.txt 文件,选择"编辑"→"复制到文件夹"命令,在打开的对话框中,选择目标文件夹,单击"复制"按钮完成。

5．删除文件

将文件 excer.txt 删除。

(1) 利用菜单：选定要删除的文件 excer.txt,选择"文件"→"删除"命令,在弹出的"删除文件"对话框中单击"是"按钮即可。

(2) 利用工具栏：选定要删除的文件 excer.txt,单击工具栏"组织"→"删除"命令,在弹出的"删除文件"对话框中单击"是"按钮即可。

(3) 利用快捷菜单：选定要删除的文件 excer.txt,在该文件上右击,在弹出的快捷菜单中选择"删除"命令,在弹出的"删除文件"对话框中单击"是"按钮即可。

(4) 直接拖入"回收站"：选定要删除的文件 excer.txt,在回收站图标可见的情况下,拖住鼠标左键到"回收站"完成。

(5) 利用键盘操作：选定要删除的文件 excer.txt,按下键盘上的 Delete 键,在弹出的"删除文件"对话框中单击"是"按钮即可。

(6) 彻底删除文件：选定要删除的文件 excer.txt,按下键盘组合键 Shift+Delete,在弹出的"删除文件"对话框中单击"是"按钮即可,这种方法删除的文件或者文件夹不可恢复。

6．"回收站"操作

将删除的文件还原。

(1) 打开"回收站",选中被删除的文件 excer.txt。

(2) 选择菜单"文件"→"还原"命令,则被删除的文件被还原到原来的文件夹中。

7．查找文件

在 C 盘的 Program Files 文件夹中查找以字母 c 开头的所有文件,并且要求这些文件大小在 100KB～1MB。

(1) 打开 C 盘的 Program Files 文件夹窗口,在其窗口顶部的"搜索"文本框中输入 c＊.＊,开始搜索,搜索结果如图 2-65 所示。

(2) 单击搜索文本框,在弹出的搜索筛选器中,选择"大小"→"中(100K～1MB)"选项,可按大小搜索文件。

拓展：若搜索第 2 个字母为 C 的所有文件,可在窗口顶部的"搜索"文本框中输入"? c ＊.＊"。

8．将文件 excer.txt 的属性设置为只读和隐藏

(1) 选定文件 excer.txt,在该文件上右击,在弹出的快捷菜单中选择"属性"命令,弹出该文件的属性设置对话框。

(2) 在该对话框中选择"只读"和"隐藏"复选框,单击"确定"按钮即可。

图 2-65　按 c*.*搜索的结果

9."文件夹选项"对话框的使用

将文件 excer.txt 显示出来,且显示该文件的扩展名。

（1）打开文件所在文件夹（在计算机任一窗口也可）,选择"工具"→"文件夹"命令,在弹出的"文件夹选项"对话框中选择"查看"选项卡。

（2）在该对话框的"高级设置"选项区域,选择"隐藏文件和文件夹"下的"显示所有文件和文件夹"单选按钮,则隐藏的文件会显示出来。

（3）在该对话框的"高级设置"选项区域,取消选中"隐藏已知文件类型的扩展名"复选框则将显示文件的扩展名。

（4）单击"确定"按钮,完成设置。

第 3 章　文字处理软件——Word 2010

3.1　Office 2010 概述

3.1.1　Office 2010 简介

Microsoft Office 2010 是微软推出的新一代办公软件，开发代号为 Office 14，实际是第 12 个发行版，但其命名符合微软对产品的命名习惯，以年份来命名。该软件共有 6 个版本，分别是初级版、家庭及学生版、家庭及商业版、标准版、专业版和专业高级版，此外还推出 Office 2010 免费版本，其中仅包括 Word 和 Excel 应用。Office 2010 可支持 32 位和 64 位 Vista 及 Windows 7，仅支持 32 位 Windows XP，不支持 64 位 Windows XP。现已推出最新版本 Microsoft Office 2013。

Microsoft Office 2010 是智能商务办公软件，Ribbon 新界面主题用于适应企业业务程序功能需求的日益增多。Office 2010 具备了全新的安全策略，在密码、权限、邮件线程方面都有更好的控制。且 Office 的云共享功能包括与企业 SharePoint 服务器的整合，让 Word、Excel、PowerPoint 等 Office 文件皆可通过 SharePoint 平台，同时供多人编辑、浏览、提升了文件协同作业效率。

3.1.2　Office 2010 的特色与新增功能

Office 2010 中的"文件"选项替代了旧版本的"Office 按钮"功能，从而使用户方便、快捷地查找相应的功能。除了新增的选项区之外，Office 2010 相对于旧版本还新增了许多功能。

1. 屏幕截图

在 Office 2010 的 Word、Excel、PowerPoint 等组件中，新增加了这个非常有用的功能，在插入标签里可以找到，支持多种截图模式，特别是会自动缓存当前打开窗口的截图，点击一下鼠标就能插入文档中，效果如图 3-1 所示。

2. 背景移除工具

在 Word 中插入图片后，用户可以在"图片格式"选项卡下找到。用户在执行简单的抠图操作时就无须使用 Photoshop 了，还可以添加、去除水印，效果如图 3-2 所示。

图 3-1　Office 2010 屏幕截图

图 3-2　移除背景

3. 新增保护模式

如果打开从网络上下载的文档，Word 2010 会自动处于保护模式下，默认禁止编辑，想要修改就要单击"启用编辑"按钮。大概是出于版权保护的考虑吧。

4. 新的 SmartArt 模板

SmarArt 是 Office 2007 引入的一个很酷的功能，可以轻松制作出精美的业务流程图，而 Office 2010 在现有类别下增加了大量新模板，还新添了数个新的类别。其中"图片"标签便是新版 SmartArt 的最大亮点，用它能够帮助用户轻松制作图文混合的流程图表，如图 3-3 所示。

图 3-3　插入 SmartArt 图形

5. Office 按钮文档选项

在 Office 2010 中，新增加的"文件"选项卡替代了 Office 2007 左上角的圆形"Office 按钮"，使其更像一个控制面板。"文件"选项卡界面分三栏，最左侧为功能选项，中间是功能选项卡，右侧是预览窗格。"文件"选项卡主要包括信息、新建、最近使用文件、打印、保存并发送、选项、帮助等功能。

6. Office 按钮打印选项

打印部分此前只有三个选项，现在几乎成了一个控制面板，基本可以完成所有打印操作。

7. Outlook 2010 Jumplist

Jumplist 是 Windows 7 任务栏的新特性，Outlook 2010 也得到了支持，可以迅速访问预约、联系人、任务、日历等功能。此外，Outlook 新增了 Outlook Social Connector 插件，让用户能通过 Outlook 连接和浏览社交网络的更新消息，当用户读信时，会显示联络人的名字、照片和状态，也能浏览即将到来的约会，甚至是邀请朋友与会。Outlook Social Connector 目前支持 Facebook、LinkedIn、MySpace 和 Windows Live Messenger。

3.1.3　Office 2010 组件简介

Office 2010 中包含了十几个组件，分为集成组件和独立组件两类，其中独立组件由用户按需要选购安装。集成组件列表如图 3-4 所示。

1. 集成组件

Microsoft Access 2010(数据库管理系统：用来创建数据库和程序来跟踪与管理信息)。

图 3-4 的组件列表：

Microsoft Office
　Microsoft Access 2010
　Microsoft Excel 2010
　Microsoft InfoPath Designer 2010
　Microsoft InfoPath Filler 2010
　Microsoft Office Visio 2003
　Microsoft OneNote 2010
　Microsoft Outlook 2010
　Microsoft PowerPoint 2010
　Microsoft Publisher 2010
　Microsoft SharePoint Workspace
　Microsoft Word 2010
　Microsoft Office 2010 工具
　Microsoft Office 工具

图 3-4　Office 2010 组件

Microsoft Excel 2010（数据处理程序：用来执行计算、分析信息以及可视化电子表格中的数据）。

Microsoft InfoPath Designer 2010（用来设计动态表单，以便在整个组织中收集和重用信息）。

Microsoft InfoPath Filler 2010（用来填写动态表单，以便在整个组织中收集和重用信息）。

Microsoft OneNote 2010（笔记程序：用来搜集、组织、查找和共享您的笔记和信息）。

Microsoft Outlook 2010（电子邮件客户端：用来发送和接收电子邮件；管理日程、联系人和任务以及记录活动）。

Microsoft PowerPoint 2010（幻灯片制作程序：用来创建和编辑用于幻灯片播放、会议和网页的演示文稿）。

Microsoft Publisher 2010（出版物制作程序：用来创建新闻稿和小册子等专业品质出版物及营销素材）。

Microsoft SharePoint Workspace 2010（相当于 Office 2007 的 Groove）。

Microsoft Word 2010（图文编辑工具：用来创建和编辑具有专业外观的文档，如信函、论文、报告和小册子）。

Office Communicator 2007（统一通信客户端）等。

2. 独立组件

Office Visio 2010（使用 Microsoft Visio 创建、编辑和共享图表）。

Office Project 2010（使用 Microsoft Project 计划、跟踪和管理项目，以及与工作组交流）。

Office SharePoint Designer 2010（使用 SharePoint Designer 创建 SharePoint 网站）。

Office Communicator 2007（统一通信客户端，集成到 2010 套件中）。

Office Lync 2010 Attendee（一款聊天工具）。

3.1.4　Office 2010 协作应用

在一般情况下，用户很少同时使用 Office 2010 套装中的多个组件进行协同工作。实际上，用户完全可以运用 Office 各组件协同工作，在提高工作效率的同时增加 Office 文件的美观性与实用性。

1. Word 与 Excel 之间的协作

Word 与 Excel 之间的协作主要是以 Word 为主的文档，调用 Excel 中的图片、数据、行列转置，或在 Excel 中插入 Word 数据等功能。

一般的表格数据用户可以使用 Word 自带的表格功能实现，对于复杂而具有分析性的数据，用户可以调用 Excel 中的图表来直接显示，其操作方法为在 Word 文件中执行"插入"→"表格"→"Excel 电子表格"命令，即会在原文档编辑区域插入一个 Excel 操作界面。用户可以在其中直接进行 Excel 表格操作，此时选项区选项卡中相关面板也自动转换成与 Excel 有关的相应内容。操作完成单击表格处任意位置即切换回原来的操作文档。效果如图 3-5 所示。

图 3-5　在 Word 2010 中插入 Excel 电子表格

2. Excel 与 PowerPoint 之间的协作

在 PowerPoint 中不仅可以插入 Excel 表格，而且还可以插入 Excel 工作表。在 PowerPoint 中执行"插入"→"文本"→"对象"命令，并在对话框中选择"由文件创建"选项，单击"浏览"按钮，在对话框中选择需要插入的 Excel 表格即可。

3. Word 和 Excel 与 Outlook 之间的协作

在 Office 的各组件中，用户可以使用 Word 与 Outlook 中的邮件合并的功能，实现在批量发送邮件时根据收信人创建具有称呼和邮件。用户也可以运用 Outlook 中的导入/导出的功能，将 Outlook 中的数据导入到 Excel 中，或将 Excel 中的数据导入到 Outlook 中。

3.1.5　Office 2010 工作界面

Office 2010 组件众多、功能各异，但是它们的工作界面有很多相似之处，主要包括

Office 组件按钮、快速访问工具栏、标题栏、功能选项卡、选项区、编辑区、状态栏等。

1．Office 组件按钮

该按钮位于窗口的左上角，显示组件对应的图标。单击按钮，在弹出的下拉菜单中可以实现最大化、最小化、还原、关闭等操作，与窗口右上角的三个按钮作用相同。

2．快速访问工具栏

默认情况下，快速访问工具栏位于窗口顶部（左上方），单击该工具栏右侧的下三角按钮，在弹出的下拉菜单中可以将经常使用的工具按钮添加到快速访问工具栏中。也可以使用"其他命令"选项，在打开的对话框中自定义快速访问工具栏。

3．标题栏

位于快速访问工具栏的右侧，用于显示正在使用的文件名称等信息。标题栏右侧的三个窗口控制按钮可以实现窗口的最大化、最小化、还原、关闭等操作。

4．选项区与选项卡

Office 2010 将丰富的功能按钮按照其功能分成多个选项卡。选项卡按照制作文档时的使用顺序依次从左至右排列。打开某个选项卡即可打开相应的选项区，其中包含多个适应窗口大小的工具栏，提供了最常用的命令按钮或列表。

在功能选项卡的右侧有一个用于将选项区最小化的按钮，单击该按钮可以显示或隐藏选项区。选项区被隐藏后则仅显示功能选项卡的名称。

5．状态栏与视图栏

位于窗口的最下方，状态栏主要用于显示与当前操作有关的信息，视图栏主要用于切换文档视图的版式。

3.2 使用 Word 2010 制作简单文档

俗话说："千里之行，始于足下。"无论多么复杂的文档都是从简单文档开始。Word 2010 为文档的创建及编辑提供了各种工具，并能帮助用户修饰文档的外观和完善文档内容。制作简单文档即在计算机中输入一篇文章、报告或信函，实现基本文字编辑处理。本节主要讲解如何创建文档、保存文档、打开文档以及编辑文档等基本操作。

3.2.1 Word 2010 界面介绍

Word 2010 相对于旧版本的 Word 窗口界面而言，更具有美观性与实用性。启动 Word 2010 应用程序后，即可以打开如图 3-6 所示的工作窗口。主要由标题栏、选项区、编辑区及状态栏等部分组成。

图 3-6   Word 2010 界面

1. 标题栏

标题栏位于窗口最上方，由 Word 图标、快速访问工具栏、当前工作文档名称、窗口控制按钮等组成。利用标题栏不仅可以查看当前文档名称，调整工作窗口大小，还可以完成文档的新建、打开、保存等操作。

2. 选项区

Word 选项区位于标题栏下方，旧版本菜单栏的位置，并由选项功能卡替代了旧版本菜单中的各级命令。用户直接单击功能卡命令按钮就切换到相应的选项区面板，也可以通过双击选项卡命令按钮的方法展开或隐藏选项卡面板，同时用户也可以使用访问键来操作选项区。

1) 选项卡与选项组

• "开始"选项卡。

"开始"选项卡包括"剪贴板"、"字体"、"段落"、"样式"和"编辑" 5 个选项组，相当于旧版本的"编辑"与"格式"菜单中的部分命令。主要用于帮助用户对文档进行文字编辑和格式设置，是用户最常使用的选项区。

• "插入"选项卡。

"插入"选项卡包括"页"、"表格"、"插图"、"链接"、"页眉和页脚"、"文本"和"符号" 7 个选项组，相当于旧版本中的"插入"与"表格"菜单中的部分命令，主要用于帮助用户在文档中插入各种元素。

- "页面布局"选项卡。

"页面布局"选项卡包括"主题"、"页面设置"、"稿纸"、"页面背景"、"段落"与"排列" 6 个选项组，相当于旧版本中的"编辑"与"格式"菜单中的部分命令。主要用于帮助用户设置文档页面样式。

- "引用"选项卡。

"引用"选项卡"目录"、"脚注"、"引用与书目"、"题注"、"索引"与"引文目录" 6 个选项组，相当于旧版本中的"插入"菜单中的"引用"命令。主要用于帮助用户在文档中实现插入目录、插入脚注等高级编辑功能。

- "邮件"选项卡。

"邮件"选项卡"创建"、"开始邮件合并"、"编写和插入域"、"预览结果"与"完成" 5 个选项组，相当于旧版本中的"工具"菜单中的"信函与邮件"命令。主要用于帮助用户在文档中进行邮件合并等操作。

- "审阅"选项卡。

"审阅"选项卡"校对"、"语言"、"中文简繁转换"、"批注"、"修订"、"更改"、"比较"与"保护" 8 个选项组，相当于旧版本中的"工具"菜单命令。主要用于帮助用户进行校对和修订等操作，适用于多人协作处理长文档。

- "视图"选项卡。

"视图"选项卡"文档视图"、"显示"、"显示比例"、"窗口"与"宏" 5 个选项组，相当于旧版本中的"视图"与"窗口"菜单中的部分命令及"工具"菜单中的宏命令。主要用于帮助用户设置文档操作窗口的视图样式。

- "加载项"选项卡。

默认情况下"加载项"选项卡只包括"菜单命令"选项组，主要用于帮助用户为 Word 2010 安装附加属性，如自定义工具栏或其他命令扩展等。

2）访问键

Word 2010 为用户提供了访问键功能，在当前文档中按 Alt 键，即可显示当前选项卡访问键。按选项卡访问键进入选项卡后，选项卡中的所有命令都将显示命令访问键，如图 3-7 所示。单击文档或再次按 Alt 键，将取消访问键。

图 3-7　显示访问键

3. 编辑区

编辑区是 Word 2010 窗口中面积最大的区域，是用户工作的区域，可以进行输入文本、插入表格、插入图片等操作，并能所见即所得地显示文档和图形。编辑区主要包括制表位、滚动条、文档编辑区等四部分。

4. 状态栏

状态栏位于窗口最底端,主要用来显示文档的页数、字数、编辑状态、视图与显示比例。

1)页数

位于状态栏最左侧,用来显示文档当前页数与文档的总页数。例如"页面:7/15"表示文档的总页数为 15 页,当前页为第 7 页。

2)字数

位于页数的右侧,用来显示文档的总字符数。例如"字数:9355"表示文档包含 9355 个字符。

3)编辑状态

位于字数的右侧,用来显示当前文档的编辑情况。例如当输入正确的文本时,编辑状态则显示为"无校对错误"图标 ;当输入的文本出现错误或不符规定时,则显示为"发现校对错误,单击可更正"图标 。

4)视图方式

位于状态栏的右侧,用来切换文档视图。从左至右依次为页面视图、阅读版式视图、Web 版式视图、大纲视图和草稿视图。

5)显示比例

位于状态栏的最右侧,用来调整视图的显示比例,调整范围为 10%～500%。

3.2.2　创建文档

启动 Word 2010 后,系统会自动创建一个名为"文档 1-Microsoft Word"的空白文档,用户可以直接在窗口中输入文字、插入表格、插入图片等,并可以对输入的文字进行排版处理。这并不意味着每次创建文档都必须重新启动一次 Word 2010,Word 2010 创建新文档,一般分为以下两种情况。

1. 创建空白文档

在 Word 2010 中,执行"文件"→"新建"命令,打开如图 3-8 所示的界面。在"可用模板"列表中选择"空白文档"选项,单击"创建"按钮,即可创建一个通用型空白文档。

用户也可以单击"快速访问工具栏"中的下三角形,在下拉列表中选择"新建"选项,快速创建文档。

2. 创建模板文档

在 Word 中创建的每一个新文档(包括空白文档)都是基于某一个模板的。新建的空白文档时,Word 自动应用默认的模板 Normal. dotm。Word 2010 也提供了大量的按应用文规范建立的文档模板,如博客文章、书法字帖等,并设置了文档中的固定文字内容,及相应的文档格式,通过这些文档模板创建文档,可以快速地获得固定文字和格式。另外,在 Office. com 网站中提供了名片、日历、证书、奖状等特定功能模板,用户可以借助这些模板创建专业

图 3-8　新建 Word 文档

的 Word 文档。执行"文件"→"新建"命令后，用户在展开的"可用模板"列表中选择需要创建的文档模板类型，单击"创建"即可创建指定模板类型的文档。

Word 2010 的模板创建主要有以下几种情况：

1）最近打开的模板

此类模板主要用于创建最近常使用的文档类型。选择此选项后，在展开的列表中选择最近使用的某文档即可。

2）样本模板

此类模板主要用于创建 Word 2010 自带的模板文档。选择此选项后，会打开样本模板面板，如图 3-9 所示，用户在列表框中选择 50 多种模板中任一项即可。

3）我的模板

此类模板用于根据用户创建的模板创建新文档。选择此选项后，会弹出"新建"对话框，如图 3-10 所示，用户在对话框中选择需要创建的文档模板类型，单击"确定"按钮即可。

4）根据现有内容新建

此类模板主要根据本地计算机磁盘中的文档来创建新文档。选择此选项后，会打开"根据现有文档新建"对话框，如图 3-11 所示，选择某文档，单击"新建"按钮即可在已有 Word 文档的基础上创建新文档。它实质是打开了一个现有文档的副本，这时用户就可以在新文档中编辑已有文档的副本，而不会影响到原有的文档。

5）创建 Office.com 模板文档

如果用户已连接网络，也可以在 Office.com 模板列表下选择选项，然后在对话框中间展开的列表框中选择模板，在预览栏中查看效果预览，最后单击"下载"按钮，即可在 Office 网络资源下载共享模板。

图 3-9 "样本模板"面板

图 3-10 "新建"对话框

图 3-11 "根据现有文档新建"对话框

3.2.3 打开文档

编辑或查看一个业已存在的文档，用户必须首先打开它。打开文档可选用以下方法。

1. 打开最近使用的文件

为了方便用户对前面工作的继续，系统会记住用户最近使用过的文件。执行"文件"→"最近使用过的文件"命令，在展开的面板中会显示最近使用过的 25 个文档及最近位置，用户可以根据需要选择文档或文件位置打开相应的文档，如图 3-12 所示。

图 3-12 最近使用过的文件列表

注意：可以执行"文件"→"选项"命令，在打开的"Word 选项"对话框的"高级"选项卡中"显示"选项区"显示此数目的'最近使用文件'"右侧的文本框中输入 1～50 的数字，该数字决定了在"最近使用过的文件"列表中显示的文件数目，系统默认为显示 25 个文件。

2. 打开以前的文件

如果在"最近"面板的列表中没有找到想要打开的 Word 文档，用户执行"文件"→"打开"命令，在弹出的"打开"对话框中，用户可以选择任何 Word 文档，单击"打开"按钮即可。

3. 打开 Word 2010 文档

用户在 Word 2010 中使用由 Word 2010 创建的文档时，可以看到文档名称后面标识有"兼容模式"字样。为了使其能具有 Word 2010 文档的全部功能，用户需要把 Word 2010 文档转换成 Word 2010 文档。具体操作方法为执行"文件"→"信息"命令，在打开"信息"面板中单击"转换"兼容模式按钮，并在打开的提示框中单击"确定"按钮完成转换操作。完成版本转换的 Word 文档名称将取消"兼容模式"字样。

3.2.4 输入文档内容

创建或打开文档后,编辑窗口中有一个闪动的竖线,指明了文本的输入位置,称其为插入点,用户可以在插入点处输入文档内容。录入文本后,插入点自动后移,同时输入的文本被显示在屏幕上。

1. 输入文本

文本的输入主要包括中文和英文的输入。输入英文时,可以通过键盘直接输入。当需要进行中文输入时,由于 Word 自身不带汉字输入法,需要使用 Windows 提供的汉字输入法。方法是使用鼠标单击屏幕右下角的"输入法提示器"，在打开的菜单中选择一种中文输入法,则可以使用此中文输入法进行中文的输入,也可使用 Ctrl＋Space 组合键实现中英文输入法的切换。

注意:Word 具有自动换行的功能,当插入点到达右页边距时,不必按 Enter 键,Word会根据纸型自动换到下一行,并能自动避免标点符号位于行首。一页录满时 Word 会自动分页,开始录入到新的一页。只有在文本的一个自然段结束后,需要另起一行开始新的段落时,才需按下 Enter 键。

插入空行:在"插入"状态下,将插入点移到需要插入空行的位置,按 Enter 键,如果要在文档的开始插入空行,则将光标定位到文首,按 Enter 键。

删除空行:将光标移到空行处,按键盘 Delete 键。

2. 修改文本

默认情况下,在文档中输入文本时是处于插入状态,在这种状态下,输入的文字出现在插入点所在位置,而该位置原有字符将依次向后移动。

在文档输入时还有一种状态为改写,在这种状态下,输入的文字会依次替代原有插入点所在位置的字符,对其实现文档的修改。其优点是即时覆盖无用的文字,节省文本空间,对于一些格式已经固定的文档,使用这种改写方式不会破坏已有格式,修改效率较高。

插入与改写状态的切换可以通过键盘上的 Insert 键实现,或通过鼠标双击文档窗口中状态栏上的"改写"按钮来相互转换。

当文本中出现错误或多余文字时,可以使用键盘上的 Delete 键删除插入点光标后面字符,或使用 Backspace 键删除插入点光标前面的字符。如果需要删除大段文字,则先选定需要删除的大段内容,然后执行上面的方法即可实现内容的删除。

3. "撤销键入"文本与"恢复键入"文本

文档编辑过程中,如果所做操作有误,想返回到当前结果之前的状态,可以通过"撤销键入"或"恢复键入"功能实现。通过单击"快速访问工具栏"→"撤销键入"按钮，或按 Ctrl＋Z 组合键执行撤销操作,也可以单击"撤销键入"按钮旁边的下三角按钮在撤销列表中选择撤销连续若干步骤。Word 2010 的撤销功能可以保留最近执行的操作记录,但不能有选择地撤销不连续的操作。用户执行一次撤销操作后，"快速访问工具栏"中原来"撤销键入"按钮旁边就会出现"恢复键入"按钮 ↻，用户可以单击此按钮或按 Ctrl＋Y 组合键进行恢复操作。

4. "重复键入"文本

"快速访问工具栏"上的"重复键入"按钮 ↻ 可以让用户在文档编辑中重复执行最后的编辑操作，例如重复输入文本、重复插入图片、重复设置格式等。

5. 插入日期和时间

日期和时间可以使用键盘，直接输入到文档中的指定位置。Word 2010 也提供了插入"日期和时间"命令，使日期和时间的插入更加简单和方便。使用该命令，可以用任何一种数据格式添加日期，以 12 小时或者以 24 小时制式添加系统时间。

在文本中使用"日期和时间"命令添加日期的操作步骤如下：

（1）将插入点移到要添加日期或时间的位置。

（2）执行"插入"→"文本"→"日期和时间"命令，弹出如图 3-13 所示的"日期和时间"对话框。

图 3-13 "日期和时间"对话框

（3）在对话框内选择所需的日期和时间格式，单击"确定"按钮。

Word 2010 将把使用这种方法插入的日期和时间字符串作为域代码插入到文档中。如果在该对话框中设置了"自动更新"复选框，则在打印时，系统将自动把当前的系统时间替换到该字符串中以进行更新。

6. 插入符号

Word 2010 提供了丰富的符号，除键盘上显示的字母、数字和标点符号外，还提供了大量的键盘上没有的特殊符号，这些符号在屏幕和打印时都可以显示。插入符号具体操作如下：

（1）将插入点放置到要插入符号的位置。

（2）选择"插入"选项卡中的"符号"选择组中"符号"命令，单击下拉列表中的所需符号即可将符号插入指定位置，如果"符号"面板中没有所需符号，则可以单击"其他符号"命令，打开"符号"对话框。

（3）在下拉列表中选择一种字体，选择"子集"下拉列表中的所选符号所在的子集，找到所需符号，双击要插入的符号，或单击要插入的符号，再单击"插入"按钮，则符号出现在插入点位置。

（4）若需连续插入其他符号，则将插入点移动到需要其他插入符号的位置，执行步骤（3）。

（5）若需要插入特殊字符，则选择"特殊字符"选项卡，从中选择插入长划线、短划线、版权符、注册符等，单击"插入"按钮。

（6）符号插入完毕后单击"关闭"按钮，将关闭此对话框。

若需要定义某个符号的快捷键，可单击符号后，再单击"快捷键"按钮，从弹出的自定义键盘对话框中定义相应的快捷键。

7. 插入公式

在制作论文文档或特殊文档时，往往需要输入数学公式，用户可以利用 Word 2010 提供的如二次公式、二项式定理、勾股定理等 9 种公式或 Office.com 中提供的其他常用公式直接插入内置公式，也可以根据需要创建公式对象。操作方法为：

将插入点移动到需要插入公式的位置，执行"插入"→"符号"→"公式"命令，在打开的下拉列表中选择公式类别即可插入内置公式，如图 3-14 所示。

图 3-14　插入公式

用户也可以在"公式"下拉列表中选择"插入新公式"选项，在"设计"选项卡中设置公式结构或公式符号来创建公式对象。

3.2.5 编辑文档

使用 Word 2010 编辑文档，就是文档内容输入和修改的过程，是 Word 的基本功能之一。编辑文档首先要利用鼠标或键盘选择文本，然后对选择的文本进行移动、复制或删除等操作，也包括文本的查找与替换等，以下将对文档的编辑方法进行说明。

1. 选择文本

在编辑文本内容前，首先要选中被编辑的部分。在 Word 中选中的文本将被反白显示（黑底白字）。文本的选定可以采用鼠标或键盘完成。

1）使用鼠标选取文本

在编辑文档时，许多编辑操作都需要鼠标的配合，因此鼠标的操作非常重要，使用鼠标选定文本有以下几种情况，如表 3-1 所示。

表 3-1   使用鼠标选取文本

选 择 范 围	鼠 标 操 作
选取单词	将鼠标光标移动到被选择内容的任一字符上，双击鼠标
选取一行文本	将鼠标光标移动到一行的左边空白处（选定栏），鼠标指针为向右倾斜的箭头时，单击鼠标
选取多行文本	在行的左侧选定栏中拖动鼠标
选取一段文本	双击左侧选定栏或将鼠标光标移动到段落中的任意位置三击鼠标左键
选取句子	按住 Ctrl 键，用鼠标单击该句子中的任意位置
选取矩形区域	将鼠标光标移动到矩形区域左上角，按住 Alt 键，同时拖动鼠标指针到矩形区域右下角
选取整个文档	在选定栏内任意处，按下 Ctrl 键，并单击鼠标左键，或者在选定栏内任意位置连续三击鼠标左键
放弃选取	单击编辑窗口的任意位置

2）使用键盘选取

Word 2010 提供了一整套利用键盘选择文本的方法。它们主要是通过 Shift、Ctrl 和方向键来实现，其操作方法如表 3-2 所示。

表 3-2   键盘的选定操作

选 择 范 围	操 作 方 法	选 择 范 围	操 作 方 法
右边一个字符	Shift＋→	到段尾	Ctrl＋Shift＋↓
左边一个字符	Shift＋←	到段首	Ctrl＋Shift＋↑
到词尾	Ctrl＋Shift＋→	上一屏	Shift＋PgUp
到词首	Ctrl＋Shift＋←	下一屏	Shift＋PgDn
到行末	Shift＋End	到文档末尾	Ctrl＋Shift＋End
到行首	Shift＋Home	到文档开头	Ctrl＋Shift＋Home
上一行	Shift＋↑	整篇文档	Ctrl＋A 或 Ctrl＋5（小键盘）
下一行	Shift＋↓	纵向文本块	Ctrl＋Shift＋F8＋方向键

2. 移动文本

移动文本即是剪切文本,在文本编辑过程中,为了重新组织文档结构,经常需要将某些文本从一个位置移动到另一个位置。文本的移动既可以在当前页内移动,也可以从某一页移动到另一页,甚至可以从一个文档移动到另一个文档。移动文本可以使用鼠标进行,也可用键盘进行。

1) 用鼠标移动文本

用鼠标移动文本是最常用的操作方法,适合于移动距离较小的情况,操作步骤如下:

(1) 选定要移动的内容。

(2) 将鼠标移到被选中的文本上,此时鼠标变为箭头指针。

(3) 按下鼠标左键并保持,拖动鼠标,将选定内容移到目的位置。释放鼠标左键,此时选定的内容即被移动到指定位置。

2) 使用剪贴板移动文本

剪贴板是一个公用临时存储区,所有"剪切"或"复制"的项目都将自动置于"Office 剪贴板"之中。可用其实现程序间的信息交换。"Office 2010 剪贴板"最多可容纳 24 项内容。请注意:在"Office 剪贴板"上的内容,会一直保持到用户关闭了计算机上运行的所有 Office 程序为止。操作步骤如下:

(1) 选中要移动的正文。

(2) 执行"开始"→"剪贴板"→"剪切"命令,或按 Ctrl+X 组合键。

(3) 将插入点移到目标位置。

(4) 执行"开始"→"剪贴板"→"粘贴"命令,或按 Ctrl+V 组合键,即可将指定内容移动到目标位置。

3. 复制文本

在文本编辑过程中,复制也是常用功能之一。复制文本既可以使用鼠标操作,也可以用键盘来操作。复制的方法有:

1) 使用鼠标拖动

(1) 选取要复制的文本。

(2) 按下键盘上的 Ctrl 键,同时按下鼠标左键并保持,鼠标箭头指针右下角出现"+"。

(3) 拖动鼠标到目的位置再释放左键,所选内容即被复制到指定的位置。

2) 使用剪贴板

操作步骤如下:

(1) 选取需要复制的文本。

(2) 执行"开始"→"剪贴板"→"复制"命令,或按 Ctrl+C 组合键。

(3) 将插入点移到目标位置。

(4) 执行"开始"→"剪贴板"→"粘贴"命令,或按 Ctrl+V 组合键,即可将指定内容移动到目标位置。

4．删除文本

删除文本可使用下面的方法：先选定要删除的内容，然后进行下面的键盘操作。

- 按 Delete 键：删除光标右侧的一个字符。
- 按 Backspace 键：删除光标左侧的一个字符。
- 按 Ctrl＋Backspace 组合键：删除光标左侧的一句话或一个英文单词。
- 按 Ctrl＋Del 组合键：删除光标右侧的一句话或一个英文单词。

5．查找和替换

查找与替换在文档的输入和编辑中非常有效，特别是对于长文档。比如在一篇几万字的文档中查找若干相同的字符或某种格式，使用查找功能立即就能找到；如果要修改则使用替换功能就可以实现，这会大大提高编辑速度。查找与替换的另一个技巧是可以对出现频率高的同一词汇简化输入。

1）查找文本

我们用一个具体的实例来帮助用户掌握"查找"的具体操作。

【例 3-1】 在《华旗资讯公司介绍》中查找所有"华旗"二字。

操作方法及步骤如下：

（1）执行"开始"→"编辑"→"查找"命令，或按 Ctrl＋F 组合键，打开导航窗格。

（2）在导航栏搜索框中输入需要查找的内容"华旗"，会在导航窗口显示查找结果并在文本编辑窗口反白显示搜索到的文本，效果如图 3-15 所示。

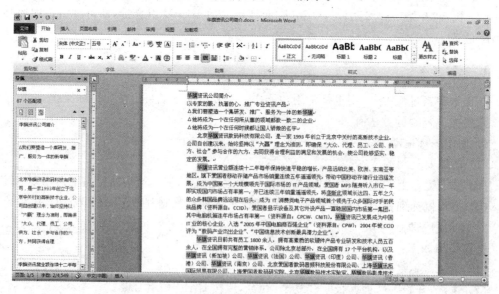

图 3-15　"导航窗格"文本查找效果

用户也可以使用"查找与替换"对话框查询，操作步骤为：

（1）单击"搜索"按钮右侧的下三角按钮 🔍▾，或"开始"选项卡"编辑"选项区"查找"右侧的下三角按钮 🔍查找▾，选择"高级查找"命令，打开"查找和替换"对话框，选择"查找"选择卡,在"查找内容"文本框中输入查找内容,单击"查找下一处"按钮,查找到的内容将以反白显示,如图 3-16 所示。

图 3-16 "查找和替换"对话框

(2) 再次单击"查找下一处"按钮或"搜索"按钮,继续往下查找直至完成整篇文档的查找。

(3) 除了查找输入的文字外,有时需要查找某些特定的格式或符号等,这就要设置高级查找选项。这时在上述对话框中单击"更多"按钮,展开"搜索选项"选项组,如图 3-17 所示的对话框,在此可以设置查找条件、搜索范围等内容。

图 3-17 "查找"对话框的扩展

"搜索"列表框:用于设置搜索的范围,默认为全部文档范围,也可设置"向上"或"向下",即可从光标处开始搜索到文档开头或结尾。

不限定格式:用于取消"查找内容"框中指定的所有格式。

"格式"按钮:用于设定查找对象的排版格式,如字体、段落、样式等的设置。

"特殊字符"按钮:查找对象是特殊字符,如制表符、分栏符、分页符等。

同时,用户可以利用选中"搜索选项"区域中的复选项来设置高级搜索条件,选项组功能如下所示。

- 区分大小写和全字匹配：主要用于高效查找英文单词。
- 使用通配符：允许用户在查找内容中使用通配符实现模糊查找。例如，在查找内容中键入"星期＊"，则可以找到"星期一"、"星期二"、"星期三"等。
- 同音：查找发音相同的单词。
- 区分全/半角：可以区分查找全角、半角完全匹配的字符。
- 忽略标点符号：查找过程中忽略文中标点。
- 忽略空格：查找过程中忽略空格。

2）替换文本

替换文本是指将查找到的指定文本用其他的文本或不同格式替代。如果未选定替换范围，Word 2010 将把整个文档中的指定文本替换掉。因此在替换前应先保存文档，这样如果对替换结果不满意，可关闭该文档而不保存替换结果。对于替换的具体操作仍用实例进行解释。

【例 3-2】 在文档中查找所有"计算器"，并替换为"计算机"。

操作步骤如下：

（1）执行"开始"→"编辑"→"替换"命令，或按 Ctrl＋H 组合键，打开如图 3-18 所示的对话框。

图 3-18　替换文字

（2）在"查找内容"文本框中输入"计算器"，在"替换为"文本框中输入"计算机"。

（3）单击"查找下一处"按钮开始查找。当 Word 找到后，将查找到的内容以反白显示。如果需要替换，则单击"替换"按钮，会将指定的文本替换为新的字符，否则，再次单击"查找下一处"按钮，继续往下查找直至完成整篇文档的查找及替换。单击"全部替换"按钮，可一次将所有规定的文字全部替换为指定的内容。

3）替换指定格式文本

Word 2010 不仅能查找替换文本，还能将文本替换成指定格式。

【例 3-3】 在文档中查找所有"计算器"，并替换为黑体、红色"计算机"。

操作方法及步骤如下：

（1）执行上例中的步骤（1）和步骤（2）。

（2）单击"更多"按钮，展开"查找和替换"扩展面板，选中替换文本"计算机"，单击"格式"按钮，在打开的下拉列表中选择"字体"选项，打开"替换字体"选择卡，并设置为黑体、红色，设置效果如图 3-19 所示。

（3）单击"全部替换"按钮，可一次性将找到的内容全部替换为指定格式的文本内容。

图 3-19 "查找和替换"扩展选项卡

3.2.6 文档视图

Word 2010 提供了多种查看文档的方式供用户选择,包括"页面视图"、"阅读版式视图"、"Web 版式视图"、"大纲视图"、"草稿"五种。工作中如果能灵活使用这几种视图方式,可以提高工作效率。例如,可以在页面视图中输入编辑文档,在 Web 版式中浏览阅读文档,在大纲视图中排版文档等。要更改视图模式,可以通过选择"视图"选项卡文档视图选项区中相应项目来实现,或单击文档窗口右下方视图切换按钮 ![按钮] 选择视图。

1. 页面视图

"页面视图"是 Word 2010 的默认视图方式,是一种所见即所得的视图,在这种显示模式下,文档将按照实际打印效果显示文字。用户可以在页面视图中直接编辑页眉、页脚,修改图形,调整页面设置等。这种视图的优点是显示比较直观,缺点是处理大文档的速度较慢。页面视图显示效果如图 3-20 所示。

2. 阅读版式视图

"阅读版式视图"用于浏览文档,以图书的分栏样式显示文档,视觉效果好,眼睛不易感觉疲劳,尤其适合阅读长文档。用户还可以单击"工具"按钮选择各种阅读工具,单击"视图选项"按钮选择各种显示效果。在该模式下,文本输入、格式设置、图片处理等大多数文本编辑工作都可以进行,但不能设置页眉与页脚。阅读版式显示效果如图 3-21 所示。

3. Web 版式视图

"Web 版式视图"是以 Web 页的方式显示当前文档的视图。在此种视图中,Word 能优

图 3-20 "页面视图"的显示效果

图 3-21 "阅读版式视图"的显示效果

化 Web 页面，使其外观与在 Web 或 Internet 上发布时的外观一致。在 Web 版式视图中，可以显示 Web 文档独有的背景、动态文字效果等特性，以增加 Web 文档屏幕查看时的效果。Web 版式视图适用于发送电子邮件和创建网页，显示效果如图 3-22 所示。

4．大纲视图

大纲视图用于显示文档的框架结构。在大纲视图中，使用缩进文档标题的方式显示文档结构的级别。这种视图使得查看文档的结构变得很轻松，用户可以方便地折叠文档，只显

图 3-22 "Web 版式视图"的显示效果

示主标题；或扩展文档，查看整个文档；并可拖动标题来快速移动、复制或重组正文。显示格式如图 3-23 所示。

图 3-23 "大纲视图"的显示效果

5. 草稿视图

草稿视图即是旧版本的普通视图，只显示文字格式，不显示文档中的页面布局如页眉，页脚、图像等信息。这种视图模式布局简单，显示速度快，输入和编辑比较方便。在该视图显示方式中，可以连续显示文档的内容，页与页之间以一条虚线划分，这条虚线表示为分页符。节与节之间用双行虚线分隔，表示分节符，这样使文档阅读起来比较连贯，显示效果如图 3-24 所示。

图 3-24　"草稿视图"的显示效果

6. 导航窗格

导航窗格命令相当于旧版本的文档结构图，是一个位于文档窗口左边的窗格，用来显示文档的各级标题，勾画出文档的结构。使用这种方式可以快速浏览一篇很长的文档，迅速定位所要阅读的文档内容。执行"视图"→"显示"→"导航窗格"命令，即会在 Word 2010 窗口左侧打开导航窗格，显示文档的结构，用户单击左窗口的内容，在右窗口中马上可以显示出相应位置的文档内容，显示效果如图 3-25 所示。

7. 切换视图

在编辑浏览 Word 文档过程中，可以根据需要选择合适的视图方式，通过"视图"选项卡中的功能按钮对视图方式进行切换，操作方法及步骤如下：

方法一，打开文档，单击"视图"选项卡，在"文档视图"中选择"页面视图"、"阅读版式视图"、"Web 版式视图"、"大纲视图"和"草稿"等命令中的一项，完成视图切换。

方法二，单击文档窗口右下方视图切换按钮 选择某种视图方式。

图 3-25　开启"导航窗格"效果

8．改变视图的尺寸

为了得到更好的显示效果，用户可以改变视图的尺寸。操作方法有以下几种：

方法一，执行"视图"→"显示"→"显示比例"命令，弹出如图 3-26 所示对话框，选择适合"显示比例"即可改变视图在屏幕中的大小。

图 3-26　"显示比例"对话框

方法二，直接拖动 Word 2010 窗口右下角"显示比例"滚动条调节视图显示比例。

方法三，按住键盘 Ctrl 键的同时拨动鼠标滚轮，可以动态对视图显示比例进行调整。

3.2.7 保存文档

用户建立并编辑的文档仅仅存放在计算机的内存中，并显示在屏幕上，关机或突然断电都会造成信息丢失。为了保存文档以备今后使用，就需要对输入的文档给定具体的文件名并存盘保存。根据文档有无文件名及文档的格式，可以分别采用下列几种方法进行保存。

1. 保存未命名的 Word 文档

对于一个新建的文档，Word 2010 用"文档1"、"文档2"、"文档3"等暂时给文件命名，在保存这类未命名文档时，必须给它指定一个名字，并且要确定它的保存位置。默认情况下，使用 Word 2010 编辑的 Word 文档会保存成为一个 DOCX 格式的文档。用户可以通过"文件"→"保存"命令进行保存，也可以使用"快捷访问工具栏"上"保存"按钮 ，或直接按 Ctrl＋S 组合键。使用上述三种方法都会打开"另存为"对话框，如图 3-27 所示。在该对话框中选择保存位置、保存类型及保存的文件名，单击"保存"按钮后完成保存操作。

图 3-27 "另存为"对话框

2. 保存已命名的文档

当一个文档已命名保存后，若再对其进行操作，在操作结束后，仍须存盘，这时可直接通过"文件"菜单中的"保存"命令或"快速访问工具栏"上的"保存"按钮，也可以直接按 Ctrl＋S 组合键完成文件的再次存盘操作，此时不会再打开"另存为"对话框。

如果希望把打开的文档用其他文件名保存或保存到其他文件夹中，而不影响原文件，可以选择"文件"菜单中的"另存为"命令，仍然会弹出如图 3-27 所示的"另存为"对话框，在其中重新进行保存选项的设置即可。

3. 将 Word 文档保存成 PDF 文件

Word 2010 可以直接将文档保存成 PDF 文件。执行"文件"→"另存为"命令，在"另存为"对话框中选择"保存类型"为"PDF"文档，然后选择文件保存位置及文件名，单击"保存"按钮。

4. 保护文档

对于一些具有保密性内容的文档，需要添加密码以防止内容外泄。在"另存为"对话框中单击"工具"下三角按钮，在下拉列表中选择"常规选项"选项，弹出"常规选项"对话框，如图 3-28 所示，然后在"打开文件时的密码"文本框中输入打开文档密码，单击"确定"按钮后，弹出"确认密码"对话框。再次输入相同密码，单击"确定"按钮，完成文档密码的添加。用同样的操作方法也可以添加修改密码。

图 3-28 "常规选项"对话框

5. 自动保存

Word 2010 提供了自动保存文档的功能，以避免在系统死机、停电或其他意外情况下造成数据丢失，系统默认的自动保存时间间隔为 10 分钟，用户也可以自行设置更改。

设置自动保存的操作步骤如下：

（1）单击"文件"菜单中的"选项"按钮，弹出"Word 选项"对话框，如图 3-29 所示。

（2）选择"保存"选项卡，设置保存选项。

（3）在对话框中，选中"自动保存时间间隔"复选框，改变自动保存时间间隔设置后，单击"确定"按钮。

【例 3-4】 创建文档"硬盘的发展".docx，保存在计算机 D 盘 Word 练习文件中，文档内容如图 3-30 所示。

图 3-29　"Word 选项"对话框

硬盘的发展突破了多次容量限制。

容量恐怕是最能体现硬盘发展速度的了，从当初 IBM 发布世界上第一款 5MB 容量的硬盘到现在，硬盘的容量已经达到了上百 GB。

硬盘容量的增加主要通过增加单碟容量和增加盘片数来实现。单碟容量就是硬盘盘体内每张盘片的最大容量，每块硬盘内部有若干张碟片，所有碟片的容量之和就是硬盘的总容量。

单碟容量的增长可以带来三个好处。

硬盘容量的提高。由于硬盘盘体内一般只能容纳。到 5 张碟片，所以硬盘总容量的增长只能通过增加单碟容量来实现。

传输速度的增加，因为盘片的表面积是一定的，那么只有增加单位面积内数据的存储密度。这样一来，磁头在通过相同的距离时就能读取更多的数据，对于连续存储的数据来说，性能提升非常明显。

成本下降。举例来讲，同样是 40GB 的硬盘，若单碟容量为 10GB，那么需要 4 张盘片和 8 个磁头，要是单碟容量上升为 20GB，那么需要 2 张盘片和 4 个磁头，对于单碟容量达 40GB 的硬盘来说，只要 1 张盘片和 2 个磁头就够了，能够节约很多成本。

目前硬盘单碟容量正在飞速增加，但硬盘的总容量增长速度却没有这么快，这正是增加单碟容量并减少盘片数的结果，出于成本和价格两方面的考虑，两张盘片是个比较理想的平衡点。

各个时代硬盘容量的限制一览表

操作系统时代	微机配置限制	容量限制
DOS 时代	早期 PC/XT 限制	10MB
	FAT12 文件分配表限制	16MB
	DOS 3.x 限制	32MB
	DOS 4.x 限制	128MB
	DOS 5.x, 早期 ATA BIOS 限制	528MB
Win3.x/Win95A	FAT16 文件分配表限制	2.1GB
	CMOS 扩展 CHS 地址限制	4.2GB
Win95A(OSR2)Win98	BIOS/int13 24bit 地址限制	8.4GB
	BIOS 限制	32GB
Win Me/Win2000	28bit CHS 限制	137GB

图 3-30　文档输入保存示例

3.3　Word 2010 格式排版

在建立一篇文章时,仅仅将文档编辑成一篇内容丰富、语句通顺的文章是远远不够的。要实现图文并茂的文章页面,使之看上去更加漂亮和整齐,便于阅读,就必须对文档进行必要的排版。Word 2010 提供了丰富的格式排版功能,包括对字符格式设置、段落格式设置等。同时,Word 是所见即所得的字处理软件,可以直接在屏幕上显示设置的效果。

3.3.1　设置字符的格式

字符是文档的基本组成单元。字符的格式是指英文字母、汉字、数字和各种符号等的字形(如粗体、斜体和下划线等)、字体(如宋体、黑体、楷体等)、字号(一号、二号、小一、小二等)和字符位置(如上标、下标及字距调整等)等。字符的格式化亦即调整字符的字体、字形、字号等字符参数。

用户可以单击"开始"选项卡中的"字体"选项区的相应按钮,也可以在选中的文字上右击,在弹出的快捷菜单中选择"字体"命令或单击"开始"选项卡中"字体"选项区右下角的"字体对话框启动器"按钮,打开"字体"对话框设置字符格式。字体选项区及字体对话框如图 3-31 和图 3-32 所示。

图 3-31　"字体"选项区

图 3-32　"字体"对话框

1. 设置字体

在文档中选择需要设置字体格式的文本,通过"开始"选项卡中"字体"选项区的"字体"

列表设置字体，或者打开"字体"对话框，使用其中"字体"选项卡中的"中文字体"、"西文字体"列表设置选中文本的字体格式。

2. 设置字号

Word 2010 的字号度量单位主要有"号"与"磅"两种，前者数值越大字越小，后者数值越大字越大。单击"开始"面板"字体"选项区中"更改字号"下拉列表中的项目来设置选中文本的字号大小。也可以单击"增大字体" A⌃ 和"减小字体" A⌄ 按钮快速增减字号。字体、字号格式设置效果示例如图 3-33 所示。

五号宋体　四号隶书　三号黑体　二号仿宋

图 3-33　设置字体、字号效果示例

3. 设置字形和效果

字形格式主要包括加粗、倾斜、下划线、删除线等格式。单击"开始"选项卡中"字体"选项区的相应按钮命令，即可以设置字形；也可以打开"字体"对话框，在"所有文字"和"效果"选项组中设置更多字形效果，字形效果示例如图 3-34 所示。

字符加粗字符倾斜　　加下划线　删除线　^上标　_下标　字符效果

图 3-34　设置字形效果示例

4. 设置字符间距

字符间距指两个字符之间的间距距离。在 Word 中字符间距有"标准"、"加宽"、"紧缩"三种，"标准"间距即默认字间距，它的实际距离并非一成不变，而是与文档中字号的大小有一定的关系，字号变化时，间距也会自动调整。"加宽"和"紧缩"则是在"标准"的基础上由用户根据需要增加或减少一定的数值。设置字符间距需要使用"字体"对话框的"高级"选项卡，如图 3-35 所示，操作步骤与方法如下：

- 缩放——用于设定选中文字的缩放比例。单击"缩放"下拉列表选择选项，当选择比例小于 100%，则文字变得更紧凑；当选择比例大于 100% 时，文字将会横向扩大。
- 间距——用于设定选中文字的间距，用户可以单击下拉列表中选择"加宽"或"紧缩"，即可调整字符之间的距离，同时可以通过"磅值"微调设置间距。
- 位置——用于设定选中文字的相对位置变动。用户可以选择下拉列表中"提升"或"降低"两个选项调整字符位置，同时可以通过"磅值"微调位置变化的幅度。

字符间距设置效果如图 3-36 所示。

图 3-35 "字体"对话框的"高级"选项卡

字符缩放50%　　　　字 符 缩 放 2 0 0 %

字 符 加 宽 3 磅 字符紧缩1磅

字符提升5磅字符降低5磅

图 3-36 设置字符间距效果示例

5. 其他字符格式

除了常用的字符格式,Word 2010 还提供了一些特殊字符格式,如拼音指南、带圈字符、字符加边框、字符加删除线等。单击"开始"选项卡,字体选项区中相应命令按钮即可以进行效果格式的设置,更多的字符格式可以使用"字体"对话框设置如字符下划线的线型及颜色、加着重号等。特殊字符格式设置示例如图 3-37 所示。

图 3-37 特殊字符格式示例

6. 用快捷键进行字符格式化

使用键盘快捷键可以提高处理文档的速度,字符格式化的快捷键如表 3-3 所示。

表 3-3　字符格式化快捷键

快 捷 键	功 能	快 捷 键	功 能
Ctrl+Shift+>	增加字号	Ctrl+I	斜体
Ctrl+Shift+<	减小字号	Ctrl+u	下划线
Ctrl+]	字号增加一级	Ctrl+Shift+D	双下划线
Ctrl+[	字号减小一级	Ctrl+Shift+H	隐藏文字
Shift+F3	大小写转换	Ctrl+=	下标
Ctrl+Shift+A	全部大写字母	Ctrl+Shift+=	上标
Ctrl+B	粗体	Ctrl+Shift+Q	改变为符号字体

7. 复制字符格式

利用"格式刷"按钮 ，可将某文本的特殊格式复制到其他文本上，格式越复杂，效率越高。设置方法如下：

（1）选定需要作为模板的格式，或直接将插入点定位在作为模板的文本上。

（2）单击"开始"→"剪贴板"→"格式刷"按钮 。

（3）移动鼠标，使指针指向需要应用格式的文本，此时鼠标指针变成一个格式刷，按下左键，拖曳到应用格式文本的末尾，释放鼠标即可。

若要一次复制格式到多个文本，则双击"格式刷"按钮，再执行步骤（3），完成复制后，再单击"格式刷"按钮，复制结束。

8. 清除字符格式

如果用户对设置的字符格式不满意，想恢复为默认的格式，可以先选择要清除格式的字符，然后单击"字体选项区"的"清除格式"按钮 ，设置的字符格式即被清除并恢复为默认的字符格式。

【例 3-5】　打开例 3-4 中的"硬盘的发展"文档，将标题段文字（硬盘的发展突破了多次容量限制）设置为 16 磅深蓝色黑体、加粗、居中、字符间距加宽 1 磅，效果如图 3-38 所示。

图 3-38　段落对齐效果示例

操作步骤如下：

（1）打开文档，在"开始"选项卡"字体"选项组中单击"字体"按钮，弹出字体对话框，在字体对话框中设置标题段字体。操作过程如图 3-39 所示。

图 3-39　例 3-5 设置字体

（2）单击"高级"选项卡，在"间距"列表框中选择"加宽"选项，操作过程如图 3-40 所示。

3.3.2　设置段落格式

在 Word 2010 中，"段落"是指在文章的输入（或修改）中两次按下 Enter 键之间的所有字符。在输入时，每行的行末会自动换行，这样产生的回车符称为软回车。在段落格式化时，软回车会根据格式的需要插入或删除，而通过按下 Enter 键来结束一个段落称为硬回

图 3-40　例 3-5 设置字符间距

车，并显示为 ↵ 形式。该标志是否在屏幕上显示出来，可以通过"开始"选项卡"段落"选项选项区的"显示/隐藏段落标记"按钮 ↯ 来设置。

段落的格式化包括段落的对齐方式、段落间距、段落缩进及项目符号与编号等。当用户建立一个文档时，如果不设置段落格式，Word 2010 会自动将默认的或预设的格式编排应用于该文档中，默认的段落格式为段落左对齐、自动设置行距、上下页边距 2.54cm、左右页边距 3.17cm。如果对默认段落格式不满意，用户可以调整段落格式。

1. 设置段落对齐方式

段落对齐主要包括两端对齐、居中对齐、左对齐、右对齐、分散对齐 5 种方式。单击"开始"选项卡"段落"选项组中的段落对齐命令 ▀▀▀▀▀，可以直接设置段落对齐方式。对齐方式的效果如图 3-41 所示。

图 3-41　段落对齐效果示例

（1）两端对齐：段落沿页的左、右边界或段落缩进的位置均匀对齐，Word 自动调整每一页的空格数。

（2）左对齐：段落沿页左边界对齐。对于纯中文段落左对齐与两端对齐相同，英文段落才有区别。

（3）右对齐：段落沿页的右边界或段落缩进的位置对齐。多用于文档末尾的署名。

（4）居中：段落沿页的左、右边界居中对齐，如文章标题、表格内容填写等。

（5）分散对齐：段落各行字符沿页的左、右边界等距离分散排列。

2．设置段落缩进

段落缩进是指纸张左右边界到段落左右边界之间的距离。段落的缩进形式主要有首行缩进、悬挂缩进、左缩进、右缩进。设置段落缩进主要包括"段落"对话框和"标尺"两种方法，具体操作如下所示。

1）使用标尺设置段落的缩进

在水平标尺上有四个缩进标记，分别为左缩进、右缩进、首行缩进、悬挂缩进，如图 3-42 所示，使用标尺进行缩进调整的方法如下：

图 3-42　水平标尺

（1）首先选择需要设置的段落，或将插入点放置在需要设置段落的任意位置。

（2）用鼠标拖动标尺上相应游标到合适位置，释放鼠标，就完成相应段落的缩进设置。

2）使用"段落"对话框设置段落缩进

操作方法如下：

（1）选中需要设置格式的段落，或将插入点放置在需要设置格式段落的任意位置。

（2）单击"开始"选项卡"段落"选项区的"段落对话框启动器"，打开"段落"对话框，如图 3-43 所示。

图 3-43　设置段落缩进

（3）在"缩进"选项区设置段落的左缩进和右缩进距离。选择"特殊格式"列表框中的选项可以设置段落的首行缩进、悬挂缩进等。设置完成单击"确定"按钮。

其中"左侧"、"右侧"列表框分别用于设置段落距文本左、右边界的距离，在这两个列表框中，用户可在"缩进"列表框内输入一个负数以设置负缩进量，使段落扩展到左侧或右侧的页面空隙内。如，章节的标题有时就扩展到左页边距以便突出。首行缩进是设定段落第一行的缩进；"悬挂缩进"设置是除段落首行外的其余各行向右缩进。"度量值"列表框可输入段落相应缩进项距文本左边界的距离。

3. 设置段落间距与行间距

段落间距是指相邻两个段落之间的距离，行间距是指段落中相邻两行之间的距离。可以通过"段落"对话框中的"间距"与"行距"选项区域进行设置，如图 3-44 所示。相关说明如下：

图 3-44　设置段落间距与行距

（1）间距——表示当前段落与前段及后段的间隔开相应数值的距离。设置段间距时，在"段前"和"段后"组合框中输入间距的磅值即可。

（2）行距——调整段落中的行距时，在"行距"列表框中选择定义行距的方式，各选项的意义如表 3-4 所示，然后在其后的"设置值"中输入相应的数据。

表 3-4　行距选项表

选　项	设　置　意　义
单倍行距	行与行之间的距离为标准的一行
1.5 倍行距	行与行之间的距离为标准行距的 1.5 倍
最小值	如果用户指定最小值小于单倍行距，行距为单倍行距；
	如果用户指定最小值大于单倍行距，行距为用户设定的"最小值"
固定值	以用户设定值为固定间距，行间距不可再调整
2 倍行距	行与行之间的距离为标准行距的 2 倍
多倍行距	行与行之间的距离为用户设定的单倍行距的倍数

4. 设置段落边框

通过为 Word 文档的段落设置边框底纹，可以使相关段落的内容更突出，从而便于读者阅读。设置段落边框的方法如下：

方法一，直接设置段落边框。

（1）选择需要设置边框的段落。

（2）单击"开始"选项卡"段落"选项区中的"边框"下三角按钮 □▾，在打开的下拉列表中，选择恰当的边框效果即可。

方法二，使用边框与底纹对话框。

（1）执行方法一中的步骤（1）和步骤（2），并在打开的下拉列表中选择"边框和底纹"选项，打开"边框和底纹"对话框，如图 3-45 所示。

图 3-45 "边框和底纹"对话框

（2）在"边框"选项卡中，"设置"区域选择边框类型，在样式、颜色及宽度设置区域选择边框的线条样式、颜色及线条粗细。

（3）单击"选项"按钮，打开如图 3-46 所示"边框和底纹选项"对话框，设置边框距正文的距离，设置完成单击"确定"按钮，返回"边框和底纹"对话框。

（4）在"应用于"列表框中选择应用范围为"文字"。

（5）单击"确定"按钮完成设置。

5. 设置段落的底纹

段落底纹与边框一样，可以在文档中强调显示效果，操作方法如下：

图 3-46 设置段落间距与行距

（1）选择需要设置底纹的段落。

（2）单击"开始"选项卡"段落"选项区的"边框"下三角按钮 □▾，在打开的下拉列表中选择"边框和底纹"选项，打开"边框和底纹"对话框，选择"底纹"选项卡，如图 3-47 所示。

（3）在"填充"下拉列表框中选择一种颜色，在"图案"下拉列表框中选择一种样式。

（4）在"应用于"列表框中选择应用范围为"文字"或"段落"。

图 3-47　设置段落底纹

（5）单击"确定"按钮完成设置。

6．设置符号和编号

在文档中添加适当的行编号、项目编号或项目符号，可以使文章条理清楚，层次分明，结构清晰，内容醒目。

1）设置行编号

对于有些文档，如果在正文的侧面添加行号，可以增强文章的可读性，操作方法如下：

（1）打开 Word 2010 文档，执行"页面布局"→"页面设置"→"行号"命令。

（2）在"行号"列表中选择"连续"、"每页重编行号"或"每节重编行号"选项之一即可为文本设置行号，如图 3-48 所示。

图 3-48　设置行号

（3）如果需要更多的行号效果设置，需要在"行号"列表中选择"行编号选项"命令，打开如图 3-49 所示的"页面设置"对话框，单击其中"行号"按钮，打开"行号"对话框，如图 3-50 所示。

图 3-49　"页面设置"对话框　　　　　　　图 3-50　"行号"对话框

（4）在"行号"对话框中选中"添加行号"复选框；并在"起始编号"编辑框中设置起始编号；在"距正文"编辑框中设置行号与正文之间的距离；在"行号间隔"编辑框中设置行号间隔；在"编号"选项区选中"每页重新编号"、"每节重新编号"或"连续编号"单选按钮之一，单击"确定"按钮。

2）设置项目编号

Word 提供了多种预设的编号样式，包括"1，2，3，…"、"一，二，三，…"、"甲，乙，丙，…"等，用户在使用时可以根据不同的情况选择编号样式，也可以依据自己的需求自定义新的项目编号样式。项目编号设置方法如下：

（1）选择需要设置项目编号的若干段落。

（2）单击"开始"面板中的"段落"选项区的"编号"命令旁边的下三角按钮 ，在展开的"编号"列表中选择一种编号样式，如图 3-51 所示。

（3）单击下拉列表中"定义新编号格式"选项，打开"新编号格式"对话框，如图 3-52 所示，用户可以根据需要为编号设置更多格式效果，包括"编号样式"、"编号字体"、"编号格式"、"编号对齐"等，设置完成单击"确定"按钮。

（4）单击下拉列表中"设置编号值"选项，打开"起始编号"对话框，如图 3-53 所示，在这个对话框中用户可以设置编号的起始值，设置完成单击"确定"按钮。

图 3-51 "编号"下拉列表

图 3-52 "定义新编号格式"对话框

图 3-53 "起始编号"对话框

3) 设置项目符号

项目符号表示并列关系，Word 2010 提供了多种项目符号图形。利用"开始"选项卡的"段落"选项区的"项目符号"按钮可以完成项目符号的添加。项目符号的设置方法如下：

（1）选择需要设置项目符号的若干段落。

（2）单击"开始"面板中的"段落"选项区的"项目符号"按钮 ≡·，得到默认的圆点编号，或直接单击"项目符号"选项旁边下三角按钮，在展开的"符号"列表中选择一种符号样式，如图 3-54 所示。

图 3-54 "编号"下拉列表

（3）当用户想使用其他样式的符号或编号时，则在上一步选中的文本状态下，继续单击"项目符号"命令按钮下拉列表中"定义新项目符号"选项，打开"定义新项目符号"对话框，如图 3-55 所示。

图 3-55 "定义新项目符号"对话框

（4）用户可以根据需要单击选择符号、图片等按钮，继续打开如图 3-56 和图 3-57 所示的"符号"对话框、"图片项目符号"对话框，为文本设置更多效果，设置完成单击"确定"按钮。

4）设置多级编号

在 Word 2010 文档中，用户可以通过更改编号列表级别创建多级编号列表，使 Word 编号列表的逻辑关系更加清晰。多级编号操作步骤及方法如下：

（1）打开待排版文档，选择作为一级标题段落的文字，用户在选择时可以借助 Ctrl 键，间断不连续选择多段文本。单击"开始"→"段落"→"多级列表"选项旁边的下三角按钮，在

图 3-56 "符号"对话框

图 3-57 "图片项目符号"对话框

弹出的下拉列表中选择编号库中某种多级编号样式，如"1,1.1,1.1.1…"样式，如图 3-58 所示。

(2) 选择作为二级标题的所有段落，打开"多级列表"的下拉列表，选择步骤(1)中选择的多级列表样式，如图 3-59 所示。

(3) 选择步骤(2)中的所有二级标题，单击"开始"→"段落"→"多级列表"→"更改列表级别"命令，在展开的列表中选择二级标题，如图 3-60 所示，选择 1.1，完成二级标题的设置。

(4) 重复执行步骤(2)和步骤(3)设置三级标题，效果如图 3-61 所示。

(5) 按照同样方法继续设置其余段落的 2 级文本编号，此时编号若重新从 1 开始计数，则在选中的编号文本上右击，在弹出的快捷菜单中选择"继续编号"命令，自动更正编号。也可以执行"开始"→"段落"→"多级标题"→"定义新列表样式"命令，打开"定义新列表样式"

图 3-58　设置多级列表中的一级标题

图 3-59　设置多级标题中的二级标题

图 3-60　修改多级列表中的标题级别

图 3-61　修改多级列表中的标题级别

对话框，设置开始编号为 2，单击"确定"按钮完成多级列表设置，效果如图 3-62 所示。

【例 3-6】　打开例 3-4 中的"硬盘的发展"文档，进行段落格式设置。

（1）将标题段文字（"硬盘的发展突破了多次容量限制"）设置为居中，并添加黄色底纹。

（2）设置正文各段落（"容量恐怕是……比较理想的平衡点。"）首行缩进 2 字符、行距为 1.2 倍行距、段前间距 0.8 行；为正文第四至第六段（"硬盘容量的提高……能够节约很多成

图 3-62 "定义新列表样式"对话框

本。")添加项目符号"◆"。

操作步骤为：

（1）设置标题段对齐属性。选中标题段，执行"开始"→"段落"→"居中"命令。

（2）设置标题段底纹属性。选中标题段，单击"开始"选项卡"段落"选项区"底纹"选项旁的下三角按钮，选择填充色为"黄色"，单击"确定"按钮。

（3）设置正文段落属性。选中正文各段，在"开始"选项卡的"段落"选项区中，单击"段落"按钮，弹出"段落"对话框。单击"缩进和间距"选项卡，在"特殊格式"选项组中，选择"首行缩进"选项，设置磅值为"2字符"。在"间距"选项组中，设置"段前"为"0.8 行"，设置"行距"为"多倍行距"，设置"设置值"为 1.2，单击"确定"按钮。操作过程如图 3-63 所示。

图 3-63 例 3-6 设置段落操作

（4）设置项目符号。选中正文第四至第六段，在"开始"选项卡"段落"选项区，单击"项目符号"下拉列表，选择带有"◆"图标的项目符号，单击"确定"按钮，操作步骤如图3-64所示。

图3-64　例3-6设置项目符号操作

3.3.3　设置中文版式

对于中文字符，Word 2010提供了一些特殊版式，包括纵横混排、双行合一、合并字符、简体和繁体转换、带圈字符、拼音指南等。中文版式效果如图3-65所示。

图3-65　中文版式效果示例

其中拼音指南、带圈字符、字符边框按钮在"开始"选项卡的"字体"选项区，简体与繁体转换在"审阅"选项卡的"中文繁简转换"选项区，其余中文版式则可以通过执行"开始"→"段落"→"中文版式"命令 ✕ 实现。各项中文版式的说明如下：

- 拼音指南——是Word中为汉字加注拼音的功能。默认情况下拼音会被添加到选中汉字的上方，且汉字和拼音将被合并成一行。
- 带圈字符——为所选字符添加，或取消所选字符的圈号。用户在使用Word 2010编辑文档的时候，经常需要输入带圈数字。如果需要输入的带圈数字在10以内，则可以通过输入法软键盘上的"数字序号"进行输入。如果输入10以上的带圈数字，则可以通过"带圈字符"功能来实现。
- 字符边框——将选中的文字设置边框，可增加也可取消。

- 突出显示文本——通过使用不同颜色突出显示文本功能，可以使被选中的文字内容看上去像使用荧光笔作了标记一样，以突出文字内容的重要性。
- 纵横混排——将被选中的文本以竖排的方式显示，而未被选中的文本则保持横排显示。
- 合并字符——将选中的字符按照上下两排的方式进行显示，显示所占据的位置以一行的高度为基准。
- 双行合一——将文档中的两行文本合并为一行，并以一行的格式进行显示。

图 3-66 "带圈字符"对话框

【例 3-7】 将例 3-4 中"硬盘的发展"文档中标题的"展"字设置成菱形增大带圈字符。

操作步骤如下：

（1）打开"硬盘的发展"文档，选中标题中展字。

（2）单击"开始"→"字体"→"带圈字符"按钮 ⊕，打开"带圈字符"对话框，在样式选项区选择"增大圈号"，在圈号选项区选择"◇"，如图 3-66 所示，设置完成单击"确定"按钮。

3.3.4 设置首字下沉

我们在阅读报刊杂志时，常会看到很多文章开头的第一个字符比文档中其他字符要大，或者字体不同，非常醒目，这不仅能改善文档的外观，更能引起读者的注意，这就是首字下沉的效果。设置首字下沉的步骤如下：

图 3-67 "首字下沉"对话框

（1）选择要设置首字下沉的段落。

（2）单击"插入"选项卡，"文本"选项区的"首字下沉"命令，在展开的下拉列表中选择"首字下沉"选项，打开如图 3-67 所示的对话框。

（3）在"位置"选项区中选择下沉方式。

（4）在"选项"选项区的"字体"下拉列表中选择下沉字体。

（5）在"下沉行数"文本框中，设置首字下沉时所占用的行数。

（6）在"距正文"文本框中，设置首字与正文之间的距离。

（7）设置完成，单击"确定"按钮。

【例 3-8】 打开例 3-4 中的"硬盘的发展"文档，设置正文第一段（"容量恐怕是……达到了上百 GB。"）首字下沉 2 行，距正文 0.1 厘米。

操作步骤如下：

选中第一段，在"插入"选项卡"文本"选项区中，单击"首字下沉"按钮，选择"首字下沉选项"，弹出"首字下沉"对话框，单击"下沉"图标，设置"下沉行数"为 2，设置"距正文"为"0.1 厘米"，单击"确定"按钮，设置及效果如图 3-68 所示。

图 3-68 "首字下沉"设置及效果

3.4 Word 2010 版面设计

在 Word 2010 中编辑处理后的文档，无论是作为书籍的一部分，还是作为论文或文件，都必须进行页面格式的设置，并最终以页面为单位打印输出。页面排版包括页面设置、页眉和页脚、脚注和尾注等效果设置。

3.4.1 页面设置

页面设置是打印文档之前的必要准备工作，目的是使页面布局与页边距、纸张大小和页面方向一致。选择"页面布局"选项卡的"页面设置"选项区的相应命令可以设置包括文字方向、页边距、纸张方向、纸张大小、分栏分隔符等页面效果。

1. 文字方向

通常文档中的文字都是从左到右排列的，段落由横行组成，版面也是横向的。竖向版式只是用于编排古汉语的文章以及不符合传统习惯的文档或艺术修饰等等。Word 2010 提供了竖行排版功能，从而更加丰富了文章排版风格和版面设计内容。

实现文档竖行输入和排版的步骤是：

（1）执行"页面布局"→"页面设置"→"文字方向"命令，在打开的下拉列表中选择相应方向样式，或单击"文字方向选项"命令，弹出如图 3-69 所示的"文字方向"对话框。

（2）选择相应竖行排版方式，单击"确定"按钮，以后的文本输入方式就变为竖行版式输入。

图 3-69 "文字方向"对话框

2. 设置页边距

"页边距"是指文本与纸张边缘的距离。Word 设置的页边距与所用的纸张大小有关，通常在页边距以内打印文本。边距太窄会影响文档的装订，太宽又会影响美观，而且浪费纸张。默认情况下，系统页面设置为标准 A4 型纸，页面边距上下 2.54cm，左右 3.17cm，纸张方向为纵向。可以执行"页面布局"→"页面设置"→"页边距"命令，在展开的下拉列表中选择相应的选项即可。

用户也可以根据需要选择"页边距"→"自定义边距"命令，打开"页面设置"对话框自行设置页边距，如图 3-70 所示。

图 3-70 "页边距"选项卡

"页边距"选项组主要用于上、下、左、右页边距数值的设置。如需装订，还需要设置"装订线"及"装订线位置"。装订线设置只能位于页左侧或页顶端，这对于装订成册非常重要。

在"方向"选项组中,通过选定"纵向"和"横向"这两个单选按钮来设定纸张的打印方向。选择"纵向"选项,Word将文本行排版为平行于纸的短边的形式;选择"横向"选项,则将文本排版为平行于纸长边的形式。

"页码范围"选项组用于设置页码的范围格式,主要包括对称页边距、拼页、书籍折页和反向书籍折页等效果,如图3-71所示。

图 3-71　页码范围效果预览

3. 设置纸张大小

在"页面设置"对话框中选择"纸张"选项卡,用户可以设置纸张规格,如图3-72所示。通过"纸张大小"下拉列表可选择A3、B5、16开、32开等纸型,如果用户使用的是非标准纸张类型,则应选择"自定义大小"。

图 3-72　"页面设置"中的"纸张"选项卡

"纸张来源"选项组用于设置打印机打印纸的来源。此设置只影响打印输出而不影响页

面显示。一般使用"默认纸盒"即可。如果要在普通打印机上进行双面打印,可选择手动
方式。

4. 设置页面版式

"页面设置"对话框的"版式"选项卡主要用于确定页面的布局,如图 3-73 所示。可进行
页面中页眉、页脚、对齐方式等特殊版式设置。

图 3-73　"页面设置"中的"版式"选项卡

"节的起始位置"下拉列表指明节的起始位置是新建页、新建栏、偶数页、奇数页还是连
续本页。

"页眉和页脚"可设置为奇偶页不同和首页不同。例如排版一本书时,首页不使用页眉,
奇数页页眉使用标题,偶数页页眉使用书名。并可以通过"距边界"列表设置页眉和页脚距
离位置。

"垂直对齐方式"用于设置文本的垂直对齐方式,可设置为顶端对齐、居中对齐和两端
对齐。

单击"行号"按钮可以给文本添加行号。

单击"边框"按钮可以给文本或页面添加边框。

5. 设置文档网格

"页面设置"对话框的"文档网格"选项卡,主要用于设置文档的网格、每页行数、每行字
符数、分栏、字体及文字排列方向等,如图 3-74 所示。

在一般情况下,如果用户没有特殊要求,可以选择默认设置,即"使用默认字符数"。如
果默认设置不能满足用户的要求,可以通过改变每页中的行数以及每行中的字符数来设定

图 3-74　"文档网格"选项卡

要求的格式。选中"指定行和字符网格数"单选按钮后，用户可以改变行数及字符数的设置，系统会计算出字符跨度和行跨度，并填入到"字符跨度"和"行跨度"文本框中。"栏数"即为文档分栏数；"文字排列"用于设置正文文字的横排或竖排。

【例 3-9】　对例 3-4 中"硬盘的发展"文档进行页面设置：上、下、左、右边距均为 2.5cm，页面左侧预留 1.5cm 装订线，纸张方向纵向，纸张大小 16 开，设置页眉和页脚奇偶页不同。

操作步骤如下：

（1）打开文档，单击"页面布局"→"页面设置"按钮，打开"页面设置"对话框。

（2）在"页边距"选项卡，调整上下左右边距为 2.5cm，装订线 1.5cm，装订线位置为"左"，纸张为纵向。

（3）在"纸张"选项卡中，在"纸张大小"列表框选择纸型为 16 开。

（4）在"版式"选项卡中，在"页眉和页脚"选项组中选中"奇偶页不同"复选框。

（5）设置完成，单击"确定"按钮。

3.4.2　设置分页与分节

进行页面设置并选择了纸张大小后，Word 会按设置页面的大小、字符数和行数对文档进行自动排版并进行分页。用户可以利用 Word 提供的分页或分节的功能在文档中强制分页或分节。

1. 自动分页

Word 2010 中提供两种分页的功能，即自动分页和人工分页。在草稿视图中，自动分页符显示为一条贯穿页面的虚线；人工分页符显示为标有"分页符"字样的虚线。通常，一旦确定了文档的页面大小，则每行文本的宽度和每页所能容纳的文本的行数也就确定下来。因此，Word 会自动计算分页的位置进行自动插入一个分页符进行分页。

2. 设置人工强制分页

人工分页，就是在要分页的位置插入人工分页符，人为地进行分页控制，在页面视图、打印预览和打印的文档中，分页符后边的文字将出现在新的一页上，操作步骤如下：

(1) 将插入点定位到需要重新分页的位置。

(2) 插入分页符，可以使用下述方法之一完成分页设置。

方法一，执行"插入"→"页"→"分页"命令，在光标位置对文档分页。

方法二，执行"页面布局"→"页面设置"→"分隔符"→"分页符"命令，在光标位置对文档分页。

方法三，按 Ctrl＋Enter 快捷键，在光标位置对文档分页。

3. 设置分节

分节是为了方便页面格式化而设置的，使用分节可以将文档分成任意的几部分，每一部分使用分节符分开，Word 以节为单位，可以对文档的不同部分设置不同的页眉、页脚、行号、页号等页面格式。

在草稿视图下，分节符显示为带"分节符"字样的双虚线，如图 3-75 所示。Word 将每一节的格式信息存储到分节符里，其中包含了该节的排版信息，如分栏、页面格式等。

图 3-75 为文档设置分节符示例

1) 创建节

创建节的过程也就是插入分节符的过程，其操作步骤如下：

(1) 将插入点放置在要分节的文本前。

(2) 执行"页面布局"→"页面设置"→"分隔符"→"分节符"→"下一页"命令即可。

分节符类型主要包括以下几种：

- 下一页——另起一页，分节符所在位置即新页的开始处。
- 连续——设置该项后不换页即开始新的一节，即新节与前面的节共存于当前页中。
- 偶数页——设置该项后，新节文本将从下一个偶数页上开始。
- 奇数页——设置该项后，新节文本将从下一个奇数页上开始。

2）删除节

删除节只需将分节符删除即可。操作方法是：

（1）在页面视图方式，单击"开始"→"段落"→"显示/隐藏编辑标记"按钮 ，或将显示模式切换为草稿视图。

（2）将插入点放置在要删除的分节符上，按 Delete 键即可删除。

注意：删除节以后，当前节被合并到下一节，其格式也将变得和下一节一样。

3.4.3 设置分栏

1. 分栏

分栏排版是将一段文本分成并排的几栏，只有添满第一栏，才移到下一栏。分栏技术被广泛应用于报纸、杂志等宣传出版物的排版中，通过设置分栏可以增强文档的生动性。利用 Word 的分栏功能可以对整篇文档或部分文档设置分栏数和各栏文字的列宽。

对文档进行分栏操作的方法如下。

1）插入栏

插入栏的方法是：首先选定要分栏的文档内容，然后执行"页面布局"→"页面设置"→"分栏"命令，在展开的下拉列表中选择"一栏"、"二栏"、"三栏"、"偏左"、"偏右"中的一种分栏效果，或单击"更多分栏"按钮，弹出如图 3-76 所示的"分栏"对话框。在该对话框中各选项的功能如下。

图 3-76 "分栏"对话框

（1）"预设"选项区：该选择框用于设置选定栏的格式，用户可以直接选取所需的图例即可。其中"无"、"两栏"、"三栏"选项用于插入相等宽度的一栏、两栏或三栏。

"偏左"选项将文本格式化为双栏,左栏的宽度是右栏的一半。

"偏右"选项将文本格式化为双栏,右栏的宽度是左栏的一半。

(2)"栏数"选项区:用于输入或选定设置的栏数。

(3)"分隔线"复选框:用于确定是否在栏之间添加一条竖线。若添加,则此竖线与页面或节中的最长的栏等长。

(4)"宽度和间距"选项区:用于设置栏宽和栏间距。其中:

- 栏——显示可以更改宽度和间距的栏号。
- 栏宽——用于输入或选定栏宽尺寸。
- 间距——用于输入或选定某栏与其右边相邻栏的间距。

(5)"栏宽相等"复选框:表示为各栏设置相等的栏宽。如果选中该项,Word 会根据"宽度和间距"中设置的值自动计算栏宽。

(6)"应用范围"列表框:用于选定要应用栏格式的文档范围。"整篇文档"选项对整个文档应用分栏格式。"插入点之后"选项表明只对包含插入点的节之后的文档应用分栏格式。"选定内容"表明只对选定的内容进行分栏效果的设置。不同应用范围设置效果如图 3-77 所示。

图 3-77 "分栏"效果设置

2)均衡栏的长度

通常节或文档的最后一页内的正文不会满页,因此,在分栏时 Word 2010 将先按页面长度填满可以填满的栏,而最后一栏就有可能为空栏或只有部分文档。此时可以调整设置使得各栏文档的长度均衡,调整的方法是,首先在要均衡的栏中正文结尾处设置插入点,执行"页面布局"→"页面设置"→"分隔符"→"分节符"→"连续"命令,即可在最后一页正常分栏显示,效果如图 3-77 所示。

【例 3-10】 打开例 3-4 中的"硬盘的发展"文档,将正文第七段("目前硬盘单碟容量……比较理想的平衡点。")分成等宽二栏,栏间添加分隔线(注意分栏时,段落范围包括本段末尾的回车符），栏宽 12 字符。

操作步骤如下：

（1）打开文档，选中正文第七段，执行"页面布局"→"页面设置"→"分栏"命令，在下拉列表中选择"更多分栏"选项，弹出"分栏"对话框，并进行如下设置，如图 3-78 所示。

图 3-78 "分栏"对话框

（2）选中"预设"选项组中的"两栏"选项。

（3）在"宽度"中输入"12 字符"。

（4）选中"栏宽相等"复选框。

（5）选中"分隔线"复选框。

（6）单击"确定"按钮。

3.4.4 设置页眉、页脚

页眉和页脚指在文档的每一页的顶部和底部显示的信息，如日期、页码、书名、章名等内容。页眉和页脚的内容不是与正文同时输入，而是需要专门设置。Word 2010 可以给文档中全部内容可以使用同样的页眉和页脚，也可以设置成奇偶页不同的页眉和页脚。还可以给每一节设置完全不同的页眉和页脚。

1. 创建页眉和页脚

Word 2010 提供了多种页眉和页脚样式，包括空白、边线型、瓷砖型、条纹型等 20 多种。插入页眉和页脚的方法为：

（1）执行"插入"→"页眉和页脚"→"页眉"或"页脚"命令，在打开的下拉列表中选择相应的样式，即会在页面中出现页眉或页脚编辑区，并打开"页面和页脚工具设计"选项卡，如图 3-79 所示。

（2）将光标移动到页眉或页脚的编辑区，输入页眉页脚内容，输入完成，双击正文任意位置，或单击"页眉和页脚工具"选项卡"关闭页眉和页脚"命令按钮，返回正文编辑状态。

（3）若要设置奇偶页和首页不同的页眉和页脚效果，则选中"选项"选项组中的"首页不

图 3-79 "页眉和页脚工具设计"选项卡

同"和"奇偶页不同"复选框,并分别设定首页、奇数页和偶数页的页眉和页脚内容。

2. 删除页眉和页脚

删除页眉和页脚的方法是:双击页眉页脚所在位置,会显示出文档中已有的页眉和页脚,将鼠标光标移动到要删除的页眉和页脚位置,按 Delete 键删除页眉和页脚中的相应的内容即可。

3.4.5 设置页码

对于较长的 Word 文档,设置页码是必不可少的,这样打印出来便于整理装订。设置页码可在文档编辑中进行,也可以在打印文档前进行。

1. 插入页码

在需要插入页码的文档中执行"插入"→"页眉和页脚"→"页码"命令,在展开的下拉列表中选择"页面顶端"、"页面底端"、"页边距"或"当前位置"中的一项,则会在选定的位置插入页码。其中如果选择"页面顶端"或"页面底端"选项,则页码将以页眉或页脚的方式插入文档;若选择"页边距"选项则将页码显示在页面的左、右的页边距中;若选择"当前位置"选项,页码将插到光标所在的位置。

2. 设置页码格式

插入页码后,用户可以根据文档的内容设置页码的格式。执行"插入"→"页面设置"→"页码"命令,在展开的下拉列表中选择"设置页码格式"选项,打开如图 3-80 所示"页码格式"对话框,可以对页码的格式进行设置。

图 3-80 "页码格式"对话框

- 编号格式——用于选择页码采用的样式,包括数字、英文或汉字等类型。

- 包含章节号——如果想在页码中包含章节序号，则选中此项，并确定用哪一级标题的章节号。
- 页码编号——选中"续前节"单选按钮，则当前页中的页码数值延续前节顺序继续排列；选中"起始页码"，则当前页中的页码以某个数值为基准单独进行排列。

3．删除页码

如果要删除页码，则双击页码，进入"页眉和页脚"编辑状态，执行"页眉和页脚工具设置"→"页眉和页脚"→"页码"→"删除页码"命令可以将页码删除。也可以直接选中页码文本框，按键盘 Delete 键。

【例 3-11】 打开例 3-4 中的"硬盘的发展"文档，插入页眉"计算机技术发展"，空白页眉样式，字体为小五号，宋体。在页面底端（页脚），普通数字 2 样式居中位置插入页码，并设置起始页码为"Ⅲ"。

操作步骤如下：

图 3-81　"页码格式"对话框

（1）打开文档，执行"插入"→"页眉和页脚"→"页眉"→"空白"命令，进入页眉设计状态。

（2）在键入文字区输入"计算机技术发展"，并将页眉文本设置为小五号，宋体。

（3）执行"插入"→"页眉和页脚"→"页码"→"页面底端"→"普通数字 2"命令，在文档页脚处插入页码。

（4）执行"页眉和页脚工具设计"→"页眉和页脚"→"页码"→"设置页码格式"命令，在打开的"页码格式"对话框中，如图 3-81 所示，设置"编码格式"为"Ⅰ，Ⅱ，Ⅲ，…"，设置"页码编号"区"起始页码"为"Ⅲ"，设置完成单击"确定"按钮。

3.4.6　设置脚注与尾注

脚注和尾注一般是用于对文档进行注释用的。通常脚注出现在页面的底部，为当前页的某一内容进行注释。尾注一般出现在文档的最后，常用于列出参考文献等。在同一文档中可以既有脚注也有尾注。

1．插入脚注和尾注

插入脚注和尾注的操作步骤如下：

（1）打开文档，将插入点放置在要插入注释引用标记的位置。

（2）在"引用"选项卡中单击"脚注"选项区的右下方的"脚注"按钮，打开"脚注或尾注"对话框，如图 3-82 所示。

图 3-82　"脚注与尾注"对话框

（3）在对话框的"位置"选项区选中"脚注"或"尾注"单选按钮，并确定脚注及尾注的位置，如脚注一般为页面底端，尾注一般为文档结尾。

（4）在"格式"选项区执行下列操作：

用户若要 Word 对注释自动编号，则在"编号格式"下拉列表中选择一种编号格式；用户若要创建自定义引用标记，则选定"自定义标记"按钮，并在其右侧的编辑框中输入标记字符，字符数不超过 10 个，或者单击"符号"按钮来选定某一字符作为引用标记。

（5）在"起始编号"文本框中输入起始编号数，默认为 1。

（6）单击"确定"按钮，关闭插入脚注和尾注对话框。

此时 Word 将插入注释引用标记，并打开注释窗格且将插入点移动到注释窗格中。

（7）输入注释文本，然后单击文档窗口任意位置，返回文档编辑状态。

如果用户已经在文档中插入了自动编号的注释，需要加入其他注释时，Word 将以与该文档中前一个注释相同的设置插入新的注释。

2. 查看与编辑脚注和尾注

用户可以查看和编辑已有的注释，注释文本显示在要打印的页面位置。在文档中双击添加了注释的引用标记，文档将自动切换到标记注释文本位置，用户可以查看注释内容，反之如果用户双击注释标记文本，文档自动切换到文档中添加注释的文本位置，实现标注标记与标注正文之间的切换。

用户可以使用"剪切"、"复制"和"粘贴"等通用编辑命令移动或复制脚注和尾注内容。如果移动或复制自动编号的注释引用标记，Word 将按照新顺序对注释重新编号。

用户若要删除注释，则可以在文档中选定相应的注释引用标记，然后将其删除。如果用户删除了自动编号的注释，Word 将对其余注释自动重新编号。当用户删除了包含注释引用标记的文本区域，Word 2010 也将删除相应的注释文本。若要删除所有自动编号的脚注和尾注，则可用 Ctrl＋H 命令，打开"查找与替换"对话框，将"脚注标记"或者"尾注标记"全部替换为空内容即可。

【例 3-12】　打开例 3-4 中的"硬盘的发展"文档，为标题段"硬盘的发展突破了多次容量限制"在页面底端添加脚注，脚注内容为"资料来源：计算机信息科技网"，脚注字体及字号为小五号宋体。

操作步骤如下：

（1）打开文档，将光标放置在标题段尾部，单击"引用"→"脚注"→"脚注和尾注"按钮，弹出"脚注和尾注"对话框。

（2）设置"位置"为"页面底端"，"将更改应用于"为"本节"，单击"插入"按钮。

（3）在脚注位置输入"资料来源：计算机信息科技网"。

（4）选中脚注文字，执行"开始"→"字体"命令，将"字体"选项设置为"宋体"，设置"字号"为"小五"。

（5）单击"确定"按钮，完成脚注设置。脚注设置效果如图 3-83 所示。

图 3-83 例 3-12 添加脚注操作

3.4.7 设置题注

1. 插入题注

题注就是给图片、表格、图表、公式等项目添加的名称和编号。例如，在本书的图片中，就在图片下面输入了图编号和图题，这可以方便读者的查找和阅读。

使用题注功能可以保证长文档中图片、表格或图表等项目能够顺序地自动编号。如果移动、插入或删除带题注的项目时，Word 可以自动更新题注的编号。而且一旦某一项目带有题注，还可以对其进行交叉引用。

下面以在 Word 2010 文档中添加表格题注为例，介绍 Word 2010 添加题注的步骤方法：

（1）打开文档选中准备插入题注的表格。执行"引用"→"题注"→"插入题注"命令。

用户还可以在选中整个表格后右击表格，在打开的快捷菜单中选择"插入题注"命令。

（2）打开"题注"对话框，如图 3-84 所示，在"题注"文本框中会自动出现 Table 1 字样，用户可以在其后输入被选中表格的名称。然后单击"编号"按钮，打开如图 3-85 所示的"题注编号"对话框。

图 3-84 "题注"对话框

图 3-85 "题注编号"对话框

（3）在"题注编号"对话框中，在"格式"下拉列表框中，选择合适的编号格式。如果选中"包含章节号"复选框，则标号中会出现章节号。设置完毕单击"确定"按钮。

（4）返回"题注"对话框，如果选中"题注中不包含标签"复选框，则表格题注中将不显示"表"字样，而只显式编号和用户输入的表格名称。在"位置"下拉列表框中可以选择"所选项目上方"或"所选项目下方"选项。设置完毕单击"确定"按钮。

插入的表格题注默认位于表格左上方，用户可以在"开始"选项区设置对齐方式（如居中对齐）。

2. 自动插入题注

在文档中插入图片、公式或图表等项目时，可以设定 Word 自动给插入的项目加上题注。要实现自动为项目添加题注的功能，可以按照下述步骤进行：

（1）打开如图 3-84 所示的"题注"对话框，单击"自动插入题注"按钮。弹出"自动插入题注"对话框，如图 3-86 所示。

图 3-86 "自动插入题注"对话框

（2）在"插入时添加题注"列表框中选择要添加题注的项目。

（3）在"使用标签"列表框中选择所需标签。

（4）在"位置"列表框中选择题注出现的位置。

（5）如果要修改用于题注的编号格式，请选择"编号"按钮，再选择需要的编号格式。

（6）如果没有合适的标签选择，可以单击"新建标签"按钮创建新的标签。

（7）设置完成单击"确定"按钮。

当用户在文档中再次插入设定了"自动题注"对象时，将自动将题注按顺序加入文档中。

3.4.8 设置文档目录

制作书籍、写论文、做报告的时候，做目录是必需的。在 Word 2010 中不仅可以手动创建目录，还可以通过 Word 2010 自动生成目录，制作出条理清晰的目录，制作的方法也非常简单。

1. 手动创建目录

打开需要创建目录的文档，并将光标放置在文档开头或结尾的位置，执行"引用"→"目录"命令，在展开的列表中选择"手动表格"、"手动目录"或"自动目录1"、"自动目录2"中的一项，前两者可以手动填写标题，不受文档内容的影响，而后两者"自动文档1"和"自动文档2"则表示插入的目录包含用"标题1、标题2…"样式进行格式设置。

2. 自动创建目录

要自动生成目录，需要将文档中的各级标题用快速样式库中的标题样式统一格式化。一般情况下，目录分为3级，可以样式库中相应的"标题1"、"标题2"、"标题3"样式，也可以使用其他几级标题样式或用户自定义的标题样式来格式化。

插入自动生成目录时，执行"引用"→"目录"命令，在下拉列表中选择"插入目录"命令，打开如图3-87所示的"目录"对话框，在其中设置所需目录显示级别及格式，设置完成单击"确定"按钮。

图 3-87 "目录"对话框

【**例 3-13**】 对如图 3-88 所示的标题文字，设置自动生成 3 级标题样式。

> 第3章 文字处理软件 Word 2010
> 3.1 Office 2010 概述
> 3.1.1 Office 2010 简介
> 3.1.2 Office 2010 的特色与新增功能
> 3.1.3 Office 2010 的组件简介

图 3-88 "目录"对话框

操作步骤如下：

（1）为各级标题设置标题样式。选定标题文字"第3章文字处理软件 Word 2010"，执行"开始"→"样式"→"标题1"命令。

（2）用同样方法依次设置"3.1 Office 2010概述"为"标题2"样式，其余设置为"标题3"样式。

（3）移动光标到目录插入的位置，执行"引用"→"目录"→"自动目录1"命令，完成目录插入，效果如图3-89所示。

图3-89　自动生成目录示例效果

3.4.9　打印文档

文档排版完，就可以进行打印操作了。在打印前必须先确保打印机已经连接到主机上，并安装了正确的驱动程序。另外打印前应先保存文档，避免出错后丢失排版后的设置。

文档打印方法及步骤如下：

（1）单击"文件"→"打印"命令，展开"打印预览和打印"面板，如图3-90所示。

图3-90　"打印"对话框

（2）在"打印机"下拉列表框中选择打印机型号，在"份数"文本框中输入文档打印份数。

（3）设置选项区参数，包括：

- 文档打印范围——用于设置打印的范围，包括"打印所有页"、"打印所选内容"、"打印当面页面"、"打印自定义范围"等，如图3-91所示，默认为打印所有页。
- 页数——用于输入打印的具体页码数，如1,2,3-5等。
- 单面打印——用于设置文档是单面打印还是手工双面打印，默认为单面打印。
- 调整——用于设置多份打印输出时，按"逐份"1,2,3　1,2,3　1,2,3的方式，还是按页1,1,1　2,2,2　3,3,3的方式。
- 方向——用于设置文档的打印方向为纵向还是横向，默认为纵向输出。
- 纸张大小——用于选择打印输出的纸张大小，默认为A4型纸张。
- 正常边距——用于设置打印输出页边距，包括"上次的自定义设置"、"普通"、"窄边距"、"宽边距"等，默认为正常边距，如图3-92所示。
- 缩放打印——用于设置打印缩放效果，包括每版打印1页、每版打印2页、每版打印4页、每版打印6页、每版打印8页、每版打印16页等。

（4）打印设置完成，效果会展示在右侧的预览区，设置完成单击"打印"按钮。

图3-91　"文档范围"列表

图3-92　"打印页面边距"列表

3.5　使用Word 2010制作表格文档

Word表格以行和列的形式来组织信息，利用Word 2010提供的丰富的表格功能，不仅可以输入普通的文字或数据，而且还可以输入图像、声音等多媒体信息。同时，Word 2010的表格还具有计算的能力，支持数学公式及函数的运算。另外，Word 2010的支持表格中插入表格、文字环绕表格、斜线表格等。在Word中创建表格通常采用自动方式生成雏形，再用自动套用格式、绘制方式、编辑和修改功能完成表格定型。

3.5.1　创建表格

在 Word 2010 中创建表格的方法有很多种，可以使用"插入表格"命令或利用表格菜单创建规则表格，也可以使用"绘制表格"命令直接绘制复杂格式的表格。如果想在文档中建立一个 4 行 5 列的表格，可分别按以下方法建立表格。

1．使用"表格"菜单创建表格

在文档中，将插入点放置在需要插入表格的位置，然后执行下列操作：

（1）单击"插入"选项卡的"表格"命令按钮。

（2）在弹出的下拉列表中拖动鼠标指针，选定所需的 4 行、5 列，单击，将自动生成如图 3-93 所示的表格。

图 3-93　"插入表格"按钮定义表格

2．使用"插入表格"对话框创建表格

使用"插入表格"对话框，可以生成规则的表格。操作方法如下：

（1）将插入点定位在要插入表格的位置。

（2）执行"插入"→"表格"→"插入表格"命令，打开"插入表格"对话框，如图 3-94 所示。

（3）在"行数"文本框中输入 4，在"列数"文本框中输入 5。

（4）在"自动调整"操作区域的"固定列宽"中输入指定的列宽值，如"2 厘米"。系统默认列宽值为"自动"，即列宽为页总宽度除以列数。

图 3-94　"插入表格"对话框

（5）单击"确定"按钮。Word 2010 就会在指定位置创建一个 4 行 5 列的空表格。

3. 手工绘制表格

在 Word 2010 中用户可以运用铅笔工具手工绘制不规则表格。操作方法如下：

执行"插入"→"表格"→"绘制表格"命令，此时光标变成铅笔形状，拖动鼠标就可以直接手工绘制不规则、复杂的表格，以满足不同用户的使用需要，生成的表格如图 3-95 所示。

图 3-95　使用"绘制表格"按钮绘制表格

4. 文字转换成表格

Word 允许把已经存在的文字转换成表格。要转换的文本之间必须使用相同的分隔符，如制表符、段落标记、逗号、空格或其他符号分隔编排，没有合并的信息，包括表头、合计等项目内容。将文本转换成表格的操作步骤及方法如下：

方法一，使用"文本转换表格"对话框。

（1）选定要转换的文本。

（2）执行"插入"→"表格"→"文本转换成表格"命令，弹出"将文本转换成表格"对话框，如图 3-96 所示。

图 3-96　"将文字转换成表格"对话框

（3）在"文字分隔位置"选项区内选择文字中所用的分隔符号，如段落标记、逗号、制表符、空格或其他符号选项。如果选择"其他符号"单选按钮，则可在其后的编辑框内输入所用的分隔符。

（4）在"列数"和"行数"文本框中输入或选择所需要的行数和列数。通常 Word 会根据转换的文本测算，自动给出表的行数和列数，因此这两个选项一般不需要修改。

（5）对于特殊表格，可以在"列宽"文本框中指定列的宽度。

（6）根据需要选择"自动套用格式"。

（7）单击"确定"按钮，完成文本转换成表格。

方法二，使用"插入表格"命令直接转换。

（1）选定要转换的文本。

（2）执行"插入"→"表格"→"插入表格"命令，系统会自动计算待转换表格文本的行数与列数，将其他转换成一个规则的表格区域。

5．利用快速表格命令创建模板表格

Word 2010为用户提供了多种表格模板，并且每种模板中自带表格数据，用户选择适合模板创建表格后，直接修改其中数据即可。快速表格操作步骤如下：

（1）将插入点定位在要插入表格的位置。

（2）执行"插入"→"表格"→"快速表格"命令，在展开的下拉列表中选择适合的模板，即会在文档中插入指定模板格式的表格，如图3-97所示为选择"带副标题2"的效果。

图3-97 利用"快速表格"命令创建表格

（3）按用户实际需求修改表格数据。

6．插入Excel表格

Word 2010中不仅可以插入普通表格，而且也可以将Excel表格嵌入到Word文档中。执行"插入"→"表格"→"Excel电子表格"命令，即可在文档指定位置插入一个Excel电子表格。双击该表格进入编辑模式后，Word选项区就变成Excel选项区，用户可以像操作Excel一样使用该表格。

3.5.2 编辑表格

实际应用中的表格是复杂多样的，创建的规范表格一般需要做适当的调整才能满足需要。表格的编辑包括行、列以及单元格的增加与删除，行高、列宽的修改，单元格式的合并与拆分等。

1. 表格的选取

在表格处理中，往往要先选定表格。和字符处理一样，被选定的表格区域为反白显示。在表格中常用的选定操作有鼠标选择和命令选择两种方式。

方法一，命令选择。

将光标移至要选定单元格内，单击"表格工具"→"布局"→"表"→"选择"命令，在展开的下拉列表中选择"选择单元格"、"选择列"、"选择行"、"选择表格"命令中的相应选项，实现表格的选取，如图 3-98 所示。

图 3-98 "选择"列表

方法二，鼠标选择。

- 选定一个单元格——将鼠标指针移到单元格左侧，出现黑色实心右指鼠标指针，然后单击鼠标左键。
- 选定一行——将鼠标指针移到要选定表格行左侧，当出现向右倾斜的指鼠标指针时，单击鼠标左键。
- 选定一列——将鼠标指针移到要选定表格列上方，出现黑色实心下指鼠标指针，单击鼠标左键。
- 选定多个连续的单元格、行或列——选定第一个单元格、行或列后，按住鼠标左键继续拖动至终点位置。
- 选定整个表格——将鼠标指针移到要选定表格中，当表格左上角出现图标时，单击该图标选定。

2. 在表格中插入单元格

插入单元格操作并不常见，因为插入或删除单元格后会使原有的 Word 表格变得参差不齐，不利于表格文档的排版。

图 3-99 "插入单元格"
对话框

（1）选定要在其旁边插入单元格的一个或几个单元格，包括"单元格结束标记"（选定单元格的数目由插入单元格数确定）。

（2）单击"表格工具"的"布局"选项卡中"行和列"选项区的对话框启动器按钮，弹出"插入单元格"对话框，如图 3-99 所示。

（3）在对话框中选择需要的选项，单击"确定"按钮即可添加单元格，并将其余单元格按指定的位置进行相应移动。

3. 在表格中插入行或列

（1）选定将在其上面插入新行的一行或多行，或选定将在其左边插入新的一列或多列

（选定的行数或列数与要插入的行数或列数相同）。

（2）选择"表格工具"的"布局"选项卡中"行和列"选项区的相应命令按钮，如图 3-100 所示，即会在指定位置插入与选定的行数或列数相同数目的行或列。

在上方插入　在下方插入　在左侧插入　在右侧插入

图 3-100　插入行和列选项区

4．删除单元格、行、列或表格

用户可以对单元格、行、列或整个表格删除。

操作方法如下：

（1）将插入点定位到要删除的表格的行或列的任意位置。

（2）执行"表格工具"→"布局"→"行和列"→"删除"命令，在展开的下拉列表中选择相应选项，完成表格相应区域内容的"删除"操作，如图 3-101 所示。

注意：如果删除的是单元格，则会打开"删除单元格"对话框，外观与图 3-99 相似，需要选择活动单元格的移动位置。

5．合并和拆分单元格

1）合并单元格

所谓合并单元格，是将一行或一列中的多个单元格合并成一个单元格，操作方法如下：

（1）选定要合并的单元格。

（2）执行"表格工具"→"布局"→"合并"→"合并单元格"命令；或在选中单元格区域右击，在弹出的快捷菜单中选择"合并单元格"命令，即可实现选定单元格的合并。

2）拆分单元格

把表格中的一个单元拆分成多个单元的操作可以采用以下方法：

（1）选定要进行拆分的单元格，可以是一个也可以是多个单元格。

（2）执行"表格工具"→"布局"→"合并"→"拆分单元格"命令，或在选中单元格区域右击，在弹出的快捷菜单中选择"拆分单元格"命令，弹出如图 3-102 所示的"拆分单元格"对话框。

图 3-101　"删除"列表　　　图 3-102　"拆分单元格"对话框

（3）在"行数"和"列数"文本框中输入要拆分的行或列的数值。

（4）输入完成后单击"确定"按钮即可。

注意：使用"表格工具"→"设计"→"绘画边框"选项区的"绘制表格"和"擦除"命令按钮，也可以很方便的实现单元格的拆分与合并，就仿佛用一支笔和一块橡皮直接在表格上修改。

6. 拆分表格

Word 不仅提供拆分单元格命令，还可以把一个表格拆分为两个单独的表格，操作步骤如下：

（1）如果将一个表格拆分成两个表格，选中作为第二个表格第一行所在行。

（2）执行"表格工具"→"布局"→"合并"→"拆分表格"命令，即可将对表格的整体拆分。

7. 调整表格行高和列宽

1）调整表格列宽

方法一，选定需改变列宽的列，在"表格工具"→"布局"→"单元格大小"→"宽度"文本框中输入列宽值。

方法二，选定需改变列宽的列，单击"表格工具"→"布局"→"单元格大小"旁边的下三角按钮，弹出"表格属性"对话框，选择"列"选项卡，如图 3-103 所示，在"列宽"文本框中输入数值，可以精确指定列宽。

图 3-103　表格"列属性"对话框

技巧：要使多列或多个单元格具有相同的宽度，可先选定这些列或单元格，再选择"表格工具"→"布局"→"单元格大小"→"自动调整"→"根据内容自动调整表格"命令。

2）调整表格行高

方法一，选定需改变行高的行，在"表格工具"→"布局"→"单元格大小"→"高度"文本框中输入行高值。

方法二,选定需改变高度的行,单击"表格工具"→"布局"→"单元格大小"旁边的下三角按钮,弹出"表格属性"对话框,选择"行"选项卡,如图 3-104 所示,在"行高"文本框中输入数值,可以精确指定行高。

图 3-104   表格"行属性"对话框

小技巧:

(1) 要使多行、多列或多个单元格具有相同的高度或宽度值,可先选定这些行、列或单元格,再执行"表格工具"→"布局"→"单元格大小"→"分布行"或"分布列"命令。

(2) 执行"表格工具"→"布局"→"单元格大小"→"自动调整"→"根据内容自动调整表格"命令。可以根据表格内容自动配置单元格的宽度和高度。

(3) 若不需要指定精确的行高和列宽,也可以直接拖动表格中的列边框或水平标尺上的"移动表格列标记"来改变行高和列宽。

(4) 如果在拖动标尺上的行或列标记的同时按住 Alt 键,Word 2010 将显示行高或列宽数值。如果在拖动标尺上的行或列标记或相应边框时按住 Shift 键,还可以同时改变表格的宽度。

8. 设置表格对齐及环绕

在表格文档中,通过设置表格的对齐方式和环绕方式可以增加表格与文字的排版合理性,美化文档。表格对齐及环绕的设置方法步骤为:

(1) 将光标移至表格内任意位置,执行"表格工具"→"布局"→"表"→"表格属性"命令,弹出"表格属性"对话框,如图 3-105 所示。

(2) 在"表格"选项卡的"对齐方式"选项区设置整个表格的"左对齐"、"居中对齐"、"右对齐"方式。

(3) 在"文字环绕"选项区设置"无环绕"或"环绕"效果。

(4) 设置完成,单击"确定"按钮。

图 3-105　"表格属性"对话框

9. 表格标题行重复

当表格较长，占多页时，表格会根据页面大小自动跨页，如果每页都需相同标题行时，可以设置表格标题行重复，操作步骤如下：

（1）从表格第一行开始，选择一行或多行作为标题行。

（2）执行"表格工具"→"布局"→"数据"→"重复标题行"命令。

当表格自动分页时，会为每页自动加上标题，如果表格是人工分页，则无法重复标题。

3.5.3　格式化表格

表格绘制完成后需要进行格式设置，如表格的边框、颜色及表格文字的格式调整等。

1. 表格自动套用样式

表格样式是包含边框、颜色、字体以及文本等的一组事先定义好的效果组合，Word 2010 预先为用户提供了 98 种内置样式，用户可以根据实际情况应用快速样式或自定义样式来设置表格的外观。表格样式的自动套用操作方法如下：

（1）选中要修饰的表格，执行"表格工具"→"设计"→"表格样式"命令，展开样式列表，用鼠标在样式列表中滑动，同时预览文档中表格应用样式的效果，如图 3-106 所示。

（2）在预览满意的效果上单击，选中的表格区域就会应用该种样式。

（3）单击"表格样式选项"选项区中的相应按钮，对应用样式的项目进行调整，动态观察表格效果。

2. 表格中文字的格式设置

表格中文字的字体设置与文本中的设置方法一样，可以参照普通文字的格式设置方法。

图 3-106 自动套用表格样式

本处主要讨论文字对齐方式和文字方向两个方面。

1）文字对齐方式

由于单元格的规格各不相同，所以对齐方式的要求比普通文本多，包括水平方向和垂直方向的对齐，Word 2010 提供了 9 种对齐方式。设置单元格文本对齐方式的步骤为：

（1）选中需要设置文本对齐方式的单元格。

（2）单击"表格工具"→"布局"→"对齐方式"→"文字方向"选项区相应的对齐命令按钮，如图 3-107 所示。也可以在选中区域上右击，在弹出的快捷菜单中选择"单元格对齐方式"命令，然后再选择相应的对齐方式命令，进行文字格式设置。

图 3-107 单元格文本对齐

2）文字方向

默认情况下，单元格的文字方向为水平排列，可以根据需要更改表格单元格中的文字方向，使文字垂直或水平显示。操作步骤如下：

（1）选中要更改文字方向的表格单元格。

（2）执行"表格工具"→"布局"→"对齐方式"→"文字方向"命令，如图 3-107 所示，可以直接更改所选单元格中文字的方向。

3. 表格边框和底纹

Word 中的表格的默认格式是 0.75 磅单线边框，用户可以根据需要，任意设置表格的边框，同时还能在单元格中设置使用不同的底纹。设置表格的边框和底纹可以使用"表格工具"选项卡中的边框按钮 边框 与底纹按钮 底纹 或"边框或底纹"对话框。

1）使用"边框与底纹"对话框

使用"边框与底纹"对话框设置表格单元格边框与底纹效果的操作步骤如下：

（1）选择需要设置边框与底纹的单元格，单击"表格工具"→"设计"→"绘图边框"旁边的对话框启动器按钮，打开"边框和底纹"对话框。

（2）在"边框"选项卡中设置边框线条形状、颜色，并设置表格边框线条。

（3）在"底纹"选项卡中设置单元格底纹填充效果和图案填充样式。

（4）设置完成，单击"确定"按钮。

2）使用"表格工具"选项卡设置单元格边框与底纹

操作步骤如下：

（1）选中需要设置边框的单元格区域。

（2）单击"表格工具"的"设计"选项卡，在"绘图边框"选项区中分别设置"线条样式"、"线条粗细"及"线条颜色"。

（3）单击"表格工具"的"设计"选项卡，在"表格样式"选项区中单击"边框"旁的下三角按钮，在展开的下拉列表中选择相应的线条样式，如外侧框线、内部框线等。

（4）单击"表格工具"的"设计"选项卡，在"表格样式"选项区中单击"底纹"旁的下三角按钮，在展开的列表中选择相应颜色，设置单元格填充颜色。

3.5.4 表格的排序

Word 2010 提供了在表格中对单独列或整个表格数据按字母顺序、数字顺序或日期顺序进行升序或降序排列的功能，排序的依据是关键字。当该列（主关键字）内容有多个值相同时，可依据另一列（次关键字）排序。最多可选择三个关键字排序。操作方法步骤如下：

（1）选中要排序的列。

（2）单击"表格工具"→"布局"选项卡中"数据"选项区的"排序"命令按钮，或单击"开始"→"段落"→"排序"按钮 ↓↑，打开如图 3-108 所示的"排序"对话框。

图 3-108 "排序"对话框

（3）在对话框中设置排序依据（主要关键字）。如果选定列中有标题，则应确保该对话框底部的"有标题行"单选按钮处于选中状态,以使标题行不参与排序。通常 Word 会自动识别选定列是否有标题行。

(4)"类型"列表框内选择要进行排序的类型。

(5)选择排序依据为"升序"还是"降序"。

(6)依据需要继续设置"次要关键字"和"第三关键字"。

(7)如果想进一步设置排序选项,可单击该对话框的"选项"按钮,弹出如图 3-109 所示的对话框。

图 3-109 "排序选项"对话框

其中各选项功能如下:

- "分隔符"组合框——用于选择分隔域所使用的字符,Word 可以识别由制表符或逗号分隔的域。用户也可以在"其他"选项中设置特殊的域分隔符,文档将按所设置的分隔符来分隔各个域。
- "区分大小写"复选框——设置该选项后,可将大写单词排列在小写单词之前。
- "仅对指定列排序"复选框——该复选框仅对表格排序时起作用。如果选定整个表或段落,则该选项不能使用。
- "排序语言"列表框——选择进行排序的语言。

(8)设置完成,单击"确定"按钮,系统自动输出排序结果。

3.5.5 表格的计算

在 Word 2010 中,提供了对表格进行简单计算的功能,包括求和、求平均值、求最大值等。这些表格计算可以运用"求和"按钮与"公式"对话框来完成。

1. 数字"自动求和"

"求和"按钮不是系统默认的面板命令按钮,使用之前需要用户手动将这个按钮添加到快速访问工具栏。添加"求和"按钮并自动求和的操作方法如下:

(1)执行"文件"→"选项"→"快速访问工具栏"命令,打开"Word 选项"对话框,如图 3-110 所示。

(2)设置"从下列位置选择命令"为"所有命令",在右侧列表框中选择"求和"选项,单击

图 3-110 "Word 选项"对话框

"添加"按钮,即可将 Σ 添加到快速访问工具栏。

（3）选择存放结果的单元格（一般是选定范围的下方一行或右侧一列）。

（4）单击"自动求和"按钮,即可在指定的单元格中生成自动求和的结果。

2. 使用"公式"命令

（1）将插入点放置在需要放置结果的单元格,激活"表格工具"面板。

（2）单击"布局"选项卡"数据"选项区中"公式"命令,打开"公式"对话框,如图 3-111 所示。

图 3-111 "公式"对话框

（3）在"公式"文本框中,不仅可以选择需要使用的数学函数,也可以直接输入由用户自定义的公式,而且可以通过输入表示单元格名称的标识或方向来确定计算的具体位置。

例如,可以通过输入 left(左边数据)、right(右边数据)、above(上边数据)、below(下边数据)来指定数据的计算方向。图 3-111 中的 SUM(left)表示对左边数据求和。

Word 中表格排列方式与 Excel 中表格排列方式一致,即列标识从左到右用字母 A、B、C、D 等来表示,行标识从上到下用 1、2、3、4 等来表示,如图 3-112 所示的"公式"文本框中也可以输入"SUM(B2:B4)"来计算。

品种	上半年销售额(万元)	下半年销
洗衣机	1250	9856
电视机	1333	5532
空调	1115	3568
合计		

图 3-112 公式计算

(4) 单击"确定"按钮,系统将计算结果放置在指定的单元格中。

【例 3-14】 打开例 3-4 中的"硬盘的发展"文档,将文中最后 11 行文字转换成一个 11 行 3 列的表格;分别将第 1 列的第 2 至第 6 行单元格、第 7 至第 8 行单元格、第 9 至第 10 行单元格加以合并。设置表格居中、表格第 1 和第 2 列列宽为 4.5 厘米、第 3 列列宽为 2 厘米;并将表格中所有文字设置为中部居中;设置表格所有框线为 1 磅蓝色单实线。

操作步骤如下:

(1) 将文字转换成表格。选中文档后 11 行文字,执行"插入"→"表格"→"插入表格"命令,Word 会自动规划表格行、列,将选中内容文字转换成表格。

(2) 合并单元格。表格转换完成后,选中第 1 列的第 2 行到第 6 行的内容,右击,在弹出的快捷菜单中选择"合并单元格"命令,合并第 1 列的第 2 行到第 6 行。按照同样的操作,合并第 1 列第 7 行到第 8 行和第 1 列第 9 行到第 10 行。

(3) 设置表格对齐属性。选中整个表格,执行"开始"→"段落"→"居中"命令。

(4) 设置表格列宽。选中表格第 1 和第 2 列,执行"表格工具"→"布局"→"单元格大小"→"表格属性"命令,在弹出的"表格属性"对话框中,设置"列"选项卡,指定宽度为"4.5厘米",单击"确定"按钮。按照同样的操作设置第 3 列列宽为"2 厘米"。

(5) 设置表格内容对齐方式。选中表格内所有单元格,执行"表格工具"→"布局"→"对齐方式"→"中部居中"命令。

(6) 设置表格外侧框线属性。单击表格,在"设计"选项卡"绘图边框"选项区中,设置"笔划粗细"为"1.5 磅",设置"笔样式"为"单实线",设置"笔颜色"为"蓝色",此时鼠标变为"铅笔"形状,单击"绘制表格"按钮,取消"铅笔"状态,选中整个表格内部,单击"表格样式"→"边框"命令,在下拉列表中选择"外侧框线"选项,设置表格外部线条效果。

(7) 设置表格内部框线。设置"笔划粗细"为 0.75 磅,单击"表格样式"→"边框"命令,在下拉列表中选择"内部框线"设置表格内部线条效果。

(8) 保存文件,完成设置,效果如图 3-113 所示。

操作系统时代	微机配置限制	容量限制
DOS 时代	早期 PC/XT 限制	10MB
	FAT12 文件分配表限制	16MB
	DOS 3.x 限制	32MB
	DOS 4.x 限制	128MB
	DOS 5.x,早期 ATA BIOS 限制	528MB
Win3.x/Win95A	FAT16 文件分配表限制	2.1GB
	CMOS 扩展 CHS 地址限制	4.2GB
Win95A	BIOS/int13 24bit 地址限制	8.4GB
(OSR2)Win98	BIOS 限制	32GB
Win Me/Win2000	28bit CHS 限制	137GB

图 3-113　例 3-14 表格操作的最终效果

3.6　Word 2010 图文混排

Word 作为优秀的文字处理软件之一,能在文档中插入各种图形、表格、数据等对象,实现图文混排的效果。利用 Word 进行排版,用户可以创建图文并茂、内容丰富的文档。

在 Word 2010 中可以插入的图形很多,包括各类图片、图形对象(形状、Smart Art 图形、文本框、艺术字等)、图表等。要插入这些对象,通常使用"插入"选项卡中相应的项目。

3.6.1　插入图片

Word 2010 嵌入图片的功能非常强大,不仅可以来自剪贴画库、扫描仪或数码相机,而且还可以来自本地计算机或网页。在文档中适当插入一些图形,不仅能使文档美观大方,还能增加可读性。

1. 插入图形文件

用户可以直接在文档中插入图形文件。Word 支持的多种常用的图形格式,如.JPEG、.BMP、.RLE、.TIF、.GIF 等。

插入图形文件的方法如下:

(1) 移动插入点到需要放置图片的位置。

(2) 执行"插入"→"插图"→"图片"命令,打开如图 3-114 所示的"插入图片"对话框。

(3) 在"插入图片"对话框中,通过指定查找范围(文件存放路径)、文件名、文件类型等查找所需图片。

(4) 找到图片文件后,选中需插入的图片文件,单击"插入"按钮即可实现。

Word 默认将图片嵌入到文档中保存,插入图片后文件长度会大大增加。可单击"插入"按钮右侧的下三角按钮,选择"链接文件"选项,以链接方式插入图片所在的位置,文件名等链接信息。注意:当原图片文件移动或改名时将会造成文档中图片的丢失。

2. 插入剪贴画

Word 2010 提供了大量的剪贴画图片,用户可以通过"剪贴画"面板来选择自己满意的

图 3-114 "插入图片"对话框

剪贴画,并将其插入文档中。

插入剪贴画的方法如下:

(1) 移动插入点到需要放置剪贴画的位置。

(2) 执行"插入"→"插图"→"剪贴画"命令,在窗口右侧展开"剪贴画"任务窗格,如图 3-115 所示。

(3) 在"搜索文字"文本框输入需要输入剪贴画类别关键字,在"结果类型"下拉列表框中选择结果的类型,单击"搜索"按钮,搜索结果如图 3-116 所示。

图 3-115 "剪贴画"任务窗格　　　　　　　　图 3-116 "剪贴画"搜索

（4）选中剪贴画，双击之，或者单击剪贴画图片右侧的下拉菜单，选择"插入"命令，如图 3-117 所示。

图 3-117　插入"剪贴画"

（5）关闭"剪贴画"任务窗格，完成对指定剪贴画的插入。

3.6.2　编辑图片

插入 Word 2010 中的各种剪贴画、图形文件、艺术字、自选图形等，用户都可以根据自己的需要对图形进行格式设置编辑，包括调整图片的大小、亮度、对比度、样式、文字环绕等图片效果。

1. 移动图形

（1）将鼠标移至图形中，当鼠标指针变为"带箭头的十字"时，在图片中任意位置单击，图形四周出现 8 个控点。

（2）用鼠标将图形拖曳到新位置，或用键盘将图形移动到新位置。

注意：在移动图形时，按 Alt 键，可以实现图形的微调。

2. 缩放图形

(1) 单击选中图形,图形四周出现 8 个控点。

(2) 将鼠标指向控点,当鼠标变为双箭头时,拖动该控点即可改变该图形的大小。

3. 剪裁图片

如果只需要图片的一总分,则可以对图片进行裁剪。操作步骤如下:

(1) 在文档中单击插入的图片,图形四周出现 8 个控点,执行"图片工具"→"格式"→"大小"→"裁剪"→"裁剪"命令 。

(2) 此时图片四周出现裁剪控点,鼠标形状改变为 ,将变形的鼠标移到控点上,向内拖动控点,周围就会出现黑色的边框,用鼠标调整出适合图片范围后,单击文档非图片区域任意位置,结束裁剪图片操作。

(3) 若要恢复裁剪后的图片,可反方向拖动控点,或单击"撤销"按钮。

也可以在裁剪下拉列表中选择"裁剪为形状"选项,对图片对象按不规则外形进行裁剪。

4. 调整图片效果

Word 2010 为用户提供了调整图片亮度、对比度、颜色等图片效果,可以通过预览图片查看设置效果。操作步骤为:

(1) 在文档中单击插入的图片,图形四周出现 8 个控点。

(2) 执行"图片工具"→"格式"→"调整"选项区的相应命令,设置图片效果。"调整"选项区中的选项如图 3-118 所示。其中:

图 3-118 "绘图工具格式"调整选项区

- 删除背景——是 Word 2010 的新增功能,可以快速去除图片的背景。
- 更正——用于调整图片的亮度和对比度。
- 颜色——用于调整图片的饱和度、色调等。
- 艺术效果——用于直接给图片添加快速艺术效果。

如果调整后图片不满意,可以单击"重设图片"按钮,将图片恢复成原始状态。

5. 应用图片样式

Word 2010 提供了图片样式,用户可以快速对图片进行艺术处理。

快速图片样式的设置方法如下:

(1) 在文档中单击插入的图片,图形四周出现 8 个控点。

(2) 单击"图片工具"的"格式"选项卡中"图片样式"选项区的各选项,可以设置图片的外观样式、图片的边框样式等,图片样式示例效果如图 3-119 所示。

| 金属框架 | 简单框架白色 | 金属椭圆 |

图 3-119　设置图片样式示例

6. 设置图形的位置和文字的环绕方式

大多时候插入到文档当中的各种图形对象与文档中文字的相对位置都不一定很合适，需要对相对位置进行调整。具体操作步骤如下：

（1）选中需要设置相对位置的图形。

（2）执行"图片工具"→"格式"→"排列"→"位置"命令，在展开的下拉列表中选择合适的环绕方式。也可以单击列表中的"其他布局选项"命令，打开"布局"对话框，设置图片的环绕方式，如图 3-120 所示。

图 3-120　"布局"对话框

（3）单击"对齐"下三角按钮 对齐 ，在下拉列表框中选择适合图片对齐方式。

7. 旋转图形

利用 Word 的旋转功能可以对选定图形进行水平、垂直翻转，旋转 90 度等操作。

具体操作如下：

（1）单击图形对象，选定图形。

（2）单击"图片工具"→"格式"→"排列"→"旋转"命令按钮　，在展开的下拉列表中选择"向左旋转 90"、"向右旋转 90"、"垂直翻转"、"水平翻转"等方式中一种，实现图片旋转。也可以直接选择图片，拖动"自由旋转"按钮　，对图片对象进行任意角度的旋转。

3.6.3　插入形状

Word 2010 中的自选图形包括线条、基本形状、箭头总汇、流程图、标注、星与旗帜 6 种，可以满足用户绘制自选图形的需求。

1．插入自选图形

Word 2010 提供了一套现成的基本图形，可以在文档中直接使用这些图形，并可以对生成的图形进行组合、编辑等。绘制自选图形的方法如下：

（1）执行"插入"→"插图"→"形状"命令，在展开的下拉列表中选择"线条"、"矩形"、"基本形状"、"箭头总汇"、"公式形状"、"标注"、"星与旗帜"等形状中的一种。

（2）将鼠标指针移动到文中插入图形的位置，此时鼠标指针会变成十字形状，拖动鼠标到所需的大小，即可在文档中绘制出选定的图形。

2．为自选图形添加文本

在用户绘制的任何一个自选图形中，都可以添加文字，无论该图形是否是标注。用户选定了图形的形状后，右击图形对象，在弹出的快捷菜单中选择"添加文字"命令，会自动在图形上方出现一个文本框，并有一个闪烁的光标在其中，用户即可以输入文字。

3．设置自选图形的格式

在 Word 2010 中，可以为自选图形设置快速形状样式、形状填充、形状轮廓、形状效果等格式。在"绘图工具"→"格式"→"形状样式"选项区中选择相应的命令可以快速为自选图形添加形状格式效果、三维效果等。自选图形"形状样式"选项区如图 3-121 所示。

图 3-121　"形状样式"选项区

3.6.4　使用 SmartArt 图形

SmartArt 图形是信息和观点的视觉表示形式。可以通过从多种不同布局中进行选择来创建 SmartArt 图形，从而快速、轻松、有效地传达信息。

1．创建 SmartArt 图形

SmartArt 图形可以应用于 Word 2010 中，操作步骤如下：

（1）打开 Word 2010 文档窗口，执行"插入"→"插图"→SmartArt 命令，打开"选择

SmartArt 图形"对话框。

（2）单击左侧的类别名称选择合适的类别，然后在对话框右侧单击选择需要的 SmartArt 图形，并单击"确定"按钮。例如选择"循环"→"基本循环"选项，如图 3-122 所示。

图 3-122 "选择 SmartArt 图形"对话框

（3）返回 Word 2010 文档窗口，在插入的 SmartArt 图形中单击文本占位符输入合适的文字即可，如图 3-123 所示。

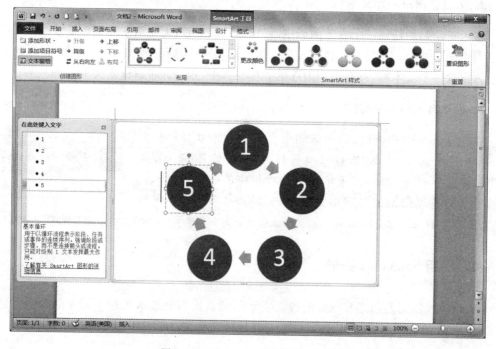

图 3-123 SmartArt 图形添加文字

2. 设置 SmartArt 布局

设置 SmartArt 布局即是更改 SmartArt 显示效果，当用户选择的 SmartArt 图形布局不能满足应用要求时，可以先选择原 SmartArt 图形，然后执行"SmartArt 工具"→"设计"→"布局"命令，在布局面板中选择新的布局样式。

另外，也可以选择下拉列表中的"其他布局"选项，在弹出的"选择 SmartArt 图形"对话框中重新选择 SmartArt 图形布局样式。

3. 更改 SmartArt 图形的颜色

在"SmartArt 样式"选项区，可以为 SmartArt 设置颜色，单击"更改颜色"按钮，展开"主题颜色"列表，选择合适的颜色即可，如图 3-124 所示。

图 3-124　SmartArt 更改颜色列表

4. 更改 SmartArt 图形样式

SmartArt 样式是不同格式选项的组合，主要包括文档的最佳匹配对象与三维共计 14 种样式，随着 SmartArt 图形颜色不同样式也自动更改效果。更改样式效果如图 3-125 所示。

图 3-125　SmartArt 更改样式

5．添加文字

插入 SmartArt 图形后，用户需要为其添加文字，单击 SmartArt 图形左侧边框上展开与折叠箭头，展开文本窗格，即可进行文字的添加。执行"设计"→"创建图形"→"文本窗格"命令，也可以打开"在此处键入文字"文本窗格，然后进行文本的添加。

3.6.5　文本框的使用

文本框是一种包含文字的图形对象。是一种能将图形和文字结合在一起的非常有用的工具。同时由于文本框本身也是一个图形对象，所以可以对其的格式进行设置，如填充颜色、设置边框等。在 Word 文档可以绘制的文本框包括"横排"文本框和"纵排"文本框两种。

1．插入文本框

执行"插入"→"文本"→"文本框"命令，在文本框列表中选择适合的文本框样式，然后在文本框区域输入文本框内容，即可完成文本框创建，如图 3-126 所示。

2．绘制文本框

执行"插入"→"文本"→"文本框"→"绘制文本框"或者"绘制竖排文本框"命令，此时光标变成"＋"形状，拖动鼠标，在文档中直接绘制一个适合区域的"横排"或"竖排"文本框。

3．文本框的编辑

文本框中的文字可以像其他正文文字一样设置文字的格式，并可定义对齐方式如居左、居右和居中等。而文本框又是一个独立的图形对象，可以像图形对象一样设置外观效果，包括"形状填充"、"形状轮廓"、"形状效果"等，具体操作同图像设置，此处不再赘述。对文本框

图 3-126　插入简单文本框

还可以根据需要及用途设置格式,如文本的方向,有时还需要在多个文本框之间建立链接。

1) 文本框的链接

为了提高文本框的利用效率,可以将文字安排在不同的版面中,运用文本框的链接来实现高效处理。操作方法如下:

(1) 在文档中插入两个以上文本框。

(2) 选择第一个文本框,执行"图片格式工具"→"文本"→"创建链接"命令。

(3) 此时鼠标指针变为茶杯状,将鼠标指针移至第二个文本框内单击,这样就实现了这两个文本框之间的链接,如图 3-127 所示。

图 3-127　文本框链接

(4) 如果需要,还可以设置第二个文本框和第三个文本框之间的链接,以此类推。

(5) 此时将一大段文本复制到第一个文本框内,多余的内容将自动被放置到第二、第三个文本框中。同样,删除任一文本框内的内容,其他文本框内的文本会自动填补过来。

注意:只有空的文本框才可以被设置为链接目标;如果要取消文本框间的链接,只需再次右击文本框边框,在弹出的快捷菜单中选择"断开向前链接"命令即可。

2) 文本框的文字方向

在使用内置文本框时,需要设置文字的方向为"竖排"或"横排"。更改文本框文字方向操作步骤为：

（1）选择需要设置文本方向的文本框。

（2）执行"图片工具格式"→"文本"→"文字方向"命令，在展开的下拉列表中选择一种文字方向样式，即可以将文本框中的文字方向进行转换。文本方向转换效果如图 3-128 所示。

图 3-128　文本框文字方向转换

3.6.6　制作艺术字

艺术字是对文字进行艺术处理，使之产生一种特殊效果。在文档中，可以对艺术字的样式、位置、大小等进行设置，在 Word 中的艺术字是一种图形对象，不能把它作为文本对待。

1. 插入艺术字

在 Word 2010 中添加艺术字的方法一般有两种：一种是先输入文本，再将文本应用于艺术字样式；另一种是先选择艺术字样式，再输入文本。具体操作如下：

方法一，直接插入艺术字。

（1）将插入点位置在需要插入艺术字的位置。

（2）执行"插入"→"文本"→"艺术字"命令，在展开的下拉列表中选择相应的艺术字样式。

（3）在艺术字文本框中输入艺术字内容。

（4）设置艺术字的"字体"和"字号"，完成艺术字的插入。

方法二，复制文本并应用艺术字样式。

（1）选中需要设置为艺术字的文本。

（2）执行"插入"→"文本"→"艺术字"命令，在展开的下拉列表中选择相应的艺术字样式。

（3）设置艺术字的"字体"和"字号"，完成艺术字的插入。

2. 设置艺术字快速样式

设置艺术字样式与设置图片样式的内容及操作基本一致，选定艺术字后，在切换到"绘图工具格式"选项卡后，在"艺术字样式"选项区中，单击"文本填充"、"文本轮廓"、"文本效果"按钮，可以对艺术字进行效果设置。或单击"艺术字样式"下三角按钮，打开"设置文本效果格式"对话框，如图 3-129 所示，在该对话框中可设置艺术字格式效果。

另外，Word 2010 为用户提供了 30 种艺术字快速样式，其设置方法为：

（1）选中需要设置形状的艺术字文字。

图 3-129 "设置文本效果格式"对话框

(2) 执行"绘图工具"→"格式"→"艺术字样式"→"快速样式"命令,在展开的列表中选择新的样式即可。快速样式列表如图 3-130 所示。

图 3-130 艺术字样式列表

3. 设置艺术字形状

艺术字形状是艺术字的整体形状更改为跟随路径或弯曲形状,主要包括圆形、V 形、波形、弯弧形等。具体操作如下:

(1) 选中需要设置形状的艺术字文字。

(2) 执行"绘图工具"→"格式"→"艺术字样式"→"文本效果"命令,在打开的下拉列表中选择"转换"命令,并在"转换"列表框中选择一种形状效果。

3.7 Word 2010 综合操作案例

创建如下 Word.docx 文档,并进行文档编辑与排版。

【文档开始】

第三代计算机网络——计算机互联网

第三代计算机网络是 Internet,这是网络互联阶段。20 世纪 70 年代局域网诞生并推广使用,例如以太网。

IBM 公司于 1974 年研制了 SNA(系统网络体系结构),其他公司也相继推出本公司的网络标准,此时人们开始认识到存在的问题和不足:各个厂商各自开发自己的产品、产品之间不能通用、各个厂商各自制定自己的标准以及不同的标准之间转换非常困难等。这显然阻碍了计算机网络的普及和发展。

成绩单

姓名	计算机	电子商务	英语
张品	78	88	70
李力	88	76	78
周正新	98	85	77
赵露	67	90	89
王珊珊	74	78	80

【文档结束】

对文档中的文字进行编辑、排版和保存,具体要求如下:

(1) 将标题段("第三代计算机网络——计算机互联网")文字设置为楷体四号红色字,绿色边框、黄色底纹、居中。

(2) 设置正文各段落("第三代计算机网络是 Internet……计算机网络的普及和发展。")左右各缩进 1 字符、行距为 1.2 倍;各段落首行缩进 2 字符;将正文第二段("IBM 公司……网络的普及和发展。")分为等宽三栏、首字下沉 2 行。

(3) 设置页眉为"计算机网络"、字体大小为"小五号"。设置页脚为"计算机网络培训教程"、字体大小为"五号"。

(4) 将文中后 6 行文字转换为一个 6 行 4 列的表格。设置表格居中,表格第一、二、四列列宽均为 2 厘米,第三列列宽为 2.3 厘米,行高为 0.8 厘米。

(5) 在表格的最后一列右侧增加一列,列宽为 2 厘米,列标题为"总分",分别计算每人的总分并填入相应的单元格内;表格中所有文字中部居中;设置表格外框线为 3 磅黑色单实线,内框线为 1 磅红色单实线,第一行的底纹设置为"底纹样式 25%"。

(6) 保存文档为 Wordlx.docx。

解题分析

【步骤 1】 设置标题段字体及对齐属性。选中标题段文本,在"开始"选项卡"字体"选项区中,将"字体"选择为"楷体";将"字号"选择为"四号";"字体颜色"选择为"红色";选中标题段文本,在"开始"选项卡的"段落"选项组中,单击"居中"按钮,效果及操作如图 3-131 所示。

设置字体、字号　　　设置颜色　设置居中　　　边框和底纹

图 3-131　设置标题文字

【步骤2】　设置标题段边框和底纹属性。选中标题段文本，在"开始"选项卡"段落"选项区，在"下框线"下拉列表框中选择"边框和底纹"选项，弹出"边框和底纹"对话框，单击"边框"选项卡，选中"方框"选项，在"颜色"中选择"绿色"，在"应用于"中选择"文本"；单击"底纹"选项卡，选中填充色为"黄色"，设置"应用于"为"文字"，单击"确定"按钮，效果如图 3-132 所示。

图 3-132　设置标题段边框与底纹

【步骤3】 设置段落属性。选中正文所有文本（标题段不要选），执行"开始"→"段落"→"段落"按钮，弹出"段落"对话框。单击"缩进和间距"选项卡，在"缩进"选项组中设置"左侧"为"1字符"，在"右"中输入"1字符"，在"特殊格式"中选择"首行缩进"，在"度量值"中选择"2字符"，在"行距"中选择"多倍行距"，在"设置值"中输入1.2，单击"确定"按钮，"段落"设置如图3-133所示。

图 3-133　设置段落效果

【步骤4】 段落设置分栏。选中正文第二段，执行"页面布局"→"页面设置"→"分栏"→"更多分栏"选项，弹出"分栏"对话框，选择"预设"选项组中的"三栏"图标，选中"栏宽相等"复选框，单击"确定"按钮，分栏设置如图3-134所示，效果如图3-135所示。

图 3-134　设置分栏

图 3-135　设置分栏效果

【步骤 5】　设置首字下沉。选中正文第二段,执行"插入"→"文本"→"首字下沉"→"首字下沉选项"命令,弹出"首字下沉"对话框,单击"下沉"图标,在"下沉行数"中输入"2 行",单击"确定"按钮,首字下沉设置如图 3-136 所示,效果如图 3-137 所示。

图 3-136　"首字下沉"对话框　　　　　图 3-137　设置首字下沉效果

【步骤 6】　插入页眉。执行"插入"→"页眉和页脚"→"页眉"命令,并在展开的下拉列表中选择"空白"选项,输入"计算机网络";选中刚输入页眉文本,右击,在弹出的快捷菜单中选择"字体"命令,按照要求设置字体,单击"确定"按钮,单击"关闭页眉和页脚"按钮。效果如图 3-138 所示。

计算机网络

第三代计算机网络——计算机互联网

第三代计算机网络是 Internet，这是网络互联阶段。20 世纪 70 年代局域网诞生并

图 3-138　设置页眉

【步骤 7】　插入页脚。执行"插入"→"页眉和页脚"→"页脚"→"空白"，输入"计算机网络培训教程"，选中页脚文本右击，在弹出的快捷菜单中选择"字体"命令，按照要求设置字体，单击"确定"按钮，单击"关闭页眉和页脚"按钮。效果如图 3-139 所示。

计算机网络培训教程

图 3-139　设置页脚

【步骤 8】　文本转换为表格。选中正文中最后 6 行文本，执行"插入"→"表格"→"表格"命令，选择"文本转换成表格"选项，弹出"将文字转换成表格"对话框，单击"确定"按钮，如图 3-140 所示。

图 3-140　"将文本转换为表格"对话框

【步骤 9】　设置表格对齐属性。选中表格，单击"开始"→"段落"→"居中"按钮。

【步骤 10】　设置表格行高。选中表格第一、二、四列，在"布局"选项区的"单元格大小"分组中，单击"表格属性"按钮，弹出"表格属性"对话框，单击"列"选项卡，选中"指定高度"复选框，设置其值为"2 厘米"；单击"行"选项卡，选中"指定高度"复选框，设置其值为"0.8 厘米"，在"行高值是"中选择"固定值"，单击"确定"按钮。按照同样的操作设置第三列的列宽为"2.3 厘米"，行高为"0.8 厘米"。行高及列宽设置如图 3-141 所示。

【步骤 11】　为表格最右边增加一列。选中表格的最右侧一列，执行"布局"选项区的"行和列"分组中单击"在右侧插入"按钮，即可在表格右方增加一空白列，在最后一列的第一行输入"总分"。

【步骤 12】　设置表格列宽。选中表格新增加的一列，在"布局"选项区的"单元格大小"选项组中单击"表格属性"按钮，弹出"表格属性"对话框，单击"列"选项卡，选中"指定宽度"

图 3-141　设置表格行高与列宽

复选框,设置其值为"2 厘米",单击"确定"按钮。

【步骤 13】 利用公式计算表格总分内容。单击表格最后一列第 2 行,在"布局"选项区的"数据"选项组中单击"fx 公式"按钮,弹出"公式"对话框,在"公式"中输入"=SUM(LEFT)",单击"确定"按钮。公式设置如图 3-142 所示。

图 3-142　公式设置

注:SUM(LEFT)中的 LEFT 表示对左方的数据进行求和计算,按此步骤反复进行,直到完成所有行的计算。

【步骤 14】 设置表格内容对齐方式。选中表格,在"布局"选项区的"对齐方式"分组中,单击"水平居中"按钮。

【步骤 15】 设置表格外侧框线和内部框线属性。单击表格,在"设计"选项区的"绘图边框"选项组中,设置为设置"笔划粗细"为"3 磅",设置"笔样式"为"单实线",设置"笔颜色"为"黑色",此时鼠标变为铅笔形状,沿着边框线拖动设置外边框的属性。

注:当鼠标单击"绘制表格"按钮后,鼠标变为铅笔形状,选择相应的线型和宽度,沿边框线拖动小蜡笔便可以对边框线属性进行设置。按同样的操作设置内部框线。

【步骤 16】 设置单元格底纹。选中表格第一行右击,在弹出的快捷菜单中选择"边框和底纹"命令,弹出"边框和底纹"对话框,单击"底纹"选项卡,在"图案"选项组的"样式"列表框中选择"25%","在应用于"列表框中选择"单元格"选项,单击"确定"按钮。

【步骤 17】 保存文件。文档设置完成效果如图 3-143 所示。

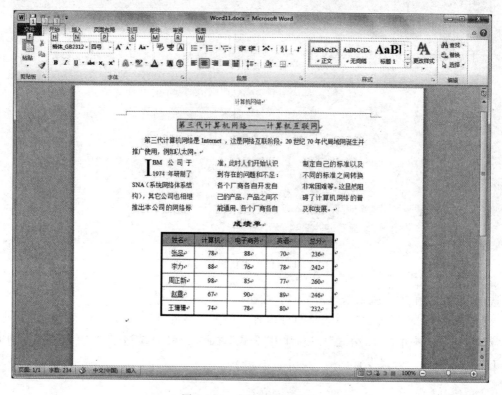

图 3-143　文档的最终效果

第4章 电子表格软件——Excel 2010

Microsoft Excel 是套 Microsoft Office 的组件之一,是由 Microsoft 为 Windows 和 Apple Macintosh 操作系统的计算机而编写和运行的一款试算表软件。Excel 是 Microsoft 办公套装软件的一个重要的组成部分,它可以进行各种数据的处理、统计分析和辅助决策操作,广泛地应用于管理、统计财经、金融等众多领域。

Excel 2010 提供了强大的新功能和工具,提供了比以往更多的方法分析、管理和共享信息,可帮助用户发现模式或趋势,从而做出更明智的决策,并提高分析大型数据集的能力。无论是要生成财务报表还是管理个人数据,使用 Excel 2010 都能够更高效、更灵活地实现目标。

本章从 Excel 2010 的操作界面入手,循序渐进地为用户介绍电子表格数据的创建、编辑、格式化、图表操作、数据管理与数据分析等功能。

4.1 Excel 2010 概述

相对于旧版本的 Excel,Excel 2010 为用户提供了一个新颖、独特、简单操作的用户界面。在学习使用 Excel 之前应该先了解 Excel 2010 的工作窗口和常用术语。

4.1.1 Excel 2010 工作窗口

Excel 2010 的启动和退出与 Word 2010 类似。最常用的启动方法为执行"开始"→"所有程序"→Microsoft Office→Microsoft Office Excel 2010 命令,启动 Excel 2010 应用程序,打开如图 4-1 所示的工作窗口,主要由标题栏、选项区、公式编辑栏及单元格区域、状态栏等部分组成。

该窗口中各组成部分的功能与 Word 2010 类似,下面只介绍该窗口中不同于 Word 的几个方面,即编辑区、工作表区的使用方法。

1. 编辑区

编辑区是 Excel 窗口特有的,用来显示和编辑数据和公式。编辑区位于选项卡选项区下方,由名称框、插入函数 *fx* 按钮和编辑栏 3 部分组成。

1) 名称框

名称框位于编辑区的最左侧,用户可在该框中给一个或一组单元格命名。当用户选择单元格或单元格区域时,相应的地址或区域名也会显示在该名称框中。

2) 插入函数 *fx* 按钮

插入函数按钮位于编辑区的中间,当用户在右侧的数据框中输入数据时,即会出现 3 个

图 4-1　Excel 2010 窗口界面图

工具按钮，分别为"取消"按钮、"输入"按钮和"插入函数"按钮。

（1）"取消"按钮 ：单击该按钮，可取消单元格中数据的输入操作。

（2）"输入"按钮 ：单击该按钮，可确认单元格中数据的输入操作。

（3）"插入函数"按钮 ：单击该按钮，可在单元格中快速插入函数。

3）编辑栏

编辑栏位于编辑区的最右侧。在单元格中编辑数据时，其内容会同时出现在编辑栏中，如果是较长的数据，由于单元格默认的宽度通常不能完整显示，因此可以在编辑栏中直接输入单元格中的内容或编辑数据和公式。

2. 工作表区

Excel 2010 工作窗口中间最大的空白区域就是工作表区，Excel 的工作区域，用来放置工作表中数据。工作表区水平方向显示工作表的列号，从 A 开始，依次向后编号；左侧显示行号，从 1 开始，依次向下编号；右侧是垂直滚动条，可拖动它上下移动显示工作表中的内容。

工作表区下方由工作表标签和水平滚动条组成。工作表标签用于显示工作簿中工作表的名称。单击某个标签，即可打开相应的工作表。用户也可以通过单击工作表标签左侧的标签滚动按钮，在工作表之间进行切换。

4.1.2　Excel 2010 中的常用术语

由于在同一个工作簿中可以包含多个工作表，每个工作表中又可以管理多种类型的信息。因此，在学习如何创建、编辑工作表之前，首先应了解有关工作簿、工作表及单元格的基本术语以及它们之间的相互关系。

1. 工作簿

工作簿是指 Excel 环境中用来储存并处理工作数据的文件。也就是说 Excel 文档就是工作簿。它是 Excel 工作区中一个或多个工作表的集合,其扩展名为 XLSX。每一个工作簿可以拥有许多不同的工作表,工作簿所能包含的最大工作表数受内存的限制。默认每个新工作簿中包含 3 个工作表,在 Excel 程序界面的下方可以看到工作表标签,默认的名称为 Sheet1、Sheet2、Sheet3。每个工作表中的内容相对独立,通过单击工作表标签可以在不同的工作表之间进行切换。

2. 工作表

工作表是显示在工作簿窗口中的表格。一个 Excel 2010 的工作表可以由 1 048 576(2^{20})行和 2464(2^{14})列构成。行的编号用 1~1 048 576 表示,列的编号依次用字母 A,B,C,…,X,Y,Z,AA,BB,…,XFD 表示。行号显示在工作簿窗口的左边,列号显示在工作簿窗口的上边。启动 Excel 2010 后,系统会自动创建一个名称为 Book1 的新工作簿。默认的工作簿有 3 个工作表,用户可以根据需要添加、删改工作表,但每一个工作簿中的工作表个数受可用内存的限制,当前的主流配置已经能轻松建立超过 255 个工作表了。

3. 单元格

单元格是工作表中行与列的交叉部分,它是组成工作表的最小单位,可拆分或者合并。单个数据的输入和修改都是在单元格中进行的。单元格按所在的行列位置来命名,例如,地址"B5"指的是"B"列与第 5 行交叉位置上的单元格。

在 Excel 中,活动单元格以加粗的黑色边框显示。当同时选择两个或多个单元格时,这组单元格称为单元格区域。单元格区域可以是连续的,也可以是彼此分离的。

4.2 Excel 2010 的基本操作

Excel 2010 的基本操作主要是对工作簿和工作表的操作。本节主要介绍工作簿和工作表的创建、管理、编辑和保存。

4.2.1 创建工作簿

当用户启动 Excel 2010 时,系统会自动创建一个新名为 Book1 的空白工作簿。如果要创建其他新的工作簿,可通过以下 3 种方法进行操作。

(1)单击"自定义快速访问"工具栏下拉列表中的"新建"命令,在快速访问工具栏上添加"新建"按钮 ,然后单击该按钮。

(2)执行"文件"→"新建"命令,在"可用模板"列表中选择"空白工作簿"选项,单击创建按钮。

(3)使用 Ctrl+N 组合键,可以快速创建空白工作簿。

Excel 也可以根据工作簿模板来建立新的工作簿,操作与 Word 类似。

4.2.2　保存工作簿

将工作簿文件创建完成后，需要将其保存到磁盘上，以保存工作簿中的数据。用户可以使用以下 3 种方法保存工作簿。

（1）如果是首次保存工作簿，执行"文件"→"保存"命令，会弹出"另存为"对话框，用户可在该对话框中输入文件名及保存路径，单击"保存"按钮即可。

（2）如果用户已保存了工作簿，单击快速访问工具栏中的"保存"按钮 ，可保存工作簿中所做的修改工作。

（3）如果用户要为当前工作簿以新文件名字或者路径来保存，可执行"文件"→"另存为"命令，在弹出的"另存为"对话框中输入新的文件名或者保存路径，单击"保存"按钮，即可将原工作簿以新文件名字或副本的方式进行保存。

4.2.3　加密工作簿

为了保护工作簿中的数据，不允许无关人员访问，可以为工作簿设置密码，实现工作簿的加密保护。操作步骤为：

（1）执行"文件"→"另存为"命令，打开"另存为"对话框。

（2）单击"工具"→"常规选项"按钮，打开"常规选项"对话框，如图 4-2 所示。

图 4-2　"常规选项"对话框

（3）在该对话框的"打开权限密码"与"修改权限密码"文本框中输入密码，单击"确定"按钮。

（4）弹出的"确认密码"对话框，重新输入密码，单击确定，返回"另存为"对话框。

（5）单击"确定"按钮，完成工作簿打开或修改的加密保护，如图 4-3 所示。

图 4-3 "确认密码"对话框

4.2.4 管理工作簿

默认情况下,一个新的工作簿中包含 3 个工作表,用户可根据需要对工作簿中的工作表进行切换、添加、删除、命名、移动、复制等操作。

1. 选定工作表

对工作表进行复制、移动等操作之前,必须先将目标工作表选中,使其变成活动工作表,然后才能编辑工作表中的数据。用户可以使用以下 4 种方法选中工作表,具体方法如下:

(1)单击工作表标签,即可选中该工作表。

(2)单击第一个工作表的标签,按住 Shift 键的同时单击另一个工作表标签,可选中这两个工作表标签之间的所有工作表。

(3)按住 Ctrl 键的同时单击多个工作表,可选中多个不连续的工作表。

(4)在某个工作表标签上右击,从弹出的快捷菜单中选择"选定全部工作表"命令,可将工作簿中的所有工作表全部选中。

提示:当用户选中多个工作表后,当前工作表标题栏中文件名右侧出现"工作组"字样,表示这几个工作表已经成为一个整体,如果对其中任意一个执行某种操作,则该组中的其他工作表也会跟着发生相同的变化。如果要取消该工作组,可按住 Ctrl 键单击选中的工作表标签,即可取消选中该工作表,也可以用鼠标右击工作表标签,在弹出的快捷菜单中选择"取消成组工作表"命令,即可取消该工作组。

2. 插入工作表

实际工作中 3 个工作表可能无法满足需要,因此,用户可在工作簿中插入新的工作表,以满足实际需要。用户可以使用以下 3 种方法插入工作表,具体方法如下:

(1)选中一个工作表作为当前工作表,执行"开始"→"单元格"→"插入工作表"命令,即可在当前工作表前面插入一个新工作表,且插入的工作表会成为当前工作表。若按住 Shift 键的同时,选中多个工作表,再执行"插入工作表"命令,则可创建与选中工作表数量相同的工作表。

(2)右击活动工作表,执行"插入"命令,在弹出的"插入"对话框中选择"工作表"命令。

(3)直接单击工作表标签右侧的"插入工作表"标签,即可完成工作表的快速插入,如图 4-4 所示。

插入工作表标签

图 4-4　"插入工作表"标签

注意：新插入的工作表的名称按 Sheet1、Sheet2、Sheet3 的顺序排列，自动命名为
Sheet4、Sheet5……

3．移动和复制工作表

在使用 Excel 的过程中，用户既可以在同一个工作簿内移动和复制工作表，也可以在不
同工作簿之间移动和复制工作表。具体操作如下：

1）鼠标移动或复制

选中要移动的工作表，沿工作表标签行拖动选中的工作表标签，到达目的位置后松开鼠
标，即可完成工作表的移动。如果在移动工作表的过程中按住 Ctrl 键，即可在移动的同时
完成工作表的复制。

2）对话框移动或复制

右击工作表标签，执行"移动或复制工作表"命令，在弹出"移动或复制工作表"对话框的
"下列选定工作表之前"列表框中选择相应选项，单击"确定"按钮完成移动。若在该对话框
中选中"建立副本"复选框，则可实现工作表的复制，如图 4-5 所示。

图 4-5　"移动或复制工作表"对话框

另外，在"将选定工作表移至工作簿"下拉列表中，选择另外的工作簿即可在不同的工作

簿之间移动或复制。

3）选项卡命令移动或复制

执行"开始"→"单元格"→"格式"→"移动和复制工作表"命令,也可以打开"移动或复制工作表"对话框,选择相应选项即可实现工作表的移动或复制。

4．删除工作表

用户可以将工作簿中不需要的任意一个或多个工作表删除,其具体操作如下:

（1）选择要删除工作表的标签。

（2）执行"开始"→"单元格"→"删除"→"删除工作表"命令,如果该工作表内包含数据,则会弹出一个提示框,提醒用户是否真的要删除该工作表。

（3）如果用户确认要删除该工作表,单击"删除"按钮即可。

另外,在需要删除的工作表标签上右击,在弹出的快捷菜单中执行"删除"命令,也可以将活动工作表删除。

5．隐藏和恢复工作表

在使用 Excel 处理数据时,为了保护工作表中的数据,也为了避免对固定数据操作失误,用户可以将其进行隐藏与恢复。

1）隐藏工作表

隐藏工作表是指对工作表中的行列及工作表的隐藏。具体操作如下:

方法一,选定准备隐藏的工作表标签,执行"开始"→"单元格"→"格式"→"隐藏和取消隐藏"→"隐藏工作表"命令即可。

除了隐藏工作表外,若只部分隐藏工作表中的行或列,则需先单击选中待隐藏的行列的行号或列标,在"隐藏和取消隐藏"的子菜单中选择"隐藏行"或"隐藏列"命令即可。"隐藏和取消隐藏"子菜单如图 4-6 所示。

方法二,右击待隐藏的工作表标签或待隐藏的行号或列标,在弹出的快捷菜单中执行"隐藏"命令,即可将选定工作表或行、列隐藏。

2）恢复显示工作表

将工作簿中的工作表进行隐藏后,可以重新显示隐藏的工作表。具体操作如下:

方法一,执行"开始"→"单元格"→"格式"→"隐藏和取消隐藏"→"取消隐藏"命令,弹出的"取消隐藏"对话框,如图 4-7 所示。在对话框中选中需要恢复的工作表,单击"确定"按钮,返回 Excel 工作窗口,完成工作表的恢复显示。

图 4-6 "隐藏和取消隐藏"子菜单　　　　图 4-7 "取消隐藏"对话框

方法二，右击工作表标签区任意工作表，执行"取消隐藏"命令，在打开的"取消隐藏"对话框中选择需要恢复的工作，单击"确定"按钮完成工作表的恢复显示。

恢复隐藏的行、列，则需要先按 Ctrl＋A 组合键选择整个工作表，然后再执行相应的"取消隐藏"命令，恢复行、列的显示。

6. 切换工作表

一个工作簿通常都包含多个工作表，但在一个工作簿窗口中只能显示一个工作表，因此，常常需要在多个工作表之间切换，才能转到相应的工作表中。用户可以使用以下 3 种方法切换工作表，具体方法如下：

（1）在工作表区下方单击工作表标签，即可快速切换到相应的工作表中。

（2）按 Ctrl＋Page Up 或 Ctrl＋Page Down 组合键，即可切换到当前工作表的前一个或后一个工作表中。

（3）右击工作表标签左侧的标签滚动按钮，从弹出的快捷菜单中选中要切换工作表的名称，即可切换到该工作表中。

7. 重命名工作表

通常，在 Excel 2010 中新建工作表时，所有的工作表都是以 Sheet1、Sheet2、Sheet3……来命名，这在实际工作中不便记忆和管理。因此，用户可通过改变这些工作表的名称，有效地管理工作表，操作方法为：

方法一，右击要重命名的工作表，在弹出的快捷菜单中选择"重命名"命令，待工作表标签上的文字以反白显示，输入新的工作表名称，按 Enter 键即可。

方法二，执行"开始"→"单元格"→"格式"→"重命名工作表"命令，待工作表标签上的名字以反白显示，输入新的工作表名称，按 Enter 键即可。

方法三，也可以直接在工作表标签上双击，待工作表标签上的文字以反白显示时，输入新的工作表名称，按 Enter 键即可。

8. 拆分和冻结工作表窗口

Excel 2010 提供了拆分和冻结工作表的功能。用户可以使用该功能将工作表按水平或垂直方向分割或冻结，以便同时观察或编辑一张较大的表格的不同部分。

1）工作表窗口的拆分与取消

查看工作表时，如果工作表比较大而不能全屏幕显示，用户可以将表格拆分为几个不同的部分，分别进行查看或编辑。拆分工作表窗口的具体操作如下：

- 任意范围拆分。选中工作表中作为拆分的中心单元格，执行"视图"→"窗口"→"拆分"命令，此时，整个窗口就被分成 4 个部分，并且出现两个水平和垂直滚动条。
- 水平拆分。选中待拆分行的下方一行，执行"视图"→"窗口"→"拆分"命令，此时，整个窗口就被水平拆分成上下两个部分。
- 垂直拆分。选中待拆分列的右侧一列，执行"视图"→"窗口"→"拆分"命令，此时，整个窗口就被纵向拆分成左右两个部分。

拖动相应窗口中的滚动条，即可查看该窗口中的数据。将鼠标指针置于窗口中间的分隔线上,单击并拖动鼠标,即可改变分隔线的位置。

用户也可以直接用鼠标拖动工作表的水平或垂直滚动条上的拆分块,快速对窗口进行水平或垂直的拆分。

如果要取消窗口拆分,只需用鼠标双击分隔线即可。

2) 工作表窗口冻结与取消

如果用户要查看特定行或列中的数据,可将它们冻结起来,这样,该行或列中的数据就不会随着其他单元格的移动而移动,其具体操作如下:

- 冻结行标题。执行"视图"→"窗口"→"冻结窗格"→"冻结首行"命令。
- 冻结列标题。执行"视图"→"窗口"→"冻结窗格"→"冻结首列"命令。
- 冻结任意范围。如果要同时将某个特定的区域范围冻结,则只要选中不冻结区域左上角第一个单元格,执行"视图"→"窗口"→"冻结窗格"→"冻结拆分窗格"命令,则活动单元格左边的列和上方的行均被冻结。

提示:当工作表窗口被冻结后,会在被冻结的行、列间出现一条十字形交叉的黑线,表示该十线交叉线上方的行、列被冻结。

如果要取消冻结窗口,执行"视图"→"窗口"→"取消冻结窗格"命令即可。

4.3 编辑工作表

编辑工作表是指对 Excel 工作表中数据的编辑,即对单元格中数据的编辑,包括单元格数据的输入、修改、清除,插入单元格、行或者列以及复制和移动单元格等操作。

4.3.1 输入数据

Excel 的单元格可以存储多种数据形式,包括文本、日期、数字、声音、图形等。输入的数据可以是常量,也可以是公式和函数。Excel 能自动把它们区分为文本、数值、日期和时间 4 种。

Excel 工作表中的数据可以在单元格中直接输入,也可以在编辑栏中输入。其中在单元格中直接输入,需要先选定单元格使其成为活动单元格,然后直接输入数据,并按 Enter 键。在编辑栏中输入时,也需要先选择单元格,然后将光标移动到编辑栏中并输入数据,按 Enter 键完成输入。以下涉及的数据的输入均可以用这两种方法实现。

1. 输入文本

Excel 文本包括汉字、英文字母、数字、空格和其他能用键盘输入的符号。文本数据默认在单元格中左对齐。对于文本数据有以下几点说明:

(1) 一个单元格中最多可以输入 32 000 个字符。当输入的文本长度超过单元格宽度时,若右边单元格无内容,则扩展到右边显示,否则将截断显示。

(2) 如果输入的数据既有数字又有汉字或字符,例如"10 天",则默认为文本数据。

(3) 对于数字形式的文本数据,如电话号码、邮政编码、学号等,为了避免被系统认为是数字、公式等数值型数据,需要在这些数据之前加英文单引号"'"。例如,若输入编号

"00101"，应输入"'00101"，此时在 Excel 中以 [00101] 显示，在单元格中左对齐。

2．输入数值

Excel 中的数值除了包括数字(0～9)组成的字符串外，还包括＋、－、E、e、$、¥、/、%以及小数点(.)、千分位符号(,)、货币型数据(如$10,000)等。数值型数据在单元格中一律自动右对齐。关于数值型数据有以下几点说明：

（1）输入正数——直接在单元格中输入数字即可，无须添加"＋"。

（2）输入负数——在数字之前添加"－"号，或将输入的数据放在括号内，例如输入"(100)"表示输入－100。

（3）输入分数——由于 Excel 中的日期格式与分数格式一致，所以在输入分母小于12的分数时，为避免将输入的分数视作日期，需要在分数前先输入数字"0"和空格。例如，输入"1/5"时应输入"0 1/5"。

（4）输入百分数——直接在单元格中输入数字，然后在数字后面输入百分号"％"即可。

（5）输入长数字——Excel 数值输入与数值显示并不总是相同的，计算时以输入数值为准。当输入的数字超过11位时，单元格中的数字将以科学记数法显示，并会自动将单元格的列宽调整到11位数字(包含小数点和指数符号 E)。例如，输入123456789012345，则会以1.23457E＋14 的形式显示；当数字倍数超过15位，计算时超过15位的部分将会自动转换为0，例如，输入1234567890123456790，将显示为1.23457E＋19，并以123456789012345000000来计算。

输入数值时，有时会发现单元格中出现符号"＃＃＃"，这是因为单元格列宽不够，不足以显示全部数值的缘故，此时扩大列宽即可。

3．输入日期和时间

Excel 内置了一些日期和时间格式，当输入数据与这些格式相匹配时，Excel 会自动将其识别为日期和时间型数据。

在 Excel 2010 中，系统将时间和日期作为数字进行处理，因此，输入的时间和日期在单元格靠右对齐，当用户输入的时间和日期不能被系统识别时，系统将认为输入的是文本，并使它们在单元格中靠左对齐。

在单元格中输入时间时，可以用"："分隔时间的各部分；输入日期时，用"/"或"－"分隔日期的各部分。在输入时间和日期时，应该注意以下几方面的问题：

（1）如果要在一个单元格中同时输入时间和日期，则需要在时间和日期之间以空格将它们分隔。

（2）如果按12小时制输入时间，则需要在时间数字后空一格，并输入字母 a(上午)或 p(下午)，例如，"8：00a"。

（3）输入系统当前时间的快捷键是"Ctrl＋："，输入系统当前日期的快捷键是"Ctrl＋Shift＋："。

小技巧：如果需要在不连续的多个单元格中输入同样内容，可以先选中这些单元格，然后直接输入数据，并按 Ctrl＋Enter，即可实现同时输入。具体的操作步骤如下：

（1）选中要输入相同数据的所有单元格，如图 4-8 所示。

图 4-8　选定非连续单元格

（2）输入数据，例如输入文本"是"，如图 4-9 所示。

图 4-9　输入数据

（3）按 Ctrl＋Enter 键，即可实现多格同时输入相同的内容效果，如图 4-10 所示。

图 4-10　输入结果

4.3.2　自动填充数据

自动填充功能是 Excel 的一项特殊功能，利用该功能可以将一些有规律或相同的数据快速填充到相邻的单元格中，从而提高输入效率。单元格的自动填充主要有使用填充柄填充和使用填充对话框填充两种方式。

1. 使用填充柄填充数据序列

填充柄是 Excel 中提供的快速填充单元格内容的工具。填充柄有序列填充和复制的功能。

当把光标定位在工作表的某一个单元格或单元格区域时，就会在选中单元格（区域）的右下角出现一个小黑点，这个小黑点就是填充柄。当光标移到它上面时，光标变为"＋"，这时按下鼠标左键，向下拖曳，就会将当前单元格的内容按程序设定的规则，填充到下一个单元格中。具体操作步骤如下：

（1）在工作表中选中准备输入数据的起始单元格，输入数据，例如，输入数字 1。

（2）选中输入数据的单元格，将鼠标指针移动到单元格填充柄（即边框右下角的小黑块）上，如图 4-11 所示，当鼠标指针变成实心十字形的时候按住鼠标左键向下拖动。

（3）到合适位置后松开鼠标左键，在拖动过的单元格区域即可自动输入相应的数据，如图 4-12 所示。

图 4-11　填充柄

图 4-12　输入相同的结果

说明：在填充的过程中，系统会根据选中单元格中的数据类型选择填充方式。

（1）当选中的起始单元格中是一般文本（不含数字的文本）或数值型数据时，系统会自动将起始单元格中的文本复制到选中的单元格中，如图 4-12 所示。

（2）当选中的起始单元格中是含数字的文本时，如"星期一"，则填充时，系统会按照规律延伸，如图 4-13 所示。如果在拖动填充柄时按住 Ctrl 键，则会填充相同的数据，如图 4-14 所示。

图 4-13　扩展填充

图 4-14　填充相同数据

（3）如果选中的是若干个连续的用户自己定义的起始数据项时，则填充时，系统会按照规律延伸。例如，在工作表连续的单元格中输入一组按一定规律变化的数据，如分别输入 1、3、5，如图 4-15 所示。

选定 A1～A3 单元格区域，将鼠标指针移动到填充柄上，按住鼠标左键并向下拖动。

在拖出的单元格区域中即可输入规律变化的数据，如图 4-16 所示。

图 4-15　输入一组规律数据

图 4-16　填充后的结果

2. 使用填充对话框填充数据

利用填充对话框,Excel 可以按系统已定义的序列来进行规律填充,包括数值型数据的等差或等比填充、日期和文本类型数据的填充等;也可以按用户自定义的数据序列进行规律填充。

1)填充序列数据

例如对数据如"1、2、……、20"、"星期一、星期二、……、星期六"、"一月、二月……"等,可用系统菜单的序列填充产生。具体操作步骤如下:

(1)输入第一个数据,并选定其所在单元格。例如要在 A 列自动填充 1~10,则首先在 A1 单元格中输入 1,并选定 A1 单元格,执行"开始"→"编辑"→"填充"→"序列"命令,打开"序列"对话框,在"序列产生在"选项区中选择"列"单选按钮,在"终止值"文本框中输入数字 10,如图 4-17 所示。

图 4-17 "序列"对话框

(2)单击"确定"按钮,则在 A 列自动填充了 1~10,如图 4-18 所示。

图 4-18 填充的结果

2)填充用户自定义序列数据

在实际工作中,用户需要输入类似课程名称、商品名称、部门名称等不规则信息,可以将这些有序的数据自定义为序列,从而节省输入的工作量,提高工作效率。操作步骤方法为:

(1)执行"文件"→"选项"命令,打开"Excel 选项"对话框,选择"高级"选项,如图 4-19 所示。

图 4-19 "Excel 选项"对话框的"高级"选项卡"常规"选项区

（2）在"常规"选项区，单击"编辑自定义列表"按钮，打开"自定义序列"对话框。

（3）在"自定义序列"对话框中选择"新序列"，在右侧"输入序列"列表框中输入用户自定义的数据序列，如图 4-20 所示。

图 4-20 "自定义序列"对话框

在对话框添加新序列，有两种方法：

方法一，在"输入序列"列表框中直接输入数据，每一个序列输入完成按 Enter 键，所有序列输入完成单击"添加"按钮。

方法二,首先在工作表中直接输入序列内容,然后在"自定义序列"对话框中单击折叠对话框按钮,并用鼠标选中工作表中刚输入的序列数据,单击"导入"按钮。

(4)序列项目添加完成,单击"确定"按钮返回工作表编辑状态。

(5)在指定单元格中输入序列项目第一项,并选择需要应用自定义序列的所有单元格,执行"开始"→"编辑"→"填充"→"序列"命令,在打开的"填充序列"对话框的"序列产生在"选项区选择"行"或"列"单选按钮,在"类型"选项区选择"自动填充"单选按钮,如图 4-21 所示。

(6)设置完成,单击"确定"按钮,返回工作表编辑状态,完成自定义序列填充,如图 4-22 所示。

图 4-21 "序列"对话框

图 4-22 "自定义序列"对话框

【学习实践 1】 用 Excel 2010 创建"学生成绩表.xlsx 工作簿",单元格内容如图 4-23 所示。

	A	B	C	D	E	F	G	H	I
1	序号	学号	姓名	性别	籍贯	英语	数学	计算机	总成绩
2	1	05101001	刘丽冰	女	秦皇岛	56	67	78	
3	2	05101002	王强	女	北京	67	98	87	
4	3	05101003	李晓力	女	邢台	69	90	78	
5	4	05101004	高文博	男	北京	75	64	88	
6	5	05101005	张晓林	男	保定	76	78	91	
7	6	05101006	李雅芳	男	张家口	76	78	92	
8	7	05101007	曹雨生	男	秦皇岛	78	80	90	
9	8	05101008	段平	女	保定	79	91	75	
10	9	05101009	徐志华	男	唐山	81	98	91	
11	10	05101010	罗明	男	天津	90	78	67	
12									

图 4-23 学生成绩表

要求如下:

(1)工作簿和工作表名均为"学生成绩表"。

(2)使用"填充"对话框自动填充的方法填充序号列。

(3)使用填充柄自动填充数据的方法填充学号列。

(4)使用 Ctrl+Enter 键输入性别列。

(5)使用填充自定义序列的方式填充课程名称。

4.3.3 编辑单元格

单元格是 Excel 工作表中最基本的单位,Excel 中所有的操作都是以单元格为基础进行的，因此，掌握单元格的编辑操作十分必要。

1. 选定单元格

在单元格中进行各种编辑操作之前，必须先将其选中，用户可以使用以下 7 种方法选中工作表中的一个或多个单元格，具体方法如下：

选择单元格——用鼠标单击某个单元格，即可将其选中。

选择连续的单元格区域——单击某个单元格，按住鼠标左键不放，拖动鼠标到另一个单元格后释放鼠标，即可选中以这两个单元格为对角线的矩形区域。也可以先单击某个单元格，按住 Shift 键的同时单击另一个单元格，即可选中以这两个单元格为对角线的矩形区域。

选择不连续单元格区域——按住 Ctrl 键的同时用鼠标左键单击多个不相邻的单元格，即可将其选中。

选择整行——单击工作表左侧的行号标签可以选中某一行。

选择整列——单击工作表上边的列号标签可以选中某一列。

选择整个工作表——单击工作表左上角的"全选"按钮，可以选中整个工作表。

2. 插入单元格

在 Excel 2010 中，用户可以在选中单元格的上方或左侧插入与选中单元格数量相同的空白单元格，具体操作如下：

（1）在要插入单元格的位置选中一个或多个单元格。

（2）执行"开始"→"单元格"→"插入"命令，并在展开的列表中选择"单元格"命令，弹出"插入"对话框，如图 4-24 所示，用户可在该对话框中选择一种合适的插入方式。

图 4-24　"插入"对话框

- 选中"活动单元格右移"单选按钮，可在选中区域插入空白单元格，原来的单元格及其右侧的单元格自动右移。

- 选中"活动单元格下移"单选按钮，可在选中区域插入空白单元格，原来的单元格及其下方的单元格自动下移。

- 选中"整行"单选按钮，可在选中的单元格区域上方插入与选中区域的行数相等的若干行。

- 选中"整列"单选按钮，可在选中的单元格区域左侧插入与选中区域的列数相等的若干列。

（3）选择好插入方式后，单击"确定"按钮即可。

3. 删除单元格

删除单元格与插入单元格刚好相反，删除某个单元格后，该单元格会消失，并由其下方或右侧的单元格填补原单元格所在位置，具体操作如下：

（1）选中要删除的单元格或单元格区域。

（2）选择"编辑"→"删除"命令，弹出"删除"对话框，如图 4-25 所示，用户可在该对话框中选择一种合适的删除方式。

- 选中"右侧单元格左移"单选按钮，将选中的单元格删除，并将其右侧的单元格向左移动,以填补空白。

- 选中"下方单元格上移"单选按钮,将选中的单元格删除,并将其下边的单元格向上移动,以填补空白。
- 选中"整行"单选按钮,将选中单元格所在行删除,并将其下边的行向上移动,以填补空白。
- 选中"整列"单选按钮,将选中单元格所在列删除,并将其右侧列向左移动,以填补空白。

图 4-25 "删除"对话框

(3)选择一种合适的删除方式,单击"确定"按钮即可。

4. 移动和复制单元格

用户可以通过复制、移动操作,将单元格中的数据复制、移动到同一个工作表的不同位置或其他工作表中。可以使用以下 3 种方法移动和复制单元格。

1)使用鼠标

具体操作如下:

(1)选中要移动的单元格区域。

(2)将鼠标指针移到选中区域的边框上,单击鼠标左键,当鼠标指针变成 形状时,拖动鼠标到表格中的其他位置后释放鼠标,即可将选中的内容移动到新的位置。

(3)如果在拖动鼠标的同时按住 Ctrl 键,可以将选中区域的内容复制到新位置。

2)使用剪贴板

具体操作如下:

(1)选中要移动或复制的单元格区域。

(2)在"开始"选项卡的"剪贴板"选项区执行相应命令,如图 4-26 所示,若要移动,单击"剪切"按钮 或按 Ctrl+X 组合键;若要复制,单击"复制"按钮 或按 Ctrl+C 组合键,即可将被选中的单元格区域中的内容添加到剪贴板中。

(3)选中要粘贴单元格的目标区域,执行"开始"→"剪贴板"→"粘贴"命令,即可将剪贴板中的内容粘贴到选中的单元格区域中。

注意:

(1)如果要将选定区域移动或复制到不同的工作表或工作簿,则单击另一个工作表选项卡或切换到另一个工作簿,然后选择粘贴区域左上角的单元格。

(2)若要粘贴单元格时选择特定选项,则可以单击"粘贴"按钮下面的下三角按钮,打开"粘贴"选项面板,如图 4-27 所示,单击所需选项。例如,单击"粘贴数值"中相应选项或"其他粘贴选项"中相应选项。

图 4-26 "剪贴板"选项区

图 4-27 "粘贴"选项面板

• 有选择地复制

在 Excel 2010 中，除了可以复制选中单元格中的内容外，还可以根据需要只选择复制单元格中的特定内容或属性。例如，可以复制数据而不复制格式，也可以复制公式的结果而不复制公式本身。选择性粘贴的具体操作如下：

（1）选中要复制的单元格区域，执行"开始"→"剪贴板"→"复制"命令。

（2）选中粘贴区域，执行"开始"→"剪贴板"→"粘贴"→"选择性粘贴"命令，弹出"选择性粘贴"对话框，如图 4-28 所示。该对话框中各选项的功能如表 4-1 所示。

图 4-28 "选择性粘贴"对话框

表 4-1 选择性粘贴选项功能表

选项组	选 项	功 能
粘贴	全部	粘贴单元格中的所有内容和格式
	公式	仅粘贴单元格中的公式
	数值	仅粘贴在单元格中显示的数据值
	格式	仅粘贴单元格格式
	批注	仅粘贴附加到单元格中的批注
	有效性验证	仅粘贴将单元格中的数据有效性验证规则
	所有使用源主题的单元	粘贴使用复制数据应用的文档主题格式的所有单元格内容
	边框除外	粘贴应用到单元格中的所有单元格内容和格式，边框除外
	列宽	仅粘贴某列或某个列区域的宽度
	公式和数字格式	仅粘贴单元格中的公式和所有数字格式选项
	值和数字格式	仅粘贴单元格中的值和所有数字格式选项
	所有合并条件格式	仅粘贴单元格中的合并条件格式
运算	无	指定没有数学运算应用到所复制的数据
	加	指定要将复制的数据与目标单元格或单元格区域中的数据相加
	减	指定要从目标单元格或单元格区域中的数据减去复制的数据
	乘	指定所复制的数据乘以目标单元格或单元格区域中的数据
	除	指定所复制的数据除以目标单元格或单元格区域中的数据
跳过空单元		表示当复制区域中有空单元格时，可以避免替换粘贴区域中的值
转置		可将所复制数据的列变成行，将行变成列
粘贴链接		表示只粘贴单元格中的链接

（3）在"粘贴"选项区中选择要粘贴的内容，在"运算"选项区中选择一种运算方式，复制单元格中的数值将会与粘贴单元格中的数值进行相应的运算。

（4）单击"确定"按钮，即可将运算后的结果粘贴到目标单元格中。

5．清除单元格

如果工作表中有不需要的数据，可将其清除。清除与删除类似，但在 Excel 中，它们是两个完全不同的概念。清除单元格是指清除单元格中的内容、格式、批注等；删除单元格是指不仅要删除单元格中的数据、格式等内容，而且还要将单元格本身从工作表中删除。

清除单元格操作步骤如下：

（1）选中要清除的单元格。

（2）选择"开始"→"编辑"→"清除"命令 ，展开清除命令下拉列表，该命令包含 6 种清除方式，它们的具体含义如下：

- 全部——清除选中单元格中的全部内容、格式和批注。
- 格式——只清除选中单元格的格式，其中的数据内容不变。
- 内容——只清除选中单元格中的数据内容，其单元格格式不变。
- 批注——清除单元格或单元格区域中内容添加的批注，内容及格式保留。
- 清除超链接——清除单元格或单元格区域超链接。
- 删除超链接——直接删除单元格区域超链接和格式。

（3）选中合适的子菜单命令，即可清除单元格中相应的内容。

4.3.4 管理工作表

工作表中的数据在实际应用中，难免会出现输入的重复或遗漏，或者因数据复杂性而出现显示不全等情况。管理工作表主要是指在工作表中插入或删除行、列，以及工作表中行高、列宽的调整。

1．插入行、列

在工作表中插入行、列的具体操作如下：

1）插入行

在工作表中选中一行或多行，执行"开始"→"单元格"→"插入"→"插入工作表列"命令（或者在选中的区域右击，在弹出的快捷菜单中选择"插入"命令），即可在选中行上方插入与选中行数相同的若干行。插入行后，原选中行及其下方的行自动下移。

2）插入列

在工作表中选中一列或多列，"开始"→"单元格"→"插入"→"插入工作表列"命令（或者在选中的区域右击，在弹出的快捷菜单中选择"插入"命令），即可在选中列左侧插入与选中列数相同的若干列。插入列后，原选中列及其右侧的列自动右移。

2. 删除行、列

在工作表中删除行、列的具体操作如下：

- 删除行：在工作表中选中要删除一行或多行，执行"开始"→"单元格"→"删除"→"删除工作表中行"命令（或者在选中区域右击，在弹出的快捷菜单中选择"删除"命令），此时选中的行及其内容将从工作表中消失，其位置由下方的行自动补充。
- 删除列：在工作表中选中要删除一列或多列，执行"开始"→"单元格"→"删除"→"删除工作表中列"命令（或者在选中区域右击，在弹出的快捷菜单中选择"删除"命令），此时选中的列及其内容将从工作表中消失，其位置由右侧的列自动补充。

3. 调整行高和列宽

在实际工作中，单元格的宽度和高度有时并不能满足实际需要，用户可依据单元格中数据的长度及高度，适当调整单元格的宽度和高度。在 Excel 2010 中，用户可以使用以下两种方法调整单元格的行高和列宽。

1）使用鼠标

使用鼠标可以十分方便地调整单元格的行高和列宽，具体操作如下：

- 鼠标指针指向列号的右边界，当指针改变形状时，单击并拖动鼠标，即可改变单元格的宽度。
- 鼠标指针指向行号的下边界，当指针改变形状时，单击并拖动鼠标，即可改变单元格的高度。
- 选中多列后，拖动其中某一列的右边界即可改变所有选中列的列宽，同时使所有选中列的列宽相等。
- 选中多行后，拖动其中某一行的下边界即可改变所有选中行的行高，同时使所有选中行的行高相等。
- 双击列号的右边界，可以将列宽调整为最合适的列宽。
- 双击行号的下边界，可以将行高调整为最合适的行高。

2）使用调整对话框

使用调整行高、列宽对话框可以精确地调整工作表的行高和列宽。

行高调整具体操作如下：

（1）选中要调整行高的行号，执行"开始"→"单元格"→"格式"→"行高"命令，弹出"行高"对话框，或者在选中的区域右击，在弹出的快捷菜单中选择"行高"命令，也能弹出"行高"对话框，如图 4-29 所示。

（2）在"行高"文本框中输入指定的行高值，单击"确定"按钮，完成行高的精确设定。

（3）若执行"开始"→"单元格"→"格式"→"自动调整行高"命令，则可为选定区域，按活动单元格中的内容及格式自动匹配相符高度，实现行高自动设定。

列宽调整具体操作如下：

（1）选中要调整列宽的列标，执行"开始"→"单元格"→"格式"→"列宽"命令，弹出"列宽"对话框,或者在选中区域右击,在弹出的快捷菜单中选择"列宽"命令,也能弹出"列宽"对话框,如图 4-30 所示。

图 4-29 "行高"对话框

图 4-30 "列宽"对话框

(2)在"列宽"文本框中输入指定的列宽值,单击"确定"按钮,完成列宽的精确设定。

(3)若执行"开始"→"单元格"→"格式"→"自动调整列宽"命令,则可为选定区域,按活动单元格中的内容及格式自动匹配相符宽度,实现列宽的自动设定。

4.4 格式化工作表

工作表建立后,用户可以对工作表进行格式化操作,使工作表更加美观、整齐,便于阅读。Excel 2010 工作表的格式化主要包括两个方面:一是工作表中数据的格式化,如字符的格式,数据显示方式、对齐方式等;二是单元格的格式化,如单元格的合并、单元格的边框与底纹、自动套用格式等。Excel 提供了大量的格式设置命令,使用这些命令,可以完成工作表的美化处理。

4.4.1 设置数据格式

1. 编辑单元格数据

在单元格中输入数据后,可以根据需要,对其中的数据进行编辑修改。用户可以使用以下方法之一编辑单元格中的数据。

方法一,双击需要编辑的单元格,将光标定位在该单元格中,即可对其中的数据进行编辑修改,编辑完成按 Enter 键。

方法二,单击需要编辑的单元格,按 F2 键将光标定位到该单元格中,即可对其中的数据进行编辑修改,编辑完成按 Enter 键。

方法三,单击需要编辑的单元格,再单击编辑栏上的编辑输入框,即可以直接在编辑栏上进行单元格的内容编辑,编辑完成按 Enter 键。

方法四,单击需要编辑的单元格,然后直接输入数据,即可用新的内容替代原单元格中的内容,不需要单独进行单元格内容清除的操作,编辑完成按 Enter 键。

2. 设置字符格式

在 Excel 中,为了让数据显示更规则,经常会对数据进行字符格式化,包括设置字体、字形、字号等。字符格式化可以在"开始"选项卡的"字体"选项区设置字符格式,操作类似于 Word 中对字符格式的设置方法。

也可以单击字体选项区右下角的对话框启动器按钮，或在选中单元格区域右击，在弹出的快捷菜单中选择"设置单元格格式"命令，均可打开"设置单元格格式"对话框"字体"选项卡，如图 4-31 所示。用户可在该选项卡中对字符的字体、字号、字形、下划线、颜色及特殊效果进行设置。

图 4-31 "设置单元格格式"对话框的"字体"选项卡

【例 4-1】 创建教师工资表，如图 4-32 所示。在工作表中进行如下字符格式设置。

	A	B	C	D	E	F	G	H	I
1	系别	姓名	性别	职称	基本工资	岗位津贴	补贴	扣除	实发工资
2	化工系	陈广路	男	副教授	823		200	60	
3	化工系	李峰	男	教授	1200		250	80	
4	数学系	李雅芳	女	教授	1150		250	80	
5	化工系	李月明	女	讲师	650		150	40	
6	材料系	刘丽冰	女	助教	220		50	20	
7	工管系	刘欣宇	女	讲师	600		150	40	
8	工管系	王君彦	女	助教	500		50	20	
9	数学系	王强	男	副教授	800		200	60	
10	机械系	王照亮	男	副教授	750		200	60	
11	工管系	徐惠敏	女	教授	1000		250	60	
12	材料系	张宁	男	副教授	810		200	80	
13	机械系	张思雨	女	助教	550		50	60	
14	数学系	赵誉明	男	助教	450		50	20	

图 4-32 教师工资表

（1）设置 A1:I1 单元格中的所有字符设置为楷体，14 磅，加粗，蓝色。

（2）设置 A2:I14 单元格中的所有字符设置为宋体，14 磅。

（3）设置工作表数据区列宽为自动调整列宽。设置完成，用原文件名保存文件。

操作步骤如下：

（1）选定 A1:I1 单元格，在"开始"选项卡的，"字体"选项区的"字号"下拉列表框中选择

14 磅；"字体"下拉列表框中选择"楷体"；设置字符"加粗"；设置字体颜色为"蓝色"。

（2）选定 A2:I14 单元格，在"开始"选项卡的，"字体"选项区的"字号"下拉列表框中选择 14 磅；"字体"下拉列表框中选择"宋体"。

（3）执行"开始"→"单元格"→"格式"→"自动调整列宽"命令。完成效果如图 4-33 所示。

	A	B	C	D	E	F	G	H	I
1	系别	姓名	性别	职称	基本工资	岗位津贴	补贴	扣除	实发工资
2	化工系	陈广路	男	副教授	823		200	60	
3	化工系	李峰	男	教授	1200		250	80	
4	数学系	李雅芳	女	教授	1150		250	80	
5	化工系	李月明	女	讲师	650		150	40	
6	材料系	刘丽冰	女	助教	220		50	20	
7	工管系	刘欣宇	女	讲师	600		150	40	
8	工管系	王君彦	女	助教	500		50	20	
9	数学系	王强	男	副教授	800		200	60	
10	机械系	王照亮	男	副教授	750		200	60	
11	工管系	徐惠敏	女	教授	1000		250	60	
12	材料系	张宁	男	副教授	810		200	80	
13	机械系	张思雨	女	助教	550		50	60	
14	数学系	赵誉明	男	助教	450		50	20	

图 4-33　教师工资表字符格式设置完成效果

也可以打开"设置单元格格式"对话框"字体"选项卡，如图 4-31 所示，在对话框中进行字符格式的设置。

3. 设置数字格式

数字格式是指数字、日期、时间等各种数值数据在工作表中的显示方式。在工作表中，应根据数字含义的不同，将它们以不同的格式显示出来。

在 Excel 2010 中，数字格式通常包括常规、数值、货币、会计专用、日期、时间、百分比、分数、科学计算、文本和特殊格式，用户可以根据需要在单元格中设置合适的数字格式。设置数据格式，可以使用"设置单元格格式"对话框的"数字"选项卡，如图 4-34 所示。在"分类"列表框中选择数字格式，在右侧的列表中对选中的格式进行详细设置，设置完成后，单击"确定"按钮即可实现数据格式的设置。

【例 4-2】　设置教师工资表数据格式。要求如下：

将教师工资表中的基本工资和实发工资列的数字分类格式设置为货币型，货币符号为"￥"，负数第 4 种，保留 0 位小数。设置完成，用原文件名保存文件。

操作步骤如下：

（1）选定"基本工资"数据所在单元格，按住 Ctrl 键再选择实发工资数据所在单元格，如图 4-35 所示。

（2）单击"开始"选项卡"数字"选项组右下角的对话框启动器按钮，打开"设置单元格格式"对话框的"数字"选项卡进行设置，如图 4-36 所示。

（3）单击"确定"按钮，返回到工作表，操作结果显示如图 4-37 所示。

图 4-34 "设置单元格格式"对话框的"数字"选项卡

	A	B	C	D	E	F	G	H	I
1	系别	姓名	性别	职称	基本工资	岗位津贴	补贴	扣除	实发工资
2	化工系	陈广路	男	副教授	823		200	60	
3	化工系	李峰	男	教授	1200		250	80	
4	数学系	李雅芳	女	教授	1150		250	80	
5	化工系	李月明	女	讲师	650		150	40	
6	材料系	刘丽冰	女	助教	220		50	20	
7	工管系	刘欣宇	女	讲师	600		150	40	
8	工管系	王君彦	女	助教	500		50	20	
9	数学系	王强	男	副教授	800		200	60	
10	机械系	王照亮	男	副教授	750		200	60	
11	工管系	徐惠敏	女	教授	1000		250	60	
12	材料系	张宁	男	副教授	810		200	80	
13	机械系	张思雨	女	助教	550		50	60	
14	数学系	赵誉明	男	助教	450		50	20	
15									

图 4-35 选定数据区域

图 4-36 设置"数字"选项卡

	A	B	C	D	E	F	G	H	I
1	系别	姓名	性别	职称	基本工资	岗位津贴	补贴	扣除	实发工资
2	化工系	陈广路	男	副教授	¥823		200	60	
3	化工系	李峰	男	教授	¥1,200		250	80	
4	数学系	李雅芳	女	教授	¥1,150		250	80	
5	化工系	李月明	女	讲师	¥650		150	40	
6	材料系	刘丽冰	女	助教	¥220		50	20	
7	工管系	刘欣宇	女	讲师	¥600		150	40	
8	工管系	王君彦	女	助教	¥500		50	20	
9	数学系	王强	男	副教授	¥800		200	60	
10	机械系	王照亮	男	副教授	¥750		200	60	
11	工管系	徐惠敏	女	教授	¥1,000		250	60	
12	材料系	张宁	男	副教授	¥810		200	80	
13	机械系	张思雨	女	助教	¥550		50	60	
14	数学系	赵誉明	男	助教	¥450		50	20	
15									

图 4-37　教师工资表设置数据格式结果示例

4.4.2　设置单元格格式

1. 设置单元格的对齐方式

默认情况下,Excel 不同的数据类型有不同的对齐方式。例如文本靠左对齐,数字、日期及时间靠右对齐,逻辑值和错误值居中对齐等。如果用户不满意可以自行定义数据的对齐方式。可以使用以下方法调整单元格中数据的对齐方式。

方法一,使用"开始"选项卡"对齐方式"选项组的相应命令按钮,可以设置单元格中数据的左对齐、居中对齐、右对齐,或者顶端对齐、垂直居中、底端对齐。"对齐方式"选项组命令按钮,如图 4-38 所示。

图 4-38　"对齐方式"选项组

方法二,单击"开始"选项卡"对齐方式"选项组右下角的对话框启动器按钮,打开"设置单元格格式"对话框,在"对齐"选择卡(如图 4-39 所示)中,可以设置数据水平方向或垂直方向的对齐方式。

图 4-39　"设置单元格格式"对话框的"对齐"选项卡(1)

图 4-40　"方向按钮"下拉列表

2．设置文本方向

默认情况下，工作表中的文字以水平方向从左到右显示，用户可以根据需要来设置文本的方向。与设置单元格对齐方式一样，设置文本的方向既可以使用"对齐方式"选项组"方向"命令按钮 ，如图 4-40 所示，也可以使用"设置单元格格式"对话框的"对齐"选项卡，如图 4-41 所示。

图 4-41　"设置单元格格式"对话框的"对齐"选项卡(2)

3．合并单元格

在 Excel 中，可以将工作表中的两个以上相邻的单元格合并为一个大单元格，并将其中内容居中或跨多列、多行进行显示。

单元格合并时，需要先选择待合并的多个单元格区域，执行"开始"→"对齐方式"→"合并后居中"命令，在下拉列表中选择相应的选项，如图 4-42 所示，即可完成单元格的合并，也可以通过"设置单元格格式"对话框的"对齐"选项卡中与合并有关的相关命令完成。

图 4-42　合并列表

通过对话框合并单元格的操作步骤如下：

(1) 打开工作簿，在工作表中选中准备合并的多个单元格，如图 4-43所示。

(2) 执行"开始"→"对齐方式"命令，单击右下角的对话框启动按钮，打开"设置单元格格式"对话框的"对齐"选项卡，如图 4-44 所示，选中"合并单元格"复选框，并设置"水平对齐"方式为"居中"。

(3) 设置完成单击"确定"按钮，完成单元格合并设置。

4．设置单元格的边框和底纹

为工作表添加各种类型的边框和底纹，不仅能起到美化工作表的目的，还可以使工作表

图 4-43　选择要合并的单元格

图 4-44　"设置单元格格式"对话框

更加清晰、明了。

　　给单元格添加边框和底纹,首先要选择相应的单元格区域,然后打开"设置单元格格式"对话框,使用"边框"选项卡可以设置单元格的边框;使用"填充"选项卡可以设置单元格的底纹。

　　【例 4-3】　继续编辑教师工资表,并为教师工资表设置单元格格式,要求如下:

　　(1) 为教师工资表增加一行,输入文本"教师工资表",合并及居中 A1:I1 单元格区域。

　　(2) 将整个数据清单 A2:I15 区域设置外部框线是双线,内部框线为单线;对单元格 A2:I2 设置浅绿色底纹。设置完成,用原文件名保存文件。

　　操作步骤如下:

　　(1) 单击行号 1,选中第一行,并在选中的区域上右击,在弹出的快捷菜单中选择"插入"命令,在第一行上方添加一行。

　　(2) 选中 A1 单元格,输入文本"教师工资表",输入完成按 Enter 键。

　　(3) 选中 A1:I1 单元格区域,执行"开始"→"对齐方式"→"合并后居中"命令。

　　(4) 选定 A2:I15 单元格,在选中区域上右击并在弹出的快捷菜单中选择"设置单元格格式"命令,打开"设置单元格格式"对话框,选择"边框"选项卡。在线条"样式"中选择"双线",单击"预置"中的"外边框";再选择"样式"中的单线,单击"预置"中的"内部",设置完成单击"确定"按钮。

步骤(1)～(3)如图 4-45 所示,步骤(4)如图 4-46 所示。

图 4-45　例 4-3 步骤(1)～(3)

图 4-46　例 4-3 步骤(4)

（5）选定 A2:I2 单元格，执行"开始"→"字体"→"填充颜色"命令，在展开的颜色列表中选择"浅绿色"为教师工资表设置底纹，最终结果如图 4-47 所示。

图 4-47　例 4-3 步骤(5)

5. 使用条件格式

条件格式可以对含有数值或其他内容的单元格或含有公式的单元格应用某种条件来决定数值的显示方式。

【例 4-4】 打开"教师工资表"，为其设置"条件格式"。要求如下：

将基本工资大于 1000 的单元格设置为红色文本，小于 500 的设置为蓝色加下划线文本。

操作步骤如下：

（1）打开"教师工资表"，选择"基本工资"列数据区域（E3:E15）。

（2）执行"开始"→"样式"→"条件格式"→"突出显示格式"→"其他规则"命令，打开"新建格式规则"对话框。

（3）如图 4-48 所示，在"只为满足以下条件的单元格设置格式"选项区中选择"单元格值""大于"，并在其右侧文本框中输入 1000。

图 4-48 "新建格式规则"对话框

（4）单击"格式"按钮，打开"设置单元格格式"对话框，设置文本"红色"，并单击"确定"按钮，如图 4-49 所示。

（5）重复执行步骤（1）～（4），继续设置小于 500 的工资为蓝色加下划线文本效果。

最终效果如图 4-50 所示。

6. 自动套用格式

自动套用格式是一组已定义好的格式组合，包括数字、字体、对齐、边框、颜色等。利用 Excel 套用表格的功能，可以帮助用户快速设置表格格式。

Excel 2010 提供了浅色、中等深浅与深色 3 种类型共 60 多种表格格式，如图 4-51 所示。

选择需要套用格式的单元格区域，执行"开始"→"样式"→"自动套用格式"命令，在下拉列表中选择相应的样式，即可为选中的单元格区域套用该格式。

图 4-49 "设置单元格格式"对话框

	A	B	C	D	E	F	G	H	I
1					教师工资表				
2	系别	姓名	性别	职称	基本工资	岗位津贴	补贴	扣除	实发工资
3	化工系	陈广路	男	副教授	823		200	60	
4	化工系	李峰	男	教授	1200		250	80	
5	数学系	李雅芳	女	教授	1150		250	80	
6	化工系	李月明	女	讲师	650		150	40	
7	材料系	刘丽冰	女	助教	220		50	20	
8	工管系	刘欣宇	女	讲师	600		150	40	
9	工管系	王君彦	女	助教	500		50	20	
10	数学系	王强	男	副教授	800		200	60	
11	机械系	王照亮	男	副教授	750		200	60	
12	工管系	徐惠敏	女	教授	1000		250	60	
13	材料系	张宁	男	副教授	810		200	80	
14	机械系	张思雨	女	助教	550		50	60	
15	数学系	赵誉明	男	助教	450		50	20	

图 4-50 设置条件格式最终效果

【例 4-5】 将如图 4-52 所示的数据表中单元格区域设置为"表样式中等深浅 3"。

操作步骤为：

(1) 选择 A1:G9 单元格区域，执行"开始"→"样式"→"自动套用格式"命令，在下拉列表中选择"表样式中等深浅 3"，如图 4-51 所示。

(2) 在弹出的"套用表格式"对话框中确认套用的表格范围，如图 4-53 所示，单击"确定"按钮，完成设置。结果如图 4-54 所示。

图 4-51　"自动套用格式"列表

	A	B	C	D	E	F	G	H
1	季度	分公司	产品类别	产品名称	销售数量	销售额（万元）	销售额排名	
2	1	西部2	K-1	空调	89	12.28	26	
3	1	南部3	D-2	电冰箱	89	20.83	9	
4	1	北部2	K-1	空调	89	12.28	26	
5	1	东部3	D-2	电冰箱	86	20.12	10	
6	1	北部1	D-1	电视	86	38.36	1	
7	3	南部2	K-1	空调	86	30.44	4	
8	3	西部2	K-1	空调	84	11.59	28	
9	2	东部2	K-1	空调	79	27.97	6	
10								

图 4-52　样表

图 4-53　"套用表格式"对话框

	A	B	C	D	E	F	G
1	季度	分公司	产品类别	产品名称	销售数量	销售额（万元）	销售额排名
2	1	西部2	K-1	空调	89	12.28	26
3	1	南部3	D-2	电冰箱	89	20.83	9
4	1	北部2	K-1	空调	89	12.28	26
5	1	东部3	D-2	电冰箱	86	20.12	10
6	1	北部1	D-1	电视	86	38.36	1
7	3	南部2	K-1	空调	86	30.44	4
8	3	西部2	K-1	空调	84	11.59	28
9	2	东部2	K-1	空调	79	27.97	6
10							
11							

图 4-54　套用格式效果

7. 应用"单元格样式"

样式是单元格字体、字号、对齐、边框和图案等一个或多个设置特性的组合,将这样的组合加以命名和保存供用户使用。Excel 2010 中含有多种内置的单元格样式,以帮助用户快速格式化表格。单元格样式的作用范围仅限于被选中的单元格区域,对于未被选中的单元格则不会应用单元格样式。

1)内置样式

内置样式是 Excel 内部定义的样式,可以直接使用,如图 4-55 所示,选择需要应用样式的单元格或单元格区域后,执行"开始"→"样式"→"单元格样式"命令,在下拉列表中选择相应样式即可。

图 4-55 套用格式效果

2)自定义样式

自定义样式是用户根据需要自行定义的格式设置,需要定义样式名。

【例 4-6】 创建自定义样式。要求如下:

(1)复制教师工资表,删除全部格式。

(2)设置表头文字格式:"字体"为楷体,14 磅;"数字"为通用格式;"对齐"为水平居中、垂直居中;"边框"为无边框,"图案颜色"为浅绿色。

(3)创建名为"表标题"的新样式。在"教师工资表"中应用新建样式。

操作步骤如下:

(1)打开"教师工资表"工作簿,选择教师工资表工作表标签,在右键快捷菜单中选择"移动或复制"命令,在弹出的"移动或复制"对话框中选中"建立副本"复选框,完成"教师工资表"的复制。

（2）使用"开始"→"字体"选项组中的相应命令为表头文字设置字符格式。

（3）选择设置好格式的文字区域（A1:I1），执行"开始"→"样式"→"单元格样式"→"新建单元格样式"命令，打开"样式"对话框，如图4-56所示。

图4-56 "样式"对话框图

（4）在"样式名"文本框中输入"表标题"，单击"格式"按钮，弹出"单元格格式"对话框。

（5）在其中完成"数字"、"对齐"、"字体"、"边框"、"填充"选项卡的设置，单击"确定"按钮完成设置。

（6）选择表中A2:I14区域，执行"开始"→"样式"→"单元格样式"→"表标题"命令，为表中单元格应用新建样式效果，如图4-57所示。

图4-57 新建样式效果示例

【学习实践2】 打开实践1中创建的工作表，并增加如下要求：

（1）在第一行上方插入一行，调整行高为25。

（2）合并居中 A1:J1 单元格,输入"学生成绩单",字体格式为黑体、18 磅、蓝色,并设置文本垂直居中。

（3）合并居中 A15:F15 单元格,输入"各科平均成绩"。

（4）将 A2:F15 单元格的格式设置为宋体、14 磅,并设置文本水平居中。

（5）将 A2:F15 单元格设置在水平和垂直方向均居中,并且加上单实线边框。

（6）设置"英语"、"数学"、"计算机" 3 列成绩数字格式为"数值型,负数第 4 种,保留一位小数"。

按要求完成后,生成的表格如图 4-58 所示。

序号	学号	姓名	性别	籍贯	出生日期	英语	数学	计算机	总成绩
				学生成绩单					
1	05101001	刘丽冰	女	秦皇岛	1990/1/1	56.0	67.0	78.0	
2	05101002	王强	女	北京	1992/8/4	67.0	98.0	87.0	
3	05101003	李晓力	女	邢台	1993/5/24	69.0	90.0	78.0	
4	05101004	高文博	男	北京	1990/7/4	75.0	64.0	88.0	
5	05101005	张晓林	男	保定	1990/10/10	76.0	78.0	91.0	
6	05101006	李雅芳	男	张家口	1988/9/30	76.0	78.0	92.0	
7	05101007	曹雨生	男	秦皇岛	1994/9/8	78.0	80.0	90.0	
8	05101008	段平	女	保定	1993/6/1	79.0	91.0	75.0	
9	05101009	徐志华	男	唐山	1992/5/3	81.0	98.0	91.0	
10	05101010	罗明	男	天津	1991/4/2	90.0	78.0	67.0	
11	05101006	张立华	女	承德	1991/12/26	91.0	86.0	74.0	
12	05101008	李晓芳	女	张家口	1992/2/14	91.0	82.0	89.0	
各科平均成绩									

图 4-58　学生成绩单

4.5　公式和函数

Excel 2010 的主要功能不在于它能输入、显示和存储数据,更重要的是对数据的计算能力。在 Excel 工作表中,数据的计算都是通过使用公式和函数来完成和实现的。

4.5.1　公式

公式是对工作表中的数值进行计算的等式。Excel 的公式与日常工作中用到的公式非常相近,它由运算符、数值、字符串、变量和函数组成,使用公式可以进行加、减、乘、除等运算。

在公式中,不仅可以对常量进行计算,还可以引用同一工作表中的其他单元格、同一工作簿不同工作表中的单元格或其他工作簿中的单元格。

一个完整的公式应包括以下几部分:

（1）等号"＝"——相当于公式的标记,它后面的字符为公式。

（2）运算符——表示运算关系的符号。

（3）函数——一些预定义的计算关系，可将参数按特定的顺序或结构进行计算。

（4）单元格引用——参与计算的单元格或单元格区域。

（5）常量——参与计算的常数。

1. 公式中的运算符

运算符是公式中的基本元素，Excel 公式中的运算符包括算术运算符、比较运算符、文本运算符、引用运算符等。

常用运算符及其优先级表如表 4-2 所示。

表 4-2　运算符的优先级

优　先　级	运算符名称	符号表示形式及意义
1	算术运算符	＋（加）、－（减）、＊（乘）、/（除）、%（百分号）、^（乘方）
2	字符运算符	&（字符串连接）
3	关系运算符	＝、＜、＞、＜＝、＞＝、＜＞
4	逻辑运算符	NOT（逻辑非）、AND（逻辑与）、OR（逻辑或）

2. 输入公式

在 Excel 2010 中，编辑工作表时，除了可以在单元格中输入文本、数值、日期和时间外，还可以在单元格中输入公式，输入公式后，单元格中将显示使用该公式计算的结果。

在工作表中输入公式的具体操作如下：

（1）选中要输入公式的单元格。

（2）输入公式的标记"＝"。

（3）在等号"＝"后面输入公式的内容，在 A1 单元格中输入"＝10＋20"，如图 4-59 所示。

（4）输入完成后，按 Enter 键或者单击"输入"按钮，计算结果将显示在公式所在的单元格中，如图 4-60 所示。

图 4-59　编辑公式

图 4-60　显示结果

【例 4-7】 在教师工资表中添加公式。要求如下：

按照"岗位津贴＝基本工资＊0.3"的公式将教师工资表中的 F2 单元格中填入公式。

操作步骤如下：

（1）选定 F2 单元格，输入"＝E2＊0.3"，这里的 E2 就是单元格的相对引用。

（2）然后按 Enter 键或者单击输入按钮 ✓，显示结果如图 4-61 所示。

3. 复制公式

在 Excel 2010 中，用户可以像编辑普通数据一样，对公式进行复制和粘贴。

图 4-61　输入公式的结果

下面以图 4-55 中的数据清单为例,介绍复制公式的具体操作:

(1) 选定包括公式的单元格,此处即指选定 F2 单元格。

(2) 用鼠标左键拖动 F2 单元格的填充柄至 F14 单元格,如图 4-62 所示,则在 F2:F14 单元格区域显示公式运算的结果。

	A	B	C	D	E	F	G	H	I
1	系别	姓名	性别	职称	基本工资	岗位津贴	补贴	扣除	实发工资
2	化工系	陈广路	男	副教授	823	¥247	200	60	
3	化工系	李峰	男	教授	¥1,200	¥360	250	80	
4	数学系	李雅芳	女	教授	¥1,150	¥345	250	80	
5	化工系	李月明	女	讲师	¥650	¥195	150	40	
6	材料系	刘丽冰	女	助教	¥220	¥66	50	20	
7	工管系	刘欣宇	女	讲师	¥600	¥180	150	40	
8	工管系	王君彦	女	助教	¥500	¥150	50	20	
9	数学系	王强	男	副教授	¥800	¥240	200	60	
10	机械系	王照亮	男	副教授	¥750	¥225	200	60	
11	工管系	徐惠敏	女	教授	¥1,000	¥300	250	60	
12	材料系	张宁	男	副教授	¥810	¥243	200	80	
13	机械系	张思雨	女	助教	¥550	¥165	50	60	
14	数学系	赵誉明	男	助教	¥450	¥135	50	20	
15									

图 4-62　复制公式的结果

4. 单元格的引用

引用的作用在于标识工作表上的单元格或单元格区域,并指明公式中所使用的数据的位置。通过引用,可以在公式中使用工作表不同部分的数据,还可以引用同一工作簿不同工作表的单元格，甚至是另一个工作簿中的单元格。

单元格的引用有 3 种方式，分别是相对引用、绝对引用和混合引用。

1）相对引用

相对引用表现形式为"列坐标行坐标"，是 Excel 的默认引用方式，例如 A3、B4、E5 等。它的特点是公式在复制或移动时，含有相对引用的公式会随着单元格地址的变化而自动调整。例如，在"教师工资表"中，将公式从 F2 复制到 F3，列标号不变，行号加 1，所以公式从"=E2*0.3"自动变成"E3*0.3"。假如从 F2 复制到 J3，列标号加 4，行号加 1，则公式从"=E2*0.3"自动变成"I3*0.3"。

例如，单元格 C1 中公式为=A1+B1，如将公式复制到 C2，C2 的公式将自动调整为=A2+B2，如图 4-63 所示。在 A1、A2、B1、B2 中分别输入 10、20、30、40，则 C1、C2 中的结果值分别为 40、60，如图 4-64 所示。

图 4-63　相对引用复制公式

图 4-64　相对引用复制公式结果

2）绝对引用

绝对引用是在列标和行号前都加上符号"$"，如"$A$1"。其特点是在公式复制或移动时，地址始终保持不变。例如，在"教师工资表"中，将 F2 单元格的公式改为"=$E$2*0.3"，将其复制到 F3，则 F3 公式仍为"=$E$2*0.3"。

例如，单元格 C1 中的公式为=$A$1+$B$1，如将公式复制到 C2，则公式还是=$A$1+$B$1 如图 4-65 所示，在 A1:B2 分别输入 10、20、30、40，则 C1、C2 的结果都为 40，如图 4-66 所示。

图 4-65　绝对引用复制公式

图 4-66　绝对引用复制公式结果

3）混合引用

混合引用是在列标或行号前加上符号"$"，例如，$C1 和 C$1。它是相对引用和混合引用的混合使用。$C1 是列不变，行相对引用，C$1 是行不变，列相对引用。

例如，如果 C1 中有混合引用公式=$A1+B$1，复制到 C2，则 C2 的公式为=$A2+B$1，复制到 D2，则 D2 的公式为=$A2+C$1。如图 4-67 所示，在 A1:B2 分别输入 10、20、30、40，则 C1、C2 的结果都为 40、50，如图 4-68 所示。

图 4-67　混合引用复制公式

图 4-68　混合引用复制公式结果

4.5.2 函数

函数是 Excel 提供的具有特定功能的程序,也可以看成是一种预定义的计算关系,它可以将指定的一些称为参数的特定数值按特定的顺序或结构进行计算,并返回计算结果。

Excel 2010 为用户提供了几百个预定义函数,主要包括财务函数、日期与时间函数、数学和三角函数、统计函数、信息函数、数据库函数、逻辑函数、查询和引用函数、工程函数、文本函数和用户自定义函数。利用这些函数,可以完成大部分的计算工作。

1. 输入函数

在 Excel 2010 中,函数的一般格式为"函数名称(参数 1,参数 2,…)",其中的参数可以是常量、单元格引用、单元格区域、公式或其他函数。Excel 函数可以使用以下两种方法输入。

直接输入:当用户非常熟悉函数的语法,或要使用的函数较简单,可以直接在单元格中或编辑栏中输入该函数。

插入函数:对于复杂函数,用户可以执行"公式"→"函数库"→"插入函数"命令,或单击编辑栏上的插入函数按钮 ƒx,在弹出的"插入函数"对话框中选择函数,并进行相应操作,完成函数的输入。

2. 几个常用函数

一般用户会经常使用一些固定函数进行计算,主要包括求和函数 SUM()、平均数函数 AVERAGE()、最大值函数 MAX()、最小值函数 MIN()等。常用函数的说明如表 4-3 所示。

表 4-3 Excel 常用函数

函　　数	格　　式	功　　能
SUM()	=SUM(number1,number2,…)	返回单元格区域中所有数字的和
AVERAGE()	=AVERAGE(number1,number2,…)	返回单元格区域中所有数字的平均值
IF()	=IF(Logical_test,value_if_true, value_if_false)	是当条件成立时计算出表达式 1 的值,当条件不成立时,计算出表达式 2 的值
COUNT()	=COUNT(value1,value2,…)	返回参数表中参数和包含数字参数的单元格个数
MAX()	=MAX(number1,number2,…)	返回一组参数的最大值
SUMIF()	=SUMIF(range,criteria,sum_range)	根据指定条件对若干单元格求和
PMT()	=PMT(rate,nper,type)	返回固定利率下,投资或贷款的等额分期偿还额
STDEV()	=STDEV(number1,number2,…)	估算基于给定样本的标准方差
SIN()	=SIN(number)	返回给定角度的正弦

3. 函数应用举例

Excel 提供了丰富的内置函数,实际应用中,并不需要使用全部函数,本部分内容以有关分数计算常用的函数为例，解析函数的一般用法。

创建"等级考试成绩 XLSX"工作簿，如图 4-69 所示。在"等级考试成绩"工作表中，完成"例 4-8"至"例 4-13"函数计算。

图 4-69　等级考试成绩表

【**例 4-8**】　使用 MAX 函数，在 C16 单元格内计算所有考生成绩的最高分。

操作步骤如下：

单击 C16 单元格，执行"开始"→"编辑"→"求和"命令，在下拉列表中选择"最大值"选项，效果如图 4-70 所示，按 Enter 键，求出最大值。

图 4-70　MAX 函数的应用

【**例 4-9**】　使用 AVERAGE 函数，在 C17 单元格内计算所有考生的平均成绩。

操作步骤如下：

单击 C17 单元格，执行"开始"→"编辑"→"求和"命令，在下拉列表中选择"平均值"选项，返回编辑状态，此时需要确认计算的单元格范围为 C3:C15，而不是默认的 C3:C16，效果如图 4-71 所示，按 Enter 键，求出平均值。

图 4-71　AVERAGE 函数的应用

【例 4-10】　使用 COUNTIF 函数，分别在 C18、C19 单元格内计算笔试人数、上机人数。

操作步骤如下：

（1）单击 C18 单元格使其成为活动单元格，单击"插入函数"按钮 f_x，打开"插入函数"对话框，如图 4-72 所示。

图 4-72　"插入函数"对话框

（2）在"搜索函数"选项组中选择"全部"选项，在"选择函数"列表框中选择 COUNTIF 函数，单击"确定"按钮，打开"COUNTIF 函数"编辑对话框。

（3）在 Range 文本框中，用鼠标拖选 B3：B15；在 Criteria 文本框中，用鼠标在工作表区域单击"笔试"所在单元格，如 B3，设置如图 4-73 所示，单击"确定"按钮完成设置。

图 4-73　COUNTIF 函数的应用

（4）重复执行步骤（1）～（3），计算 C19 单元格中的上机人数。

【例 4-11】　在 C20、C21 单元格内计算笔试平均成绩（提示：先用 SUMIF 函数计算笔试总分数，然后用计算结果除以笔试人数或上机人数）。

操作步骤如下：

（1）单击 C20 单元格使其成为活动单元格，单击"插入函数"按钮 f_x，打开"插入函数"对话框。

（2）在"搜索函数"选项组中选择"常用函数"选项，在"选择函数"列表框中选择 SUMIF 函数，单击"确定"按钮，打开"SUMIF 函数"编辑对话框。

（3）在 Range 文本框中，用鼠标拖选 B3：B15；在 Criteria 文本框中，用鼠标在工作表区域单击"笔试"所在单元格，如 B3，在 sum_range 文本框中，用鼠标拖选 C3：C15，设置如图 4-74 所示，单击"确定"按钮，完成 SUMIF 函数计算。

（4）将光标移动到编辑栏，继续编辑公式，如图 4-75 所示，编辑完成，按 Enter 键。

（5）重复执行步骤（1）～（4），计算 C21 单元格中上机平均成绩。

【例 4-12】　使用 RANK 函数计算分数按降序的排名，并将排名结果显示在 D3：D15 单元格内。

图 4-74　SUMIF 函数的应用

图 4-75　SUMIF 函数的应用

操作步骤如下：

（1）单击 D3 单元格使其成为活动单元格，单击"插入函数"按钮 f_x，打开"插入函数"对话框。

（2）在"搜索函数"选项组中选择"常用函数"选项，在选择函数列表中选择 RANK 函数，单击"确定"按钮，打开"RANK 函数"编辑对话框。

（3）在 Number 文本框中，用鼠标单击 C3 单元格；在 Ref 文本框中，用鼠标拖选 C3：C15 单元格区域，在 Order 文本框中，输入 0。

注意，因为排名的范围是固定的，所以需要设置绝对引用格式，即为 ＄C＄3：＄C＄15。修改时只需将光标放置文本框 C3 字符中间任意位置，按键盘 F4 键，即可快速将 C3 改变为 ＄C＄3，用同样方法将 C15 修改为 ＄C＄15。设置如图 4-76 所示，单击"确定"按钮返回公式编辑。

图 4-76　RANK 函数的应用

（4）选择 D3 单元格，拖动填充柄在 D3：D15 范围内进行 RANK 函数的自动填充。完成效果如图 4-77 所示。

【例 4-13】　使用 IF 函数实现备注栏信息的录入（要求：如果分数大于等于 60 分，在备注栏给出"及格"，否则给出"不及格"）。

操作步骤：

（1）单击 E3 单元格使其成为活动单元格，单击"插入函数"按钮 f_x，打开"插入函数"对话框。

（2）在"搜索函数"选项组中选择"常用函数"选项，在"选择函数"列表框中选择 IF 函数，单击"确定"按钮，打开"IF 函数"编辑对话框。

（3）在 Logical_test 文本框中，输入 C3>=60；在 value_if_true 文本框中，输入"及格"，在 value_if_false 文本框中，输入"不及格"，效果如图 4-78 所示，设置完成单击"确定"按钮。

图 4-77　RANK 函数完成效果

图 4-78　IF 函数的应用

（4）选择 E3 单元格，拖曳拖动柄在 E3：E15 范围内进行 IF 函数的自动填充。最终效果如图 4-79 所示。

【学习实践 3】　学生成绩表，函数综合应用。要求如下：

（1）计算各科平均分，将结果填入 G15：I15 单元格。

（2）计算每个人各科的总成绩，将结果填入 J3：J14 单元格。

（3）将 Sheet1 的内容复制到 Sheet2 和 Sheet3 工作表。

（4）以下对 Sheet1 工作表进行操作。在第 15 行上方插入 4 行，分别合并 A15：F15、

图 4-79 等级考试成绩表最终效果

A16：F16、A17：F17、A18：F18 单元格，并且在 A15～A18 单元格中分别输入"最高分"、"最低分"、"不及格人数"、"80～90 分的人数（包括 80 和 90）"。

（5）在第 J 列前面插入一列，输入"计算机等级"，并调整该列宽度为"最合适列宽"。

（6）分别统计 3 门课程的最高分、最低分、不及格人数、80～90 分的人数（包括 80 和 90）及每个人的计算机等级（≥90 分为"优"，80～90 分为"良"，70～80 分为"中"，60～70 分为"及格"，<60 分为"差"）。

按要求完成后，生成的表格如图 4-80 所示。

序号	学号	姓名	性别	籍贯	出生日期	英语	数学	计算机	计算机等级	总成绩
					学生成绩单					
1	05101001	刘丽冰	女	秦皇岛	1990/1/1	56.0	67.0	78.0	中	201.0
2	05101002	王强	女	北京	1992/8/4	67.0	98.0	87.0	良	252.0
3	05101003	李晓力	女	邢台	1993/5/24	69.0	90.0	78.0	中	237.0
4	05101004	高文博	男	北京	1990/7/4	75.0	64.0	88.0	良	227.0
5	05101005	张晓林	男	保定	1990/10/10	76.0	78.0	91.0	优	245.0
6	05101006	李雅芳	男	张家口	1988/9/30	76.0	78.0	92.0	优	246.0
7	05101007	曹雨生	男	秦皇岛	1994/9/8	78.0	80.0	90.0	优	248.0
8	05101008	段平	女	保定	1993/6/1	79.0	91.0	75.0	中	245.0
9	05101009	徐志华	男	唐山	1992/5/3	81.0	98.0	91.0	优	270.0
10	05101010	罗明	男	天津	1991/4/2	90.0	78.0	67.0	及格	235.0
11	05101006	张立华	女	承德	1991/12/26	91.0	86.0	74.0	中	251.0
12	05101008	李晓芳	女	张家口	1992/2/14	91.0	82.0	89.0	良	262.0
最高分						91.0	98.0	92.0		
最低分						56.0	64.0	67.0		
不及格人数						1.0	0.0	0.0		
80~90分的人数（包括80和90分）						2.0	4.0	4.0		
各科平均成绩						77.4	82.5	83.3		

图 4-80 学生成绩表最终效果

4.6 Excel 2010 图表操作

图表是 Excel 中很重要的一部分,利用图表,可以使数据更直接、易懂。当数据表中的数据更新时,图表会相应自动更新,不需要重新绘制。

4.6.1 创建图表

Excel 为用户提供了 11 种标准的图表类型,每种类型又包含了若干个子类型,用户可以根据需要创建合适的图表类型。Excel 的标准类型主要有柱形图、条形图、折线图、饼图、散点图、面积图、圆环图、雷达图、曲面图、气泡图和股价图等。

在 Excel 2010 中,用户可以通过"插入"选项卡,在"图表"选项区选择相应的图表类型,建立适合的图表,如图 4-81 所示。也可以单击"图表"选项区右下方的对话框启动器,打开"插入图表"对话框,如图 4-82 所示,在该对话框中选择适合的图表类型创建图表。

图 4-81 "图表"选项区命令

图 4-82 更改图表类型

【例 4-14】 选取"教师工资表"的 B1:B14、E1:E14 和 I1:I14 数据区域的内容,建立"簇状柱形图"(数据系列产生在"行"),在图表上方插入图表标题为"教师工资表",X 轴为主要网格线,Y 轴为次要网格线,图例靠左,将图插入到表 A16:I25 单元格区域,保存工作簿。

操作步骤如下:

(1) 在工作表中选择用于生成图表的源数据区域,例如选择如图 4-83 所示的工作表中的"姓名"、"基本工资"、"实发工资"列。

系别	姓名	性别	职称	基本工资	岗位津贴	补贴	扣除	实发工资
化工系	陈广路	男	副教授	823	¥247	200	60	1209.9
化工系	李峰	男	教授	¥1,200	¥360	250	80	1730
数学系	李雅芳	女	教授	¥1,150	¥345	250	80	1665
化工系	李月明	女	讲师	¥650	¥195	150	40	955
材料系	刘丽冰	女	助教	¥220	¥66	50	20	316
工管系	刘欣宇	女	讲师	¥600	¥180	150	40	890
工管系	王君彦	女	助教	¥500	¥150	50	20	680
数学系	王强	男	副教授	¥800	¥240	200	60	1180
机械系	王照亮	男	副教授	¥750	¥225	200	60	1115
工管系	徐惠敏	女	教授	¥1,000	¥300	250	60	1490
材料系	张宁	男	副教授	¥810	¥243	200	80	1173
机械系	张思雨	男	助教	¥550	¥165	50	60	705
数学系	赵誉明	男	助教	¥450	¥135	50	20	615

图 4-83　选定数据源区域

（2）执行"插入"→"图表"→"柱形图"→"簇状柱形图"命令，即会在工作表区域出现创建的图表，如图 4-84 所示。

图 4-84　创建图表

4.6.2　更改图表

对于一个建立好的图表，如果觉得图表类型不合适，数据源不正确等，可以对图表进行修改。

1. 更改图表类型

选择图表，执行"图表工具"→"设计"→"类型"→"更改图表类型"命令，打开"更改图表类型"对话框，如图 4-85 所示，在该对话框中选择合适的图表类型，即可实现图表类型的更改。

2. 重新选择数据源

创建图表后,可以对图表再次添加数据,或重新选择数据区域。

1) 向图表中添加源数据

【例 4-15】 把岗位津贴列的数据项添加到图表中。

操作步骤如下:

(1) 单击图表绘图区,执行"图表工具"→"设计"→"数据"→"选择数据"命令,或右击图表绘图区,在弹出快捷菜单中选择"选择数据"命令,弹出"选择数据源"对话框,如图 4-85 所示。

图 4-85 "选择数据源"对话框

(2) 在"图例项(系列)"选项区单击"添加"按钮,打开"编辑数据系列"对话框,进行数据添加设置,如图 4-86 所示。

图 4-86 "编辑数据源"对话框

(3) 单击"系列名称"选项区的折叠按钮 ,然后在数据表区域单击 F1 单元格,如图 4-87 所示。

(4) 单击恢复按钮,回到"编辑数据源"对话框,单击"系列值"选项区的折叠按钮 ,并在数据表区域选择 F2:F14 单元格区域,如图 4-88 所示。

(5) 选择完成,返回"编辑数据源"对话框,单击"确定"按钮返回"选择数据源"对话框,单击"确定"按钮完成数据源的增加。效果如图 4-89 所示。

2) 在图表中删除源数据

删除数据源的方法非常简单,选中图表,并在图表区单击需要删除的数据源,按 Del 键,即可完成图表源数据的删除。

图 4-87　选择增加系列名称

图 4-88　选择增加数据系列

图 4-89 增加数据源完成效果

3. 更改图表布局

创建图表后,可以利用图表的预定义布局,快速更改图表的布局外观。

选择图表,执行"图表工具"→"设计"→"图表布局"命令,在展开的下拉列表中选择某种系统预定义布局即可。

4. 移动图表位置

默认情况下,图表与数据区域显示在同一个工作表,用户只需要将鼠标指针指向图表的空白区域,按下鼠标左键,直接拖动即可将图表移动到任意位置。通常是将图表移动到非数据的区域,以避免遮挡数据的显示。

如果有需要,也可以把图表的位置调整到其他工作表,或转移成为图表工作表。选定工作表后,执行"图表工作"→"设计"→"位置"→"移动图表"命令,打开"移动图表"对话框,如图 4-90 所示。为图表选择一个位置,单击"确定"按钮完成图表的移动。

图 4-90 "移动图表"对话框

5. 缩放图表

单击图表的空白区域选择图表,在图表的周围出现 8 个尺寸控点,将鼠标放在控点上,当鼠标指针变成双向箭头时,向要放大或缩小的方向拖动鼠标即可。

4.6.3 编辑图表

1. 为图表添加标题和标签

创建的图表如果没有标题、坐标轴标题或数据标签，用户可以为图表添加。选中图表后，选择"图表工具"→"布局"→"标签"选项区相应的要添加或更改的标签选项，如图 4-91 所示，可以在对应的列表中进行设置。

图 4-91 "标签"选项区

2. 图例

在如图 4-91 所示的"标签"选项区中，展开"图例"下拉列表，可以选择图例出现的位置，默认为在右侧显示图例。

3. 修饰图表

图表建立完成后，可以对图表进行修改，以更好地表现工作表。Excel 为用户提供了多种图表样式，用户可以直接套用。也可利用"图表选项"对话框对图表的网格线、数据表、数据标志等进行编辑和设置。此外，还可以对图表进行修饰，包括图表的颜色、图案、线形、填充效果、边框等。对于图表的图表区、绘图区、坐标轴、背景墙和基底等进行设置，方法是选择修饰的图表后，利用"图表工具"→"布局"和"格式"选项卡中的命令可以完成图表的修饰。

【学习实践 4】

继续操作学生成绩表，根据 Sheet1 工作表中的数据，创建图表，要求如下：

（1）选取姓名及 3 门课成绩作为数据源，建立"簇状圆柱图"（数据系列产生在"行"）。

（2）在图表上方为图表添加标题"学生成绩统计图"，图例靠上。

（3）将图插入到表 L2:R13 单元格区域，保存工作簿。

按要求完成后，生成的图表如图 4-92 所示。

图 4-92 学生成绩统计图

4.7 Excel 2010 数据管理

Excel 2010 最实用、最强大的功能既不是函数与公式功能,也不是图表功能,而是分析数据的功能。利用排序、分类汇总、数据透视表等简单的分析功能,可以帮助用户快速整理与分析表格中的数据。

4.7.1 数据清单

如果要使用 Excel 的数据管理功能,首先必须将电子表格创建为数据清单。数据清单又称为数据列表,是一张二维表。它与数据库相对应,二维表的一列称为一个"字段",一行称为一条"记录";第一行为表头,由若干个字段名字组成。要创建数据清单,应该遵循以下准则:

(1)避免在一张工作表中建立多个数据清单,如果在工作表中还有其他数据,要在它们与数据清单之间留出空行、空列。

(2)通常在数据清单的第一行创建字段名字,字段名必须唯一,且每一字段的数据类型必须相同,如字段名是"产品",则该列存放的必须全部是产品名称。

(3)数据清单中不能有完全相同的两行记录,如字段名是"部门"。

4.7.2 数据排序

数据的排序就是把一列或多列无序的数据变成有序的数据,以便于管理。Excel 2010 提供了自动排序功能,用户既可以将数据按数字顺序、日期顺序、拼音顺序和笔画顺序进行自动排序,又可以自定义排序。

1. 简单排序

简单排序是指对一个关键字(单一字段)进行升序或降序排序。简单排序可以运用"开始"→"编辑"→"排序和筛选"中的"升序"和"降序"命令排序。也可以使用"数据"→"排序和筛选"中的"升序"和"降序"命令排序。

2. 自定义排序

通常情况下,日常需要处理的数据复杂多变,一个关键字的排序,不能实现用户对复杂数据有序排列的需求,用户可以根据工作的实际需求,进行自定义排序。

【例 4-16】 对工作表"教师工资表"内的数据清单的内容按主要关键字"实发工资"降序次序和次要关键字"基本工资"降序次序和第三关键字为"岗位津贴"降序次序排序,排序后的工作原名保存。

操作步骤如下:

(1)打开"教师工资表",选中数据清单中的任意一个单元格。

(2)执行"数据"→"排序和筛选"→"排序"命令,弹出"排序"对话框,如图 4-93 所示。

图 4-93 "排序"对话框

（3）设置"主关键字"为"实发工资"降序；单击"添加条件"按钮，设置次要关键字为"基本工资"降序；再次单击"添加条件"按钮设置第三关键字为"岗位津贴"降序，如图 4-94 所示。

（4）设置好参数后，单击"确定"按钮，即可按照设置的参数进行排序。

图 4-94 设置"排序"对话框

4.7.3 数据筛选

筛选数据就是将数据清单中符合特定条件的数据查找出来，并将不符合条件的数据暂时隐藏。Excel 2010 提供了两种筛选数据的方法，分别为自动筛选和高级筛选。用户可根据需要选择合适的方法筛选数据。

1. 自动筛选

自动筛选是最基本的筛选，可以快速简单地实现。使用自动筛选，可以按列表值、格式或者条件进行筛选。

【例 4-17】 打开"教师工资表"，对数据清单内容进行自动筛选，条件为筛选出实发工资大于等于 1000 且小于等于 1500 的记录。

操作步骤如下：

（1）打开"教师工资表"，选中数据清单中的任意一个单元格。

（2）执行"数据"→"排序和筛选"→"筛选"命令，此时，数据清单中所有列标题的右侧会出现一个筛选块，如图 4-95 所示。

	A	B	C	D	E	F	G	H	I
1	系列	姓名	性别	职称	基本工	岗位津	补贴	扣除	实发工
2	化工系	李峰	男	教授	¥1,200	¥360	250	80	1730
3	数学系	李雅芳	女	教授	¥1,150	¥345	250	80	1665
4	工管系	徐惠敏	女	教授	¥1,000	¥300	250	60	1490
5	化工系	陈广路	男	副教授	823	¥247	200	60	1209.9
6	数学系	王强	男	副教授	¥800	¥240	200	60	1180
7	材料系	张宁	男	副教授	¥810	¥243	200	80	1173
8	机械系	王照亮	男	副教授	¥750	¥225	200	60	1115
9	化工系	李月明	女	讲师	¥650	¥195	150	40	955
10	工管系	刘欣宇	女	讲师	¥600	¥180	150	40	890
11	机械系	张思雨	女	助教	¥550	¥165	50	60	705
12	工管系	王君彦	女	助教	¥500	¥150	50	20	680
13	数学系	赵誉明	男	助教	¥450	¥135	50	20	615
14	材料系	刘丽冰	女	助教	¥220	¥66	50	20	316
15									

图 4-95　显示自动筛选的筛选块

（3）单击"实发工资"右侧的筛选块，在弹出的下拉列表框中选择"数字筛选"→"自定义筛选"，打开"自定义自动筛选方式"对话框，设置"实发工资"筛选，在运算符列表框中选择"大于或等于"选项，在其后面的列表框中输入 1000，选中"与"单选按钮，在下面的列表框中选择"小于等于"，在其后面的列表框中输入 1500，如图 4-96 所示。

图 4-96　"自定义自动筛选方式"对话框

（4）单击"确定"按钮，返回到工作表中，显示实发工资在 1000～1500 之间的数据，如图 4-97 所示。

	A	B	C	D	E	F	G	H	I	J
1	系列	姓名	性别	职称	基本工	岗位津	补贴	扣除	实发工	
4	工管系	徐惠敏	女	教授	¥1,000	¥300	250	60	1490	
5	化工系	陈广路	男	副教授	823	¥247	200	60	1209.9	
6	数学系	王强	男	副教授	¥800	¥240	200	60	1180	
7	材料系	张宁	男	副教授	¥810	¥243	200	80	1173	
8	机械系	王照亮	男	副教授	¥750	¥225	200	60	1115	
15										

图 4-97　自动筛选结果

2. 高级筛选

当筛选条件比较复杂，或者出现多字段间的"逻辑或"关系时，可以使用 Excel 的高级筛选操作。高级筛选是按用户设定的条件对数据进行筛选，可以筛选出同时满足两个或两个以上的条件的数据。

进行高级筛选时，需要先针对用户的筛选条件建立一个条件区域，条件区域与数据清单至少保留一行或者一列的间距。关于高级筛选有以下几点说明：

（1）条件区域的设置要求。条件区域需要用到字段名，这里的字段名必须和数据清单中的字段名完全一致，为了确保这一点，对字段名的输入最好采用复制的方法，以免出现差错。

（2）条件区域的基本输入规则。

- 所有条件的字段名都必须写在同一行上。
- 每个条件的字段名和字段值都应该写在同一列上。
- 当多个条件之间的逻辑关系是"与"时，条件值写在同一行上；是"或"时，条件值写在不同行上，并且在条件区域内不允许出现空行。

（3）条件区域的设置方法。

高级筛选的条件可以是一个字段的多个条件，也可以是不同字段的多个条件。例如，英语>=75 并且英语<=80，是一个字段的多段条件，也可以是英语>=75 并且数学>=75。

下面举例说明高级筛选条件设置的方法，如图 4-98 所示。

- 英语>80 并且数学>80，如图 4-98(a)所示。
- 英语>80 或者数学>80，如图 4-98(b)所示。
- 英语>80 或者英语<60，如图 4-98(c-1)、(c-2)所示。
- 英语>80 并且英语<90，如图 4-98(d)所示。
- 系别是"计算机系"并且籍贯是"北京"，或者系别是"建筑系"并且籍贯是"邢台"。相应的条件区域设置方法如图 4-98(e)所示。

英语	数学
>80	>80

(a)

英语	数学
>80	
	>80

(b)

英语	英语
>80	
	<60

(c-1)

英语	
>80	
<60	

(c-2)

英语	英语
>80	<90

(d)

系别	籍贯
计算机系	北京
建筑系	邢台

(e)

图 4-98　高级筛选条件设置

【例 4-18】　对"教师工资表"数据清单内容进行高级筛选，条件为筛选出化工系，性别为男，基本工资大于 1000 或者实发工资小于 1500 的数据，在数据清单前插入 4 行，前 3 行作为条件区域，筛选后的结果显示在原有区域，筛选后工作表原名保存。

操作步骤如下：

（1）同时选中行号 1～4，右击，在弹出的快捷菜单中选择"插入"命令，在数据清单前插入 4 行。

（2）按照要求设置条件区域。首先选定题目中涉及的字段名"系别"、"性别"、"基本工资"与"实发工资"，执行复制，然后单击条件区域起始单元格，本例为 A1 单元格。

（3）设置高级筛选条件字段值，根据条件区域的输入规则，本例条件区域设置如图 4-99 所示。

（4）单击数据清单内任意一个单元格，执行"数据"→"排序和筛选"→"高级"命令，弹出"高级筛选"对话框，如图 4-100 所示。

图 4-99 "高级筛选"条件区域   图 4-100 "高级筛选"对话框

（5）在"方式"选项区，选中"在原有区域显示筛选结果"单选按钮，单击条件区域的按钮，在工作表中选择设置筛选的条件区域。

（6）设置好各项参数后，单击"确定"按钮即可，筛选结果如图 4-101 所示。

图 4-101 高级筛选效果

4.7.4 分类汇总

分类汇总是对数据清单中指定的字段进行分类，然后再统计该类记录的相关信息，在汇总的过程中，还可以对某些数值进行求和、求平均值等运算。

需要注意的是，使用 Excel 的分类汇总前，必须先对分类的字段进行排序，否则将得不到正确的分类汇总结果；其次，在分类汇总时要清楚对哪个字段分类，对哪些字段汇总及汇总方式。

【例 4-19】 对"教师工资表"数据清单数据，实现按职称汇总基本工资和实发工资的平均值。

操作步骤如下：

（1）打开"教师工资表"，在职称列数据区域，单击任意单元格，执行"数据"→"排序和筛选"→"升序"命令，实现按分类字段"职称"排序。

（2）单击数据清单区域任意单元格，执行"数据"→"分级显示"→"分类汇总"命令，打开"分类汇总"对话框。

（3）在"分类字段"下拉列表框中选择分类依据的字段名"职称"，在"汇总方式"下拉列表框中选择汇总的计算方式"平均值"，在"选定汇总项"列表框中选中需要汇总的字段"基本工资"和"实发工资"对应的复选框，如图4-102所示。

图4-102　"分类汇总"对话框

（4）选中"替换当前分类汇总"复选框，可在数据清单中从头进行分类汇总并替换原有的汇总；选中"汇总结果显示在数据下方"复选框，可将汇总结果显示在数据清单中数据的下方。

（5）设置好参数，单击"确定"按钮，即可按设置的参数创建分类汇总，如图4-103所示。

	A	B	C	D	E	F	G	H	I
1	系别	姓名	性别	职称	基本工资	岗位津贴	补贴	扣除	实发工资
2	化工系	陈广路	男	副教授	823	￥247	200	60	1209.9
3	数学系	王强	男	副教授	￥800	￥240	200	60	1180
4	机械系	王照亮	男	副教授	￥750	￥225	200	60	1115
5	材料系	张宁	男	副教授	￥810	￥243	200	80	1173
6				副教授 平均	￥796				1169.475
7	化工系	李月明	女	讲师	￥650	￥195	150	40	955
8	工管系	刘欣宇	女	讲师	￥600	￥180	150	40	890
9				讲师 平均	￥625				922.5
10	化工系	李峰	男	教授	￥1,200	￥360	250	80	1730
11	数学系	李雅芳	女	教授	￥1,150	￥345	250	80	1665
12	工管系	徐惠敏	女	教授	￥1,000	￥300	250	60	1490
13				教授 平均	￥1,117				1628.333
14	材料系	刘丽冰	女	助教	￥220	￥66	50	20	316
15	工管系	王君彦	女	助教	￥500	￥150	50	20	680
16	机械系	张思雨	女	助教	￥550	￥165	50	60	705
17	数学系	赵誉明	男	助教	￥450	￥135	50	20	615
18				助教 平均	￥430				579
19				总计平均值	￥731				1055.685
20									

图4-103　分类汇总结果

创建分类汇总后,数据清单中的数据分级显示。工作表窗口的左侧是分级显示区,其中"1"为最高级,"2"显示各分类及汇总结果,"3"为最低级,显示所有数据和分类汇总结果。

4.7.5 数据透视表

Excel 的数据透视表具有强大的数据重组和分析能力,它不仅能够改变数据表的行、列布局,而且能够快速汇总大量的数据。Excel 的数据透视表将数据的排序、筛选和分类汇总3 个过程结合在一起,它可以转换行和列,以查看源数据的不同汇总结果,也可以显示不同页面,以筛选数据,还可以根据需要显示所选区域中的明细数据,使用户能方便地在一个清单中重新组织和统计数据。

【例 4-20】 为"教师工资表"数据清单内容创建数据透视表。要求按性别统计各职称的基本工资和实发工资的平均值。

操作步骤如下:

(1) 打开"教师工资表",选定数据清单中任意一个单元格。

(2) 执行"插入"→"表格"→"数据透视表"→"数据透视表"命令,弹出"创建数据透视表"对话框,如图 4-104 所示。

图 4-104 "创建数据透视表"对话框

(3) 在"选择放置数据透视表的位置"选项区,选择"现有工作表"单选按钮,并在"位置"编辑区中单击一个放置数据透视表的起始位置,如本例选择 K1 单元格,设置完成,单击"确定"按钮,出现"数据透视表字段列表"任务窗格,如图 4-105 所示。

(4) 把分类字段"性别"拖入"行标签"选项区,把"职称"字段拖入"列标签"选项区,把"基本工资"和"实发工资"拖入"数值"选项区。

(5) 默认汇总方式是求和,本例要求平均值,右击"任务窗格"右下方"数值区"的汇总字段"基本工资"或"实发工资",在弹出的快捷菜单中选择"值字段设置"命令,打开"值字段设置"对话框,如图 4-106 所示。

(6) 将值汇总方式改为"平均值",设置完成单击"确定"按钮。最终效果如图 4-107所示。

图 4-105　"数据透视表字段列表"任务窗格

图 4-106　"值字段设置"对话框

【学习实践 5】

打开"学生成绩表"工作簿，将 Sheet 工作表内容复制到 Sheet2、Sheet3，并进行数据管理操作，要求如下：

（1）分类汇总。在 Sheet1 工作表中按性别分类汇总 3 门课程的平均分。

（2）高级筛选。在 Sheet2 工作表中，按如下要求做高级筛选。筛选出女同学中，3 门课程中任意一门课程成绩大于 90 分的记录。条件区域起始单元格定位在 L10。将筛选结果复制到起始单元格为 A20 的数据区域。

（3）创建数据透视表。在 Sheet3 工作表中，按如下要求做数据透视表。列字段为"籍贯"，行字段为"性别"。统计 3 门课程的最高分。将数据透视表放在一个新工作表中。

图 4-107　数据透视表显示结果

4.8　页面设置和打印

当用户将工作簿创建好之后,可以打印,在打印之前,首先要进行页面设置,设置好后使用打印预览功能预览,在确认无误后就可以将其打印输出到纸张上。

4.8.1　页面设置

在打印工作表之前,需要进行页面设置,如纸张大小、打印方向、页眉和页脚等。

页面设置可以使用"页面布局"选项卡的"页面设置"选项区的相应命令,如图 4-108 所示。

也可以单击"页面设置"选项区右下角对话框启动按钮,打开"页面设置"对话框,如图 4-109 所示。在相应的选项卡中,可以设置纸张的方向、缩放比例、页边距、页眉/页脚、打印标题等。

图 4-108　"页面设置"选项区命令按钮　　　　图 4-109　"页面设置"对话框

4.8.2　打印预览及打印

执行"文件"→"打印"命令,将工作界面切换到"打印"选项面板,如图 4-110 所示。

图 4-110　打印面板及预览

右面预览区显示的是待打印的工作表效果。预览效果与实际打印效果相同。

进行页面预览后,如果对预览效果满意,就可以开始打印。用户在打印选项区设置相应的命令,包括打印的张数、范围等,其中打印项目的设置方法与 Word 设置基本相同,此处不再赘述。设置完成单击"打印"按钮。

4.9　Excel 2010 综合操作案例

案例一:有工作簿文件 Excel. xlsx,内容如图 4-111 所示,为其进行如下设置。

	A	B	C	D	E	F	G
1	某高校学生考试成绩表						
2	学号	计算机基础知识	计算机原理	程序设计	总成绩	排名	备注
3	T1	89	74	75			
4	T2	77	73	73			
5	T3	92	83	86			
6	T4	67	86	45			
7	T5	87	90	71			
8	T6	71	84	95			
9	T7	70	78	83			
10	T8	79	67	80			
11	T9	84	50	69			
12	T10	55	72	69			
13							

图 4-111　Excel 工作簿内容

将工作表 Sheet 的 A1：G1 单元格合并为一个单元格，内容水平居中；计算"总成绩"列的内容和按"总成绩"递减次序排名(利用 RANK 函数)；如果计算机原理、程序设计的成绩均大于或等于 75，在备注栏内给出信息"有资格"，否则给出信息"无资格"(利用 IF 函数实现)；选取"成绩统计表"A2：D12 单元格数据区域内容，建立"三维簇状柱形图"，系列产生在"列"，在图表上方添加标题为"成绩统计图"，插入到表的 A14：F28 单元格区域内；将工作表命名为"成绩统计表"，保存文件。

解题分析：

【步骤 1】 合并单元格并使内容居中。选中工作表 Sheet1 中的 A1：G1 单元格，单击"开始"→"对齐方式"→"合并后居中"按钮，设置选中单元格合并，单元格中的文本水平居中对齐，如图 4-112 所示。

图 4-112　合并及居中标题行

【步骤 2】 计算"总成绩"列内容。选择 B3：E3 单元格，单击"开始"→"编辑"→"求和"按钮，将自动计算出选择单元格的总计值，该值出现在 E3 单元格中。光标移动到 E3 单元格的右下角，按住鼠标左键不放将其向下拖动到 E12 单元格的位置，释放鼠标即可得到其他项的总成绩，如图 4-113 所示。

【步骤 3】 计算排名列：选中 F3 单元格，执行"公式"→"函数"→"插入函数"→"全部函数"→"RANK 函数"命令，打开 RANK 函数设置对话框，在 Number 文本框中，用鼠标单击 D3 单元格；在 Ref 文本框中，用鼠标拖选 D3：D12 单元格区域，并将其设置为绝对引用格式＄C＄3：＄C＄15，在 Order 文本框中，输入 0。输入完成单击"确定"按钮。

此时，F3 中的公式为"＝RANK(E3，E3：E12，0)"。其中，RANK 是排名函数，整个公式"＝RANK(E3，E3：E12，0)"的功能是：E3 中的数据放在 E3：E12 的区域中参加排名，0表示将按降序排名(即最大值排名第一；升序就是最小值排第一)。复制 F3 中的公式到其他单元格中，如图 4-114 所示。

图 4-113　计算总成绩列

【步骤 4】　计算备注列：使用 IF 函数按条件输出结果，这是一个嵌套 IF 函数的公式，可以采用以下两种形式。

形式一，在 G3 中输入公式"=IF(AND(C3≥75,D3≥75),"有资格","无资格")"，用户也可执行"公式"→"函数库"→"插入函数"→"IF 函数"命令，打开 IF 函数对话框，在函数参数对话框 Logical_test 文本框中输入"and(C3≥75,D3≥75)"，在 value_if_true 文本框中，输入"有资格"，在 value_if_false 文本框中，输入"无资格"，如图 4-115 所示。

设置完成单击"确定"按钮。光标移动到 G3 单元格的右下角，按住鼠标左键不放将其向下拖动到 G12 单元格的位置，释放鼠标即可得到其他项的总成绩。效果如图 4-116 所示。

形式二，在 G3 中输入公式"=IF(C3≥75,IF(D3≥75,"有资格","无资格"),"无资

图 4-114　计算排名列

图 4-115　IF 函数的嵌套(1)

格")"，操作步骤如图 4-117 所示。

【步骤 5】　创建图表。选中 A2:D12 单元格数据区域，执行"插入"→"图表"→"柱形图"→"簇状柱形图"命令；选中图表，执行"图表工具"→"布局"→"标题"→"图表标题"→

图 4-116　IF 函数的嵌套效果

"图表上方"命令，并把标题改为"成绩统计图"；选中图表，按住鼠标左键单击图表不放并拖动，将其拖动到 A14:F28 单元格区域内。效果如图 4-118 所示。

注：不要超过这个区域。如果图表过大，无法放下，可以将鼠标放在图表的右下角，当鼠标指针变为"↖"时，按住左键拖动可以将图表缩小到指定区域内。

【步骤 6】　重命名工作表。将鼠标光标移动到工作表下方的表名处右击，在弹出的快捷菜单中选择"重命名"命令，直接输入表的新名称"成绩统计表"。

案例二：有工作簿文件 EXA.XLSX，内容如图 4-119 所示，为其进行如下设置。

对工作表"数据库技术成绩单"内数据清单的内容进行分类汇总（分类汇总前请先按主要关键字"系别"升序排序），分类字段为"系别"，汇总方式为"平均值"，汇总项为"考试成绩"、"实验成绩"、"总成绩"（汇总数据设为数值型，保留小数点后两位），汇总结果显示在数据下方，工作表名不变，工作簿名不变。

解题分析：

【步骤 1】　表格排序。单击表格数据区域任意单元格，执行"数据"→"排序和筛选"→"排序"命令，弹出"排序"对话框，在"主要关键字"中选择"系别"，在其后选中"升序"，单击"确定"按钮，如图 4-120 所示。

【步骤 2】　数据进行分类汇总。单击"数据"→"分级显示"→"分类汇总"按钮，弹出的"分类汇总"对话框，如图 4-121 所示。在"分类字段"中选择"系别"，在"汇总方式"中选择"平均值"，在"选定汇总项"中选择"考试成绩"、"实验成绩"、"总成绩"，选中"汇总结果显示在数据下方"复选框，单击"确定"按钮，如图 4-122 所示。

【步骤 3】　设置单元格属性。选中汇总数据，执行"开始"→"数字"→"设置单元格格式"命令，弹出"设置单元格格式"对话框，单击"数字"选项卡，在"分类"选项组中选择"数值"选项，在"小数位数"中输入 2，单击"确定"按钮，最终结果如图 4-123 所示。

【步骤 4】　保存文件。

图 4-117　IF 函数的嵌套(2)

图 4-118　绘制图表

A	B	C	D	E	F	G
系别	学号	姓名	考试成绩	实验成绩	总成绩	
信息	991021	李新	77	16	77.6	
计算机	992032	王文辉	87	17	86.6	
自动控制	993023	张磊	75	19	79	
经济	995034	郝心怡	86	17	85.8	
信息	991076	王力	91	15	87.8	
数学	994056	孙英	77	14	75.6	
自动控制	993021	张在旭	60	14	62	
计算机	992089	金翔	73	18	76.4	
计算机	992005	扬海东	90	19	91	
自动控制	993082	黄立	85	20	88	
信息	991062	王春晓	78	17	79.4	
经济	995022	陈松	69	12	67.2	
数学	994034	姚林	89	15	86.2	
信息	991025	张雨涵	62	17	66.6	
自动控制	993026	钱民	66	16	68.8	
数学	994086	高晓东	78	15	77.4	
经济	995014	张平	80	18	82	
自动控制	993053	李英	93	19	93.4	
数学	994027	黄红	68	20	74.4	

图 4-119　EXA 数据表

图 4-120 EXA 数据表排序

图 4-121 EXA 数据表分类汇总

	A	B	C	D	E	F
1	系别	学号	姓名	考试成绩	实验成绩	总成绩
2	计算机	992032	王文辉	87	17	86.6
3	计算机	992089	金翔	73	18	76.4
4	计算机	992005	扬海东	90	19	91
5	计算机 平均值			83.3333333	18	84.666667
6	经济	995034	郝心怡	86	17	85.8
7	经济	995022	陈松	69	12	67.2
8	经济	995014	张平	80	18	82
9	经济 平均值			78.3333333	15.666667	78.333333
10	数学	994056	孙英	77	14	75.6
11	数学	994034	姚林	89	15	86.2
12	数学	994086	高晓东	78	15	77.4
13	数学	994027	黄红	68	20	74.4
14	数学 平均值			78	16	78.4
15	信息	991021	李新	77	16	77.6
16	信息	991076	王力	91	15	87.8
17	信息	991062	王春晓	78	17	79.4
18	信息	991025	张雨涵	62	17	66.6
19	信息 平均值			77	16.25	77.85
20	自动控制	993023	张磊	75	19	79
21	自动控制	993021	张在旭	60	14	62
22	自动控制	993082	黄立	85	20	88
23	自动控制	993026	钱民	66	16	68.8
24	自动控制	993053	李英	93	19	93.4
25	自动控制 平均值			75.8	17.6	78.24
26	总计平均值			78.1052632	16.736842	79.221053
27						

图 4-122　EXA 数据表分类汇总

图 4-123　EXA 最终结果显示

第 5 章　PowerPoint 2010 演示文稿

PowerPoint 2010 是 Microsoft Office 2010 中的一员。人们可以用它来制作、编辑和播放一张或一系列的幻灯片。能够制作出集文字、图形、图像、声音以及视频等多媒体元素于一体的演示文稿,把自己所要表达的信息组织在一组图文并茂的画面中,用于介绍公司的产品、展示自己的学术成就,是人们在各种场合下进行交流的重要工具。

5.1　PowerPoint 2010 简介

5.1.1　PowerPoint 2010 的启动与退出

在使用 PowerPoint 2010 制作演示文稿前,必须先启动 PowerPoint 2010。当完成演示文稿制作后,不再需要使用该软件编辑演示文稿时就应退出 PowerPoint 2010。

1. 启动 PowerPoint 2010

启动 PowerPoint 2010 的方式有多种,用户可根据需要进行选择。常用的启动方式有如下两种。

(1) 单击"开始"菜单,在弹出的菜单中选择"所有程序"→Microsoft Office→Microsoft Office PowerPoint 2010 命令即可启动。

(2) 若在桌面上创建了 PowerPoint 2010 快捷图标,双击图标即可快速启动。

2. 退出 PowerPoint 2010

退出 PowerPoint 2010 有很多方法,一般常用的有:

(1) 单击 PowerPoint 2010 工作界面标题栏右侧的"关闭"按钮。

(2) 选择"文件"→"退出"命令退出 PowerPoint 2010。

(3) 按 Alt+F4 组合键。

(4) 单击窗口左上角的控制菜单,选择"关闭"命令。

在退出 PowerPoint 2010 之前,所编辑的文档如果没有保存,系统会弹出提示保存的对话框,如图 5-1 所示。

图 5-1　保存提示对话框

这时单击"保存"按钮,则保存对文档的修改并退出 PowerPoint 2010;单击"取消"按钮,返回 PowerPoint 2010 继续编辑文档。

5.1.2 PowerPoint 2010 工作界面

启动 PowerPoint 2010 后将进入其工作界面,熟悉其工作界面各组成部分是制作演示文稿的基础。PowerPoint 2010 工作界面是由标题栏、"文件"菜单、功能选项卡、快速访问工具栏、选项区、"幻灯片/大纲"窗格、幻灯片编辑区、备注窗格和状态栏等部分组成,如图 5-2 所示。

图 5-2　PowerPoint 2010 工作界面

PowerPoint 2010 工作界面各部分的组成及作用介绍如下。

标题栏:位于 PowerPoint 工作界面的右上角,它用于显示演示文稿名称和程序名称,最右侧的 3 个按钮分别用于对窗口执行最小化、最大化和关闭等操作。

快速访问工具栏:该工具栏上提供了最常用的"保存"按钮 、"撤销"按钮 和"恢复"按钮 ,单击对应的按钮可执行相应的操作。如需在快速访问工具栏中添加其他按钮,可单击其后的 按钮,在弹出的菜单中选择所需的命令即可。

"文件"菜单:用于执行 PowerPoint 演示文稿的保存、打开、关闭、新建、打印和最近所用文件等基本操作。

功能选项卡:相当于菜单命令,它将 PowerPoint 2010 的所有命令集成在几个功能选项卡中,选择某个功能选项卡可切换到相应的选项区。

选项区:在选项区中有许多自动适应窗口大小的功能组,不同的功能组中又放置了与此相关的命令按钮或列表框。

"幻灯片/大纲"窗格：用于显示演示文稿的幻灯片数量及位置，通过它可更加方便地掌握整个演示文稿的结构。在"幻灯片"窗格下，将显示整个演示文稿中幻灯片的编号及缩略图；在"大纲"窗格下列出了当前演示文稿中各张幻灯片中的文本内容。

幻灯片编辑窗格：是整个工作界面的核心区域，用于显示和编辑幻灯片，在其中可输入文字内容、插入图片和设置动画效果等，是使用 PowerPoint 制作演示文稿的操作平台。

备注窗格：位于幻灯片编辑区下方，可供幻灯片制作者或幻灯片演讲者查阅该幻灯片信息或在播放演示文稿时对需要的幻灯片添加说明和注释。

状态栏：位于工作界面最下方，用于显示演示文稿中所选的当前幻灯片以及幻灯片总张数、幻灯片采用的模板类型、视图切换按钮以及页面显示比例等。

5.1.3 PowerPoint 的视图切换

为满足用户不同的需求，PowerPoint 2010 提供了多种视图模式以编辑查看幻灯片。

1. 普通视图

PowerPoint 2010 默认显示普通视图，在该视图中可以同时显示幻灯片编辑区、"幻灯片/大纲"区以及备注区。它主要用于调整演示文稿的结构及编辑单张幻灯片中的内容。

在普通视图的"幻灯片/大纲"区，有"幻灯片"和"大纲"两个标签。单击"幻灯片"标签，如图 5-3 所示，系统将以缩略图的形式显示演示文稿的幻灯片，易于展示演示文稿的总体效果。"大纲"标签，如图 5-4 所示，可以方便的输入演示文稿要介绍的一系列主题，更易于把握整个演示文稿的设计思路。

图 5-3 "幻灯片"标签下的普通视图

图 5-4　"大纲"标签下的普通视图

2. 幻灯片浏览视图

在幻灯片浏览视图模式下可浏览幻灯片在演示文稿中的整体结构和效果，如图 5-5 所示，此时在该模式下也可以改变幻灯片的版式和结构，如更换演示文稿的背景、移动或复制幻灯片等，但不能对单张幻灯片的具体内容进行编辑。

3. 阅读视图

该视图仅显示标题栏、阅读区和状态栏，主要用于浏览幻灯片的内容。如图 5-6 所示，在该模式下，演示文稿中的幻灯片将以窗口大小进行放映。

4. 幻灯片放映视图

在该视图模式下，演示文稿中的幻灯片将以全屏动态放映。如图 5-7 所示，该模式主要用于预览幻灯片在制作完成后的放映效果，以便及时对在放映过程中不满意的地方进行修改，测试插入的动画、更改声音等效果，还可以在放映过程中标注出重点，观察每张幻灯片的切换效果等。

幻灯片放映视图并不显示单个静止的画面，而是像播放真实的 35mm 幻灯片那样，按照预定义的方式一幅一幅动态地显示演示文稿的幻灯片。在幻灯片放映视图中，可以看到添加在演示文稿中的任何动画和声音效果等。

图 5-5　幻灯片浏览视图

图 5-6　幻灯片阅读视图

图 5-7　幻灯片放映视图

5. 备注视图

　　备注视图与普通视图相似，只是没有"幻灯片/大纲"窗格，在此视图下幻灯片编辑区中完全显示当前幻灯片的备注信息，如图 5-8 所示。

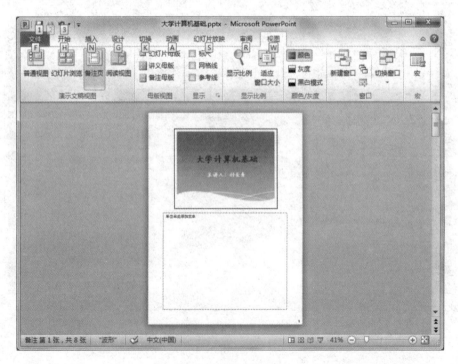

图 5-8　备注页视图

视图切换的几种方法。

（1）在状态栏右侧单击视图切换按钮中的任意一个按钮，即可切换到相应的视图模式下。

（2）选择"视图"→"演示文稿视图"功能组，在其中单击相应的按钮也可切换到对应的视图模式下。

5.2　演示文稿和幻灯片的基本操作

认识了 PowerPoint 2010 的工作界面后，还需要掌握演示文稿的基本操作，才能更好地制作演示文稿。

5.2.1　创建演示文稿

为了满足各种办公需要，PowerPoint 2010 提供了多种创建演示文稿的方法，如创建空白演示文稿、利用模板创建演示文稿、使用主题创建演示文稿以及使用 Office.com 上的模板创建演示文稿等。

1. 创建空白演示文稿

启动 PowerPoint 2010 后，系统会自动新建一个空白演示文稿。除此之外，用户还可通过命令创建空白演示文稿，具体操作方法如下：

（1）启动 PowerPoint 2010 后，选择"文件"→"新建"命令，在"可用的模板和主题"栏中单击"空白演示文稿"图标，再单击"创建"按钮，即可创建一个空白演示文稿，如图 5-9 所示。

图 5-9　创建空白演示文稿界面

（2）启动 PowerPoint 2010 后，按 Ctrl＋N 组合键也可快速新建一个空白演示文稿。

2. 利用模板创建演示文稿

PowerPoint 2010 提供了一些模板，用户可以根据需要，创建基于某种模板的演示文稿。具体操作方法如下：

启动 PowerPoint 2010，选择"文件"→"新建"命令，在"可用的模板和主题"选项组中单击"样本模板"选项，在打开的页面中选择所需的模板选项，单击"创建"按钮，如图 5-10 所示。返回 PowerPoint 2010 工作界面，即可看到新建的演示文稿效果，如图 5-11 所示。

图 5-10　选择样本模板

3. 利用主题创建演示文稿

使用主题可使没有专业设计水平的用户设计出专业的演示文稿效果。其具体操作方法如下：

选择"文件"→"新建"命令，在打开页面的"可用的模板和主题"栏中单击"主题"按钮，再在打开的页面中选择需要的主题，最后单击"创建"按钮，即可创建一个有背景颜色的演示文稿，如图 5-12 所示。

图 5-11　创建的演示文稿效果

图 5-12　利用主题创建演示文稿

5.2.2 保存演示文稿

对制作好的演示文稿需要及时保存在电脑中，以免发生遗失或误操作。保存演示文稿的方法有很多，下面分别进行介绍。

1. 保存新建的演示文稿

选择"文件"→"保存"命令或单击快速访问工具栏中的"保存"按钮，打开"另存为"对话框，选择保存位置和输入文件名，单击"保存"按钮。

2. 保存已有的演示文稿

若不想改变原有演示文稿中的内容，可通过"另存为"命令将演示文稿保存在其他位置。其方法是：选择"文件"→"另存为"命令，打开"另存为"对话框，设置保存的位置和文件名，单击"保存"按钮，如图 5-13 所示。

图 5-13 "另存为"对话框

3. 将演示文稿保存为模板

为了提高工作效率，可根据需要将制作好的演示文稿保存为模板，以备以后制作同类演示文稿时使用。其方法是：选择"文件"→"保存"命令，打开"另存为"对话框，在"保存类型"下拉列表框中选择"PowerPoint 模板"选项，单击"保存"按钮。

4. 自动保存演示文稿

在制作演示文稿的过程中，为了减少不必要的损失，可为正在编辑的演示文稿设置定时保存。其方法是：选择"文件"→"选项"命令，打开"PowerPoint 选项"对话框，选择"保存"选项卡，在"保存演示文稿"栏中进行如图 5-14 所示的设置，并单击"确定"按钮。

图 5-14　设置自动保存演示文稿

　　提示：要保存修改过的演示文稿，只需选择"文件"菜单中的"保存"命令，将不再弹出"另存为"对话框，而是直接将演示文稿保存起来。

5.2.3　打开演示文稿

　　当需要对现有的演示文稿进行编辑和查看时，需要将其打开。打开演示文稿的方式有多种，如果未启动 PowerPoint 2010，可直接双击需打开的演示文稿图标。启动 PowerPoint 2010 后，可分为以下几种情况来打开演示文稿。

1. 直接打开文稿

　　启动 PowerPoint 2010 后，选择"文件"→"打开"命令，打开"打开"对话框，在其中选择需要打开的演示文稿，单击"打开"按钮，即可打开选择的演示文稿。

2. 打开最近使用文稿

　　PowerPoint 2010 提供了记录最近打开演示文稿保存路径的功能。如果想打开刚关闭的演示文稿，可选择"文件"→"最近所用文件"命令，在打开的页面中将显示最近使用的演示文稿名称和保存路径，如图 5-15 所示，然后选择需打开的演示文稿完成操作。

图 5-15　最近使用的演示文稿

5.2.4　关闭演示文稿

对打开的演示文稿编辑完成后，若不再需要对演示文稿进行其他的操作，可将其关闭。关闭演示文稿的常用方法有以下几种。

（1）在 PowerPoint 2010 工作界面标题栏上右击，在弹出的快捷菜单中选择"关闭"命令。

（2）单击 PowerPoint 2010 工作界面标题栏右上角的"关闭"按钮，关闭演示文稿并退出 PowerPoint 程序。

（3）在打开的演示文稿中选择"文件"→"关闭"命令，关闭当前演示文稿。

5.2.5　新建幻灯片

演示文稿是由多张幻灯片组成的，用户可以根据需要在演示文稿的任意位置新建幻灯片。默认情况下，启动 PowerPoint 2010 时，系统新建一份空白演示文稿，并新建一张幻灯片。常用的新建幻灯片的方法主要有如下几种。

（1）启动 PowerPoint 2010，在新建的空白演示文稿的"幻灯片/大纲"区空白处右击，在弹出的快捷菜单中选择"新建幻灯片"命令，如图 5-16 所示。

图 5-16 利用快捷菜单新建幻灯片

（2）启动 PowerPoint 2010，选择"开始"→"幻灯片"功能组，单击"新建幻灯片"按钮，在弹出的下拉列表中选择新建幻灯片的版式，如图 5-17 所示，新建一张带有版式的幻灯片。

图 5-17 利用命令新建幻灯片

（3）快速新建幻灯片，在"幻灯片/大纲"区中，选择任意一张幻灯片的缩略图，按 Enter 键即可新建一张与所选幻灯片版式相同的幻灯片。

5.2.6 修改幻灯片版式

幻灯片的版式：版式指幻灯片中各种对象在整个版面中的分布情况，套用了某种版式后，此幻灯片中的对象就会自动进行排版。在"幻灯片/大纲"区，选中要修改的幻灯片，在"开始"选项卡中选择"版式"选项，如图 5-18 所示，选择所需要的幻灯片版式即可。

图 5-18 幻灯片版式

5.2.7 删除幻灯片

打开文件，在"幻灯片/大纲"区中，在要删除的幻灯片上右击，从快捷菜单中选择"删除幻灯片"命令，即可删除选中的幻灯片。

5.2.8 移动或复制幻灯片

在制作演示文稿过程中，可根据需要对各幻灯片的顺序进行调整，若制作的幻灯片与某张幻灯片非常相似，可复制该幻灯片后再对其进行编辑，这样既能节省时间又能提高工作效率。下面就对移动和复制幻灯片的方法进行介绍。

1. 通过鼠标拖动移动和复制幻灯片

选择需移动的幻灯片，按住鼠标左键不放拖动到目标位置后释放鼠标完成移动操作，选择幻灯片后，按住 Ctrl 键的同时拖动到目标位置可实现幻灯片的复制。

2. 通过菜单命令移动和复制幻灯片

在"幻灯片/大纲"区中，选择需移动或复制的幻灯片，在其上右击，在弹出的快捷菜单中选择"剪切"或"复制"命令，然后将鼠标定位到目标位置，右击，在弹出的快捷菜单中选择"粘贴"命令，完成移动或复制幻灯片。

5.2.9　隐藏幻灯片

如果用户不想放映某些幻灯片，可以将其隐藏起来。在"幻灯片/大纲"区中，在需要隐藏的幻灯片上右击，从弹出的快捷菜单中选择"隐藏幻灯片"命令，如图 5-19 所示。此时幻灯片的标号上会显示标记，表示该幻灯片已被隐藏，在放映时就不会出现。

图 5-19　隐藏幻灯片

5.2.10　调整幻灯片的顺序

要调整幻灯片的顺序，可以在幻灯片普通视图或浏览视图中进行操作，具体操作步骤如下：

（1）在普通视图或浏览视图下选择要移动的幻灯片。

（2）拖动鼠标左键，在普通视图中会出现一个横条来表示选定幻灯片将要存放的新位置；在浏览视图中，拖动时会出现一个竖条来表示选定幻灯片的新位置。

5.3　制作演示文稿

制作演示文稿就是制作一张张幻灯片的过程，每张幻灯片都由对象组成，这些对象包括标题、文本、表格、图形、图像、图表、声音、视频等。插入对象后会使幻灯片更加生动形象，使幻灯片效果更具渲染力和感染力。可通过"插入"选项卡实现，如图 5-20 所示。

图 5-20　"插入"选项卡

5.3.1　输入文本

文本是幻灯片中最基本的元素，用以表达幻灯片的主要内容。向幻灯片中添加文字最简单的方式是，直接将文本输入到幻灯片的占位符中；用户也可以在占位符之外的位置输入文本，这时，需要使用"插入"→"文本框"按钮来实现。

1．在占位符中输入文本

当新建一个空演示文稿时，系统会自动创建一张标题幻灯片。在该幻灯片中，共有两个占位符，占位符中显示"单击此处添加标题"字样。单击此占位符，输入"大学计算机基础"，单击副标题占位符，输入"主讲人：付长青"，如图 5-21 所示。

占位符的位置和大小是可以调整的，方法是单击占位符，周围出现 8 个控制点，将鼠标指向某一个控制点，鼠标指针变成相应方向的双向箭头，此时拖动鼠标就可以调整占位符的大小。将鼠标指向占位符的边框上，拖动鼠标改变占位符的位置。

2．使用文本框输入文本

要在占位符之外的位置输入文本，就需要在幻灯片中插入文本框，插入文本框的方法是：单击"插入"→"文本框"→"横排文本框"按钮，如图 5-22 所示，单击添加文本的位置，开始输入文本，在输入文本的过程中，文本框的宽度会自动增加，但文本不会自动换行。若要输入自动换行的文本框，单击"插入"→"文本框"→"横排文本框"按钮，然后将鼠标移动到添加文本框的位置并拖动鼠标来限制文本框的大小，单击文本框，输入文本，这时文本框的宽度不变，文本会自动换行。

3．在大纲标签快速输入文本

当幻灯片很多时，在普通视图的幻灯片编辑区中对文本进行编辑很烦琐，而使用大纲标签来创建演示文稿要方便得多。

图 5-21　在占位符中输入文本

图 5-22　插入文本框

如果在"大纲"标签下输入文本，可以按照以下步骤进行操作。

（1）在普通视图下，单击"幻灯片/大纲"窗格中的"大纲"选项卡，并向右拖动该窗格的边框，以便增加"幻灯片/大纲"窗格的空间，如图 5-23 所示。

（2）输入第一张幻灯片的标题，按 Enter 键，这时，会在"大纲"窗格创建一张幻灯片，同时输入第二张幻灯片的标题，如图 5-24 所示。

（3）依次输入每张幻灯片标题，每输入一个标题，按一次 Enter 键，输入最后一个标题后不要再按 Enter 键，如图 5-25 所示。

（4）将插入点移到某个要添加正文的标题末尾，按 Enter 键产生一个新的幻灯片图标，如图 5-26 所示。

（5）单击"开始"选项卡"段落"选项区的"提高列表级别"按钮 或 Tab 键，将文字降一

图 5-23　在"大纲"窗格输入文本

图 5-24　输入第一张幻灯片标题

图 5-25　输入所有标题后的演示文稿

图 5-26　插入新幻灯片后的演示文稿

级别，成为上一张幻灯片的正文，同时产生一个项目符号，如图 5-27 所示。

图 5-27　准备输入正文文字

（6）输入该幻灯片的正文文字，然后按 Enter 键，继续为该幻灯片输入一系列的文本，如图 5-28 所示。

图 5-28　创建正文文字

（7）重复步骤（4）～（6），为其他幻灯片添加正文文字。

最后将演示文稿保存，如发现有不妥之处，可以在"大纲"窗格中继续编辑。

5.3.2　编辑文本

1. 设置文本格式

幻灯片是由大量的文本对象和图形对象组成，文本对象是幻灯片的基本组成部分，PowerPoint 2010 提供了强大的格式设置功能，对文本进行格式设置。有以下几种方法进行设置：

（1）利用"字体"功能面板进行设置，选中文本，在"开始"选项卡中选择"字体"功能面板，对字体进行字体、字号、字形等的编辑。

（2）使用"字体"对话框进行设置，单击"字体"功能面板右下角的命令按钮　，打开如图 5-29 所示的"字体"对话框，可以对字体进行设置。

图 5-29　"字体"对话框

2. 设置段落格式

在 PowerPoint 2010 中，用户可以对段落的对齐方式、项目编号，行间距、段间距等进行段落格式设置。

（1）利用"段落"功能面板对段落进行设置，如图 5-30 所示，在"开始"选项卡的"段落"选项组中进行相应的设置，或者单击右下角的命令按钮打开"段落"对话框进行相应设置。

（2）利用"段落"对话框进行设置，单击"段落"选项组右下角的　命令按钮，打开如图 5-31 所示的"段落"对话框，可以对缩进、段间距、行距等进行格式设置。

图 5-30　"段落"选项组

图 5-31　"段落"对话框

3. 设置占位符格式

通过设置占位符格式，可以用各种效果来修饰占位符，具体操作步骤如下：

（1）单击需要设置格式的占位符。

（2）在标题栏就会出现一个"绘图工具"的"格式"选项卡，单击"格式"选项卡，如图 5-32 所示，在"形状样式"选项组中对占位符的形状填充、形状轮廓和形状效果的进行相应的设置。在"大小"选项组中对占位符的高、宽进行设置。

图 5-32　"绘图格式"选项卡

5.3.3　插入表格

PowerPoint 2010 有自己的表格制作功能，不必依靠 Word 来制作表格，而且其方法和 Word 基本一样，插入表格的具体方法如下：

（1）选择"插入"→"表格"→"插入表格"命令，打开"插入表格"对话框，输入列数和行数，单击"确定"按钮，即可插入表格。

（2）插入一张带"内容"版式的新幻灯片，在内容占位符中单击"插入表格"按钮 ▦，在弹出的"插入表格"对话框中，如图 5-33 所示，输入列数和行数，单击"确定"按钮即可。

插入表格以后，在标题栏就会出现一个"表格工具"工具栏，如图 5-34 所示，包括"设计"和"布局"两个选项卡，通过这两个选项卡可以对表格样式，表格的行高、列宽，表格中文本对

图 5-33　"插入表格"对话框

齐方式等进行相应的设置。

图 5-34 "表格工具"工具栏

5.3.4 插入图表

图表是一种以图形显示的方式表达数据的方法。利用图表可以直观、清晰地表达信息，比起单纯的表格，图表的演示效果更加明显。因此，当需要用数据来说明问题时，可以制作一张专门放置图表的幻灯片或向已有的幻灯片中插入图表，从而使文稿便于被理解。

（1）单击"插入"→"图表"命令，或者在内容占位符上直接单击"插入图表"按钮，将在幻灯片中插入一个图表，如图 5-35 所示。

图 5-35 "插入图表"对话框

（2）选择"柱形图"→"簇状柱形图"图标，单击"确定"按钮，即可在当前幻灯片中插入一个图表，同时弹出一个名为"Microsoft PowerPoint 中的图表"的工作簿，如图 5-36 所示。

（3）在工作簿中编辑相应的数据，关闭工作簿，此时幻灯片中图表显示的就是表格中的数据，如图 5-37 所示。

选中图表，会在标题栏附件有一个"图标工具"选项，包括"设计"、"布局"、"格式"三个选项卡，可以对图表布局、图表样式、坐标轴以及图表外观样式进行设置。

图 5-36　插入图表产生的表格

图 5-37　插入图表效果

5.3.5　插入剪贴画

为了让演示文稿更出色,经常需要在幻灯片中插入剪贴画,这些剪贴画是系统自带的,由专业人员设计,用户只要通过简单的操作,即可将剪贴画插入到幻灯片中,具体操作步骤如下:

(1) 选择"插入"→"剪贴画"按钮,或者在内容占位符中单击"剪贴画"按钮 ,出现如图 5-38 所示的"剪贴画"任务窗格。

图 5-38　"剪贴画"任务窗格

(2) 在"搜索文字"框中输入要插入剪贴画的说明文字,然后单击"搜索"按钮,即可显示搜索的结果。

(3) 选择要插入的剪贴画,将剪贴画插入到幻灯片中。

插入"剪贴画"后,可以通过标题栏附近的"绘图工具"→"格式"选项卡对剪贴画进行形状样式、大小等的设置。

5.3.6　插入图片

要向幻灯片中插入图片,可以按下述步骤进行。

(1) 在普通视图中,选择要插入图片的幻灯片,选择"插入"→"图片"按钮,或者在内容占位符中选择"插入图片"按钮 ,出现如图 5-39 所示的"插入图片"对话框。

(2) 找到含有需要图片文件的驱动器和文件夹。

图 5-39 "插入图片"对话框

（3）选择文件列表中的文件，按下 Ctrl 键，同时选定多张图片。

（4）单击"插入"按钮，将图片插入到幻灯片中，如图 5-40 所示。

图 5-40 将图片插入到幻灯片中

5.3.7　制作相册集

如果用户希望向演示文稿中添加许多图片，则可以使用 PowerPoint 2010 轻松创建一个作为相册的演示文稿。具体操作步骤如下：

（1）选择"插入"→"相册"命令，弹出如图 5-41 所示的"相册"对话框。

图 5-41　"相册"对话框

（2）在"相册"对话框中，单击"文件/磁盘"按钮，出现"插入新图片"窗口，找到文件所在磁盘和文件夹后，选择需要的图片文件，按住 Ctrl 键可以选择多张图片，然后单击"插入"按钮。

（3）单击"新建文本框"按钮，可以插入说明性的文本框，文本内容需要在相册建立后在编辑。

（4）选择一张图片还可以利用"预览"下面的按钮对图片的亮度、对比度等属性进行设置。

（5）在"相册版式"选项组中，执行如下操作。

在"图片版式"列表框中，可以设置图片和文本框的版式；在"相框形状"列表框中选择相框的形状。要为相册添加"主题"，单击"浏览"按钮在"选择主题"对话框中选择要使用的主题，单击"选择"按钮，为相册设置上主题。

（6）单击"创建"按钮，系统自动创建一张由第一张为标题幻灯片，其余的幻灯片为图片组成的演示文稿，如图 5-42 所示。

5.3.8　插入并编辑 SmartArt 图形

SmartArt 图形是 PowerPoint 2010 自带的图形，通过它可以直观地交流信息，插入并编辑 SmartArt 图形的具体步骤如下：

图 5-42　新建相册幻灯片

（1）单击"插入"→"插图"→SmartArt 按钮，或在内容占位符上单击"插入 SmartArt 图形"按钮，弹出"选择 SmartArt 图形"对话框，如图 5-43 所示。

图 5-43　"选择 SmartArt 图形"对话框

（2）在"列表"选项区中选择"基本列表"选项，单击"确定"按钮，即可在当前幻灯片中插入该列表，输入文本，如图 5-44 所示。

（3）选中"SmartArt 图形"，在标题栏出现"SmartArt 工具"选项，包括"设计"和"格式"两个选项卡，在"设计"选项卡中，可以重新选择布局、更改颜色、SmartArt 样式的设置；在

图 5-44　插入 SmartArt 图形

"格式"选项卡中,可以设置形状样式和大小等。

5.3.9　插入图形

PowerPoint 2010 有一个自带的绘图工具,可以绘制一些简单的平面图形。选择"插入"→"插图"→"形状"按钮,在 PowerPoint 2010 中绘制各种图形对象的操作方法与在 Word 文档中绘制图形基本相同,可以参阅前面章节的相关内容。

5.3.10　插入艺术字

在 PowerPoint 2010 中,也可以插入艺术字,选择"插入"→"插图"→"艺术字"按钮,可以在幻灯片中插入艺术字,其具体操作和 Word 中的操作相同,可以参阅前面章节的相关内容。

5.3.11　插入音频和视频

在放映幻灯片时,可以播放声音和视频等多媒体内容。以丰富演示文稿的内容。要在幻灯片中插入音频和视频文件具体步骤如下:

(1) 选择需要插入声音或影片的幻灯片。

(2) 选择"插入"→"媒体"→"音频"按钮,出现如图 5-45 所示的"插入音频"对话框。

图 5-45　"插入音频"对话框

（3）找到音频文件所在的磁盘和文件夹，选择需要的音频文件，单击"插入"按钮，在幻灯片中插入音频文件，如图 5-46 所示。

图 5-46　插入"音频"的幻灯片

（4）选择"音频文件"图标，在标题栏出现"音频工具"选项，包含"格式"和"播放"两个选项卡,在"格式"选项卡中可以对图标的外观进行设置；在"播放"选项卡中可以对音频文件的播放进行设置,如图 5-47 所示。

图 5-47　"播放"选项卡

插入音频文件后,当幻灯片播放时,音频文件默认为单击图标开始播放,而且只能在当前幻灯片中进行播放,可以自行设置音频文件的播放格式。

（1）设置自动播放：在图 5-47 中,单击"音频选项"选项组中的"开始"下拉列表框,从中选择"自动"选项,则当幻灯片播放时音乐自动播放。

（2）设置跨幻灯片播放：在图 5-47 中,单击"音频选项"选项组中的"开始"下拉列表框,从中选择"跨幻灯片播放"选项,则当幻灯片播放时,音乐可以在当前幻灯片之后的幻灯片中进行播放,也可以选中"循环播放,直到停止"复选框,则当该音乐播放完毕,幻灯片播放还没有结束时,音乐会自动从头循环播放。

（3）高级选项设置：单击"动画"→"动画窗格"按钮,出现如图 5-48 所示的界面,在右侧的"动画窗格"中,单击右侧的下三角按钮,从中选择"效果选项",打开如图 5-49 所示的"播放音频"对话框。当设置了"跨幻灯片播放"时,在"停止播放"选项区域自动选中了"在 999 张幻灯片之后"单选按钮,如图 5-49 所示。

图 5-48　"动画窗格"界面

图 5-49 "播放音频"对话框

如想设置一首背景音乐从第一页到第五页，从第六页开始设置另一首音乐，要如何设置呢？在第一张幻灯片中插入第一首音乐，按上述操作打开如图 5-49 所示的"播放音频"对话框，在"效果"选项中有"停止播放"选项区，选中第三个单选按钮，并在文本框中输入 5，单击"确定"按钮即可。插入下一个音频文件也是如此。

提示：插入的音频文件后，会在幻灯片中显示出一个小喇叭图片，在幻灯片放映时，通常会显示在画面上，如果已经设置了自动播放，为了不影响播放效果，通常在"播放"选项卡中选中"放映时隐藏"选项，将该小图标隐藏。

5.4 美化演示文稿

为了制作一个完美的演示文稿，除了需要好的创意和素材之外，提供专业效果的演示文稿外观同样显得很重要。一个好的演示文稿，应该具有一致的外观风格，这样才能产生良好的效果。

5.4.1 背景的使用

用户可以为幻灯片设置不同的颜色、图片、纹理等背景，PowerPoint 允许用户为单张幻灯片进行背景设置，也可以对多张幻灯片进行背景设置。设置方法如下：

（1）在普通视图下，选择需要设置背景的幻灯片，右击幻灯片选择"设置背景格式"命令，弹出如图 5-46 所示的"设置背景格式"对话框。

（2）单击"设计"选项卡→"背景"→"背景样式"按钮，从弹出的下拉列表中选择"设置背景格式"选项，打开"设置背景格式"对话框，如图 5-50 所示。

在"设置背景格式"对话框中根据需要对背景进行格式设置。设置完成后，单击"关闭"按钮，则该背景只对当前幻灯片有效，单击"全部应用"按钮，则该背景格式应用到所有幻灯片中。

图 5-50 "设置背景格式"对话框

5.4.2 使用母版

幻灯片母版是幻灯片层次结构中的顶级幻灯片,它存储有关演示文稿的主题和幻灯片版式的所有信息,包括背景、颜色、字体、效果、占位符大小和位置。

使用母版可以方便用户进行全局修改,并使更改后的样式应用到演示文稿的所有的幻灯片中。

幻灯片母版的设置:创建和编辑幻灯片母版或对应的版式时,要在幻灯片母版视图中进行。在"视图"选项卡下单击"幻灯片母版"即可切换到"幻灯片母版"视图,如图 5-51所示。

在幻灯片母版视图中,可以分别对不同版式的幻灯片设置母版。一般母版视图中,包括5 个虚线标注的区域,分别是标题区、对象区、日期区、页脚区和数字区。用户可以编辑这些占位符,如设置标题文字格式,以便在幻灯片中输入文字时采用默认格式。具体操作步骤如下。

1. 更改标题格式

幻灯片母版都包含一个标题占位符,在标题区中单击"单击此处编辑母版标题样式",即可选中标题区,改变文字格式。

单击"幻灯片母版"选项卡下的"关闭母版视图",返回普通视图,会发现每张幻灯片的标题格式都会发生变化。

2. 向母版中插入对象

用户可以在母版中添加任何对象,使每张幻灯片中都自动出现该对象。例如,在母版中

图 5-51　幻灯片母版界面

插入一幅图片，则每张幻灯片中都会显示该图片，而且在普通视图下不能删除该图片。具体插入方法和在幻灯片中插入对象的方法相同，此处不再赘述。

3. 设置页眉页脚

页眉页脚包含文本、幻灯片编号以及日期，它们默认出现在幻灯片的底端，当然可以在母版中改变占位符的位置。可以在单张幻灯片或所有幻灯片中设置页眉页脚。具体添加方法如下。

（1）单击"插入"→"文本"→"页眉和页脚"按钮，打开"页眉和页脚"对话框，如图 5-52所示。

图 5-52　"页眉和页脚"对话框

（2）要添加日期和时间，请选中"日期和时间"复选框，然后选中"自动更新"或"固定"单选按钮。若选中"自动更新"单选按钮，则在幻灯片中所包含的日期和时间信息将会按照演示的时间自动更新；若选中"固定"单选按钮，并在下方文本框中输入日期和时间，则将在幻灯片中直接插入该时间。

（3）要添加幻灯片编号，选中"幻灯片编号"复选框即可。

（4）要在幻灯片中添加一些附注性的文本，则选中"页脚"复选框，并输入文本内容。

（5）要让页眉和页脚的所有内容不显示在标题幻灯片上，则选中"标题幻灯片中不显示"复选框即可。

（6）单击"应用"按钮，则页眉和页脚信息只出现在当前幻灯片中；单击"全部应用"按钮，应用到所有的幻灯片上。

5.4.3 使用设计模板

使用设计模板是一种控制演示文稿具有统一外观的最有力、最快捷的方法。设计模板是配色方案、母版等外观设计的集成，每一种应用设计模板都由一个模板文件进行保存，PowerPoint本身自带有大量的设计模板。

在"设计"→"主题"选项区中选择相应的模板，如图5-53所示。

图5-53 "设计"选项卡

该幻灯片应用的是"波形"模板，如图5-54所示。

图5-54 "波形"模板

5.5 演示文稿的放映操作

为了使幻灯片放映时更加富有活力，更具有视觉效果，用户可以对幻灯片进行动画设计。在演示文稿中我们可以为整张幻灯片设置切换效果，也可以为组成幻灯片的单个对象设置自定义动画。

5.5.1 幻灯片切换效果

幻灯片切换动画可以实现单张或多张幻灯片之间的切换动画效果，又被称为翻页动画。

（1）设置：在"切换"选项卡中选择一种切换样式，如图 5-55 所示。

图 5-55 "切换"选项卡

（2）选好切换样式后，可单击右侧"效果选项"按钮对所选样式进行细节修改。

（3）选好切换样式后，也可在右侧设置换片方式和换片声音等。

提示：单击"全部应用"按钮，则全部应用到所有幻灯片，否则只对当前幻灯片有效。

5.5.2 自定义动画

在 PowerPoint 2010 演示文稿放映过程中，常常需要对幻灯片中的文本、图片、形状、表格、SmartArt 图形和其他对象进行动画效果设置，这样既能突出重点，还能根据需要设计各对象的出现顺序，吸引观众的注意力，又使放映过程十分有趣。

自定义动画的分类：

- 进入动画——对象进入幻灯片中的动画效果。
- 退出动画——对象离开幻灯片时的动画效果。
- 强调动画——对象在幻灯片中所做的动作。
- 路径动画——让对象按指定的路径运动的动画效果。

要为幻灯片中的文本和其他对象设置动画效果，单击"动画"选项卡，如图 5-56 所示。

图 5-56 "动画"选项卡

（1）在普通视图中，在幻灯片中选中要设置动画的对象，单击"动画"选项卡，从"动画"选项区中选择一种"进入动画"效果，或者单击"动画"选项区中的"其他"按钮 ▾，打开如图 5-57 所示动画效果选项，进行更多选择。

图 5-57 "动画"效果

（2）选好动画效果后，单击"动画效果"选项，可以设置动画的详细效果。

（3）在"动画"选项卡的"高级动画"选项区，单击"添加动画"按钮可以为同一个对象添加不同动画效果。

（4）在"动画"选项卡的"计时"选项区，可以设置动画的放映方式，还可以对动画播放的先后顺序进行调整。

5.5.3 创建交互式演示文稿

在 PowerPoint 演示文稿放映过程中，希望从某张幻灯片快速切换到另外一张不连续的幻灯片中或切换到其他文档、程序网页上，可以通过"超链接"来设置，幻灯片上的任何对象（如文本、图形、图片、文本框等）都可以设置为超链接。下面简单介绍一下在 PowerPoint 中设置超链接的三种方法。

1. 插入超级链接

创建超级连接在幻灯片视图中，选中幻灯片上要创建超级链接的文本或图形对象，单击"插入"→"链接"→"超链接"按钮，弹出"插入超链接"对话框，在"链接到"列表框中选择"本文档中的位置"选项，然后在"请选择文档中的位置"列表框中选择要链接到的幻灯片，设置完毕，单击"确定"按钮，如图 5-58 所示。

2. 添加交互性动作

在幻灯片视图中，选中幻灯片上要创建超级链接的对象，单击"插入"→"链接"→"动作"

图 5-58 "插入超链接"对话框

命令，弹出"动作设置"对话框。如图 5-59 所示，切换到"单击鼠标"选项卡，选中"超链接到"单选按钮，然后从下拉列表框中选择"幻灯片"选项，弹出"超链接到幻灯片"列表框，如图 5-60 所示，在列表框中选择链接到的幻灯片，单击"确定"按钮。在放映幻灯片时，单击设置了超链接的对象，即可直接跳转到链接的幻灯片中。

图 5-59 "动作设置"对话框

图 5-60 "超链接到幻灯片"列表框

当然，也可以链接到结束放映、URL 地址或者其他演示文稿中。

3. 添加动作按钮

除了前面介绍的进行超链接的方法外,还可以通过在幻灯片中添加动作按钮进行超链接的设置。在 PowerPoint 中提供了一些按钮,将这些按钮添加到幻灯片中,可以快速设置超级链接。

单击"插入"→"插图"→"形状"按钮,从弹出的下拉列表中选择"动作按钮:自定义"选项,如图 5-61 所示,拖动鼠标在幻灯片的合适位置绘制一个"自定义"动作按钮,在弹出的"动作设置"对话框中,切换到"单击鼠标"选项卡,选中"超链接到"单选按钮,然后从下拉列表框中选择"幻灯片"选项,弹出"超链接到幻灯片"列表框,在列表框中选择链接到的幻灯片,单击"确定"按钮,完成超链接设置。

图 5-61 动作按钮

还可以为"自定义"按钮添加文本,右击"自定义"动作按钮,在弹出的快捷菜单中选择"编辑文字"命令,输入文本"返回"。对于制作后的动作按钮及其文本,还可以对其进行图片格式设置,设置方法参考 Word 中的图片格式的设置。

5.5.4 设置自动放映时间

在幻灯片播放时,默认的幻灯片的切换方式是手动单击鼠标,有时需要幻灯片自动播放,那就要求在幻灯片放映之前,用户根据自己的需求设置每张幻灯片的放映时间,第一种方法是人工为每张幻灯片设置时间;第二种方法是使用排练计时功能,在排练时自动记录时间。

1. 人工设置放映时间

要人工设置放映时间,可以按照如下步骤进行操作。

(1) 选定要设置放映时间的幻灯片。

(2) 选中"切换"→"计时"选项区的"设置自动换片时间"复选框然后在右侧的文本框输入希望幻灯片在屏幕上的秒数。

(3) 如果单击"全部应用"按钮,则所有幻灯片的换片时间间隔都相同,否则设置的仅仅是当前幻灯片的时间。

(4) 设置其他幻灯片的换片时间间隔。

2. 使用排练计时

如果用户对自行决定幻灯片的放映时间没有把握,那么可以使用排练计时来记录每张幻灯片之间切换的时间间隔。

使用排练计时来设置幻灯片切换的时间间隔操作步骤如下。

(1) 打开要排练计时的演示文稿。

（2）选择"幻灯片放映"→"设置"→"排练计时"按钮，系统将切换到幻灯片放映视图，如图 5-62 所示。

图 5-62　幻灯片放映中"排练计时"

（3）在放映过程中，屏幕上会出现"录制"工具栏，如图 5-63 所示。使用"录制"工具栏的不同按钮可暂停、重复、切换到下一张幻灯片等。

图 5-63　"录制"工具栏

（4）排练结束后，会出现如图 5-64 所示的对话框，显示幻灯片放映所需的时间，如果单击"是"按钮，则接受排练时间；如果单击"否"按钮，则取消本次排练。

图 5-64　是否接受排练时间对话框

提示：与自动放映相反，手动控制放映将由用户自己来控制演示文稿的放映过程。设置手动放映的方法是：选择"切换"→"计时"选项区的"单击鼠标时"复选框，然后单击"全部应用"按钮。这样，在手动放映过程中，当一张幻灯片放映结束时，可以用单击的方式来切换幻灯片。如果不想使用排练计时,则在"幻灯片放映"→"设置"选项区中取消"排练计时"选项即可。

5.5.5 设置放映方式

在放映幻灯片前,选择"幻灯片放映"→"设置幻灯片放映"按钮,出现如图 5-65 所示的"设置放映方式"对话框。用户可以按照在不同场合运行演示文稿的需要,选择 3 种不同方式运行幻灯片放映。

图 5-65 "设置放映方式"对话框

1. 演讲者放映(全屏幕)

这时最常用的放映方式,由演讲者自动控制全部放映过程。可以采用自动或手动方式运行放映,还可以干预幻灯片的放映流程。

2. 观众自行浏览(窗口)

这种方式可拥有小规模的演示。以这种方式放映演示文稿时,演示文稿会出现在小型窗口内,并提供相应的操作命令,允许移动、编辑、复制和打印幻灯片。

3. 在展台浏览(全屏幕)

这种方式可以自动放映演示文稿,实现无人管理,自动放映的演示文稿是不需要专人播放幻灯片,但需要在"设置放映方式"对话框的"换片方式"选项组中,选中"如果存在排练时间,则使用它"单选按钮,让幻灯片按预定的时间播放。

5.6 打包与解包演示文稿

在实际工作中,经常需要将制作的演示文稿放到他人的计算机中放映,如果准备使用的计算机中没有安装 PowerPoint 2010,则需要将演示文稿打包,准备播放时,将压缩包解压后即可正常播放。

5.6.1　打包演示文稿

具体操作步骤如下。

（1）打开要打包的演示文稿。

（2）单击"文件"→"保存并发送"命令，如图 5-66 所示。

图 5-66　保存并发送

（3）在"文件类型"选项组中，选择"将演示文稿打包成 CD"选项，然后单击"打包成 CD"按钮，弹出如图 5-67 所示的"打包成 CD"对话框。

图 5-67　"打包成 CD"对话框

（4）在"将 CD 命名为"文本框中输入演示文稿的名称。

（5）单击"复制到文件夹"按钮，弹出"复制到文件夹"对话框，如图 5-68 所示。

图 5-68　"复制到文件夹"对话框

（6）单击"浏览"按钮，选择保存位置，返回到"复制到文件夹"对话框，单击"确定"按钮，弹出"Microsoft Office PowerPoint"对话框，询问是否要在包中包含链接文件，单击"是"按钮，即可开始复制。

（7）文件复制完成后，单击"关闭"按钮，关闭"打包成 CD"对话框即可。

5.6.2　解包演示文稿

当用户将打包的演示文稿复制到其他电脑中后，如果想要放映，还需要将其解包。具体操作如下。

（1）在计算机中找到打包演示文稿的文件夹并将其打开，如图 5-69 所示。

图 5-69　打包演示文稿所在文件夹

（2）双击要打开的演示文稿将其打开。切换到"幻灯片放映"选项卡，在"开始放映幻灯片"选项组中单击"从头开始"按钮，如图 5-70 所示。

图 5-70　从头开始放映

5.7　PowerPoint 2010 操作案例

（1）启动 PowerPoint 2010，自动创建一个空白演示文稿。

步骤：单击"开始"按钮，在弹出的菜单中选择"所有程序"→Microsoft Office→Microsoft Office PowerPoint 2010 命令即可启动。

（2）对第一张幻灯片，主标题文字输入"大学计算机基础"，其字体为"楷体"，字号 63 磅，加粗，红色（请用自定义标签的红色 245、绿色 0、蓝色 0）。副标题输入"主讲人：付长青"，其字体为"仿宋"字号 30 磅，黑色。

步骤 1：在第一张幻灯片的标题部分输入文本"大学计算机基础"。选定文本后，在"开始"→"字体"选项组中，单击对话框启动器，在弹出的"字体"对话框的"中文字体"中选择"楷体"（西文字体保持默认选择），在"字体样式"中选择"加粗"，在"大小"中输入 63。在"字体颜色"中选择"其他颜色"命令，在"颜色"对话框中选择"自定义"选项卡的"红色"数字框中输入 245，"绿色"数字框中输入 0，"蓝色"数字框中输入 0。

步骤 2：在第一张幻灯片的副标题部分输入文本"主讲人：付长青"。选定文本后，单击"开始"→"字体"→"字体"或"大小"下拉列表框，设置字体为"仿宋"、字号为 30，如图 5-71 所示。

（3）插入一张新幻灯片，幻灯片版式为"标题和内容"，输入文本，如图 5-72 所示。

步骤 1：单击"开始"→"幻灯片"→"新建幻灯片"命令，生成最新的一张幻灯片，并在弹出的"Office 主题"列表中单击"标题幻灯片"。

步骤 2：在新建幻灯片的标题部分输入文本"第 1 章计算机基础知识"。单击内容占位符输入"1.1 计算机概述"、"1.2 计算机系统组成"、"1.3 信息及信息技术"、"1.4 数据在计算机中的表示"。

图 5-71 编辑"标题幻灯片"

图 5-72 编辑"标题和内容"幻灯片

（4）插入第三张新幻灯片，幻灯片版式为"两栏内容"，在左侧输入文本，右侧插入剪贴画，如图 5-73 所示。将剪贴画动画设置为"进入-飞入"、"自右侧"。

图 5-73　编辑"两栏内容"版式幻灯片

步骤 1：在新建幻灯片的标题部分输入文本"1.1 计算机概述"。单击左侧内容占位符输入文本。在右侧内容占位符中单击"剪贴画"按钮，弹出"剪贴画"任务窗格，在"搜索文字"中输入文字"计算机"，单击"搜索"按钮，在任务窗格空白处可显示搜索出的图片，单击此图片即可插入。

步骤 2：首先选定设置动画的剪贴画，然后在"动画"选项卡"动画"功能组中，单击列表框最右侧的"其他"下拉按钮，打开"动画"样式面板，选择"进入-飞入"，在"效果选项"中选择"自右侧"。

（5）将第一张幻灯片的背景渐变填充为"心如止水"、"矩形"。

步骤：选择第一张幻灯片，打开"设计"选项卡，在"背景"分组中单击"背景样式"→"设置背景格式"命令，在弹出的"设置背景格式"对话框中单击"填充"选项卡，选中"渐变填充"选项，在"预设颜色"中选择"心如止水"，在"类型"中选择"矩形"。单击"关闭"按钮将所选背景应用于当前幻灯片。

（6）使用"跋涉"主题模板修饰全文，幻灯片切换效果全部设置为"切出"。

步骤 1：单击"设计"选项卡，在"主题"选项组中，单击"主题"样式列表右侧的"其他"按钮，弹出"所有主题"样式集，单击"跋涉"主题按钮即将此主题样式应用到全部幻灯片上。

步骤 2：单击"切换"选项卡，在"切换到此幻灯片"选项组中，单击"切换"样式列表右侧的"其他"按钮，弹出"所有切换"样式集，单击"切出"样式。再单击"计时"分组中的"全部应用"按钮,即将此样式应用到全部幻灯片上。

（7）全部幻灯片放映方式设置为"观众自行浏览（窗口）"。

单击"幻灯片放映"→"设置"→"设置幻灯片放映"命令,在弹出的"设置放映方式"对话框的"放映类型"中选择"观众自行浏览（窗口）"选项。

（8）最后将演示文稿保存为"计算机基础.pptx"。

【课后习题】

一、单选题

1. 演示文稿中每张幻灯片都是基于某种_____创建的,它预定义了新建幻灯片的各种占位符布局情况。

    A. 视图　　　　　　B. 版式　　　　　　C. 母版　　　　　　D. 模板

2. 下列操作中,不能退出 PowerPoint 2010 的操作是_____。

    A. 单击"文件"下拉菜单中的"关闭"命令

    B. 单击"文件"下拉菜单的"退出"命令

    C. 按快捷键[Alt]+[F4]

    D. 双击 PowerPoint 窗口的控制菜单图标

3. 在幻灯片的放映过程中要中断放映,可以直接按_____键。

    A. Alt+F4　　　　　B. Ctrl+X　　　　　C. Esc　　　　　　D. End

4. 对于演示文稿中不准备放映的幻灯片可以用_____选项卡中的"隐藏幻灯片"命令隐藏。

    A. 开始　　　　　　B. 设计　　　　　　C. 幻灯片放映　　　D. 视图

5. 要使幻灯片在放映时能够自动播放,需要为其设置_____。

    A. 预设动画　　　　B. 排练计时　　　　C. 动作按钮　　　　D. 录制旁白

6. 幻灯片的切换方式是指_____。

    A. 在编辑新幻灯片时的过渡形式

    B. 在编辑幻灯片时切换不同视图

    C. 在编辑幻灯片时切换不同的设计模板

    D. 在幻灯片放映时两张幻灯片间过渡形式

7. PowerPoint 的演示文稿具有普通、幻灯片浏览、备注页、幻灯片放映和_____5 种视图。

    A. 阅读　　　　　　B. 大纲　　　　　　C. 页面　　　　　　D. 联机版式

8. 在 PowerPoint 的_____下,可以用拖动方法改变幻灯片的顺序。

    A. 阅读视图　　　　　　　　　　　B. 备注页视图

    C. 幻灯片浏览视图　　　　　　　　D. 幻灯片放映

9. 在 PowerPoint 中,安排幻灯片对象的布局可选择_____来设置。

    A. 模板　　　　　　B. 幻灯片版式　　　C. 背景　　　　　　D. 主题

10. 在演示文稿编辑中,若要选定全部对象,可按快捷键_____。

    A. [Shift]+[A]　　　　　　　　　　B. [Ctrl]+[A]

    C. [Shift]+[C]　　　　　　　　　　D. [Ctrl]+[C]

二、实训题

按以下要求创建一个名为"ppt 作业"的演示文稿，具体要求如下：

1. 幻灯片内容自定（自己选择一个喜欢的主题），至少 5 页。

2. 幻灯片中的内容如下。

- 为每一页中的文本设置不同的格式，如字体、字号、字形、颜色、行间距、段间距等。
- 要有图片、图形、剪贴画或艺术字。
- 要有 SmartArt 图形。
- 要有超链接和动作按钮设置。
- 要设置幻灯片背景或主题。
- 添加幻灯片编号。
- 为幻灯片添加音乐。

3. 设置每张幻灯片对象的动画效果。

4. 设置幻灯片的切换方式，切换方式自选（如切出等），切换时换片方式为每隔 5 秒换页。

第6章　因特网的基本应用

Internet 是迄今最大的全球性网络,它不是一个普通的广域网,而是由数万个广域网和局域网络通过网间互联形成的一个"网际网(network of network)",称为国际互联网。它的出现已经引起了人们的极大兴趣和高度重视,越来越多的人被吸引到 Internet 中来,并被网上无所不包的资源所征服,人们在网上可以娱乐、交友、读书、购物,甚至可以说它无所不能。

6.1　计算机网络概述

6.1.1　计算机网络的定义

计算机网络,是指将地理位置不同的具有独立功能的多台计算机及其外部设备,通过通信线路连接起来,在网络操作系统、网络管理软件及网络通信协议的管理和协调下,实现资源共享和信息传递的计算机系统。

6.1.2　计算机网络的主要功能

(1) 硬件资源共享。可以在全网范围内提供对处理资源、存储资源、输入输出资源等昂贵设备的共享,使用户节省投资,也便于集中管理和均衡分担负荷。

(2) 软件资源共享。允许互联网上的用户远程访问各类大型数据库,可以得到网络文件传送服务、远程进程管理服务和远程文件访问服务,从而避免软件研制上的重复劳动以及数据资源的重复存储,也便于集中管理。

(3) 用户间信息交换。计算机网络为分布在各地的用户提供了强有力的通信手段。用户可以通过计算机网络传送电子邮件、发布新闻消息和进行电子商务活动。

(4) 分布式处理。分布式处理在计算机网络的应用中较为广泛,它把一项复杂的任务划分为若干个部分,由网络上各计算机分别承担其中一部分任务,同时运作、共同完成,从而使整个系统的效率大大提高。

(5) 提高计算机的可靠性和可用性。计算机网络中的各台计算机通过网络可以互为备用机。设置了备用机,可以在某计算机出现故障后,由网络中的备用机代为继续执行,从而避免整个系统瘫痪,提高计算机的可靠性。如果计算机网络中的某台计算机任务负荷过重,通过网络可以把部分任务转交给其他相对空闲的计算机,达到均衡计算机负载、提高计算机可用性的目的。

6.1.3　计算机网络的传输介质

网络传输介质是指在网络中传输信息的载体，常用的传输介质分为有线传输介质和无线传输介质两大类。

1. 有线传输介质

有线传输介质是指在两个通信设备之间实现的物理连接部分，它能将信号从一方传输到另一方，有线传输介质主要有双绞线、同轴电缆和光导纤维。

1）同轴电缆

同轴电缆的结构如图 6-1 所示，由两个导体组成：一个空心圆柱形导体（网状），围裹着一个实心导体的结构。

图 6-1　同轴电缆的结构

同轴电缆分 50Ω 基带电缆和 75Ω 宽带电缆两类。基带电缆又分细同轴电缆和粗同轴电缆。基带电缆仅仅用于数字传输，数据率可达 10Mbps。宽带同轴电缆（即有线电视用的同轴电缆）是 CATV 系统中使用的标准，它既可使用频分多路复用的模拟信号发送，也可传输数字信号。同轴电缆的价格比双绞线贵一些，但其抗干扰性能比双绞线强。当需要连接较多设备而且通信容量相当大时可以选择同轴电缆。

2）双绞线

双绞线（Twisted Pairwire，TP）是由两根 22～26 号绝缘铜导线按照一定的规格互相缠绕（一般以顺时针缠绕）在一起而制成的一种通用配线，属于信息通信网络传输介质。把两根绝缘的铜导线按一定密度互相绞在一起，可降低信号干扰的程度，每一根导线在传输中辐射的电波也会被另一根线上发出的电波抵消。

双绞线电缆分为屏蔽双绞线 STP 和非屏蔽双绞线 UTP 两大类。按传输质量分为 1 类和 5 类，局域网中常用的为 3 类、4 类和 5 类双绞线。为适应网络速度的不断提高，出现了超 5 类和 6 类双绞线，其中 6 类双绞线可满足千兆以太网的高速应用。

如果把一对或多对双绞线放在一个绝缘套管中便成了双绞线电缆，如图 6-2 所示，在局域网中常用的 5 类、6 类、7 类双绞线就是由 4 对双绞线组成的。双绞线过去主要是用来传输模拟信号的，但现在同样适用于数字信号的传输。虽然双绞线与其他传输介质相比，在传输距离、信道宽度和数据传输速度等方面均受到一定的限制，但价格较为低廉，且其不良限制在一般快速以太网中影响甚微，所以目前双绞线仍是企业局域网中首选的传输介质。

图 6-2 双绞线

3）光导纤维

光导纤维传导光的能力非常强,利用光缆通信,能同时传播大量信息。例如一条光缆通路同时可容纳十亿人通话,也可同时传送多套电视节目。光纤的抗干扰性能好,不发生电辐射,通讯质量高,能防窃听。光缆的质量小,不怕腐蚀,铺设也很方便,因此是非常好的通信材料。目前许多国家已使用光缆作为长途通信干线。

光通信的线路采用像头发丝那样细的透明玻璃纤维制成的光缆。它的基本原料是廉价的石英玻璃,科学家将它们拉成直径只有几微米到几十微米的丝,然后再包上一层折射率比它小的材料。只要入射角满足一定的条件,光束就可以在这样制成的光导纤维中弯弯曲曲地从一端传到另一端,而不会在中途漏射。在玻璃纤维中传导的不是电信号,而是光信号,故称其为光导纤维。

光导纤维远距离通信的效率高,容量极大,抗干扰能力极强。科学家将光导纤维的这一特性首先用于光通信。一根光导纤维只能传送一个很小的光点,如果把数以万计的光导纤维整齐地排成一束,并使每根光导纤维在两端的位置上一一对应,就可做成光缆。用光缆代替电缆通信具有无比的优越性。比如 20 根光纤组成的像铅笔精细的光缆,每天可通话 7.6 万人次,而 1800 根铜线组成的像碗口粗细的电缆,每天只能通话几千人次。光导纤维不仅重量轻、成本低、铺设方便,而且容量大、抗干扰、稳定可靠、保密性强。

光纤分为单模光纤和多模光纤两种类型。光信号在单模光纤中以径向直线方式传播,而在多模光纤中散发为多路光波,以反射方式传播。因此,单模光纤的衰减非常小并且容量更大。

光纤在任何时间只能单向传输,因此要进行双向通信,它必须成对出现,每个传输方向一根光纤。

随着光纤分布数据接口 FDDI 和千兆以太网的应用,采用光纤介质的局域网正在不断增长。但是建立光纤局域网的费用仍然相当高,目前看来,光导纤维只适用于网络的主干连接。

2. 无线传输介质

可以在自由空间利用电磁波发送和接收信号进行通信就是无线传输。地球上的大气层为大部分无线传输提供了物理通道,就是常说的无线传输介质。无线传输所使用的频段很广,人们现在已经利用了好几个波段进行通信。紫外线和更高的波段目前还不能用于通信。无线传输有两种方式:定向和全向。信号频率越高,越有可能将其聚焦成定向的电磁波束,因此使用定向方法时，无线发射出聚焦的有方向性的高频电磁波束，传送和接收的天线必须仔细对齐。使用较低频率传输的信号是全向性的，传送的信号向四面八方扩散，很多天线都能收到。无线通信的方法有无线电波、微波和红外线。

1）无线电波

无线电波是指在自由空间（包括空气和真空）传播的射频频段的电磁波。无线电技术是通过无线电波传播声音或其他信号的技术。

无线电技术的原理在于，导体中电流强弱的改变会产生无线电波。利用这一现象，通过调制可将信息加载于无线电波之上。当电波通过空间传播到达收信端，电波引起的电磁场变化又会在导体中产生电流。通过解调将信息从电流变化中提取出来，就达到了信息传递的目的。

2）微波

微波是指频率为 300MHz～300GHz 的电磁波，是无线电波中一个有限频带的简称，即波长在 1mm～1m（不含 1m）的电磁波，是分米波、厘米波、毫米波的统称。微波频率比一般的无线电波频率高，通常也称为"超高频电磁波"。

3）红外线

红外线是太阳光线中众多不可见光线中的一种，由德国科学家霍胥尔于 1800 年发现，又称为红外热辐射，他将太阳光用三棱镜分解开，在各种不同颜色的色带位置上放置了温度计，试图测量各种颜色的光的加热效应。结果发现，位于红光外侧的那支温度计升温最快。因此得到结论：太阳光谱中，红光的外侧必定存在看不见的光线，这就是红外线。也可以当作传输之媒界。太阳光谱上红外线的波长大于可见光线，波长为 $0.75\sim1000\mu m$。红外线可分为三部分，即近红外线，波长为 $0.75\sim1.50\mu m$ 之间；中红外线，波长为 $1.50\sim6.0\mu m$ 之间；远红外线，波长为 $6.0\sim1000\mu m$ 之间。

红外线通信有两个最突出的优点：

（1）不易被人发现和截获，保密性强。

（2）几乎不会受到电气、天电、人为干扰，抗干扰性强。此外，红外线通信机体积小，重量轻，结构简单，价格低廉。但是它必须在直视距离内通信，且传播受天气的影响。在不能架设有线线路，而使用无线电又怕暴露自己的情况下，使用红外线通信是比较好的。

6.1.4　计算机网络的分类

由于计算机网络的广泛使用，目前已经出现了多种形式的计算机网络。对于网络分类的方法也很多，从不同角度观察网络、划分网络，有利于更全面地了解网络系统的各种特性。

1. 按距离分类

虽然网络类型的划分标准各种各样，但是从地理范围划分是一种大家都认可的通用网络划分标准。按这种标准可以把各种网络类型划分为局域网、城域网和广域网三种。

1）局域网（Local Area Network，LAN）

局域网是指在有限地理区域内构成的计算机网络。局域网随着整个计算机网络技术的发展和提高得到充分的应用和普及，几乎每个单位都有自己的局域网，有的甚至家庭中都有自己的小型局域网。局域网具有较高的传输速率,计算机数量从两台到几百台,地理距离从几米至几十千米。局域网一般位于一个建筑物或一个单位内,采用的通信线路一般为双绞线或同轴电缆。

2) 城域网(Metropolitan Area Network,MAN)

城域网的作用范围比局域网大,通常覆盖一个城市。城域网中可包含若干个彼此相连的局域网,通常采用光纤或微波作为网络的主干通道。MAN 与 LAN 相比扩展的距离更长,连接的计算机数量更多,在地理范围上可以说是 LAN 网络的延伸。

3) 广域网(Wide Area Network,WAN)

这种网络也称为远程网,所覆盖的范围比城域网(MAN)更广,它一般是在不同城市之间的 LAN 或者 MAN 网络互联,地理范围可从几百公里到几千公里。

2. 按通信介质分类

按通信介质可将网络划分为有线网和无线网。

有线网:采用同轴电缆、双绞线、光纤等物理介质来传输数据的网络。

无线网:采用无线电波、微波等无线形式来传输数据的网络。

3. 按照交换方式分类

在计算机网络中,节点与节点之间的通信采用两种交换方式:线路交换方式和存储转发交换方式。存储转发又分为两种:报文存储转发交换和报文分组存储转发交换。

1) 线路交换(Circuit switching)

计算机网络中的线路交换和公用电话交换系统类似,其工作过程可概括为三个阶段:首先建立源端至目的端的线路连接,其次是数据传输,最后为线路拆除。一旦建立线路连接,则线路为本通信专用,不会有其他用户干扰,带宽固定,信息传输延时短,适合传输大量的数据。当通信双方一旦占用一条线路后,其他用户不能使用,当网络负荷过重时,将发生占线现象,使其他用户得不到及时的服务。

2) 存储转发交换方式

报文交换(Message switching):报文交换并不要求在两个将要传输数据的节点之间建立专用的通信线路。当一个节点向另一个节点发送信息时,它首先把要发送的数据、目的地及控制信息按统一的规定格式打包成报文,该报文在网络中按照路径选择算法一站一站地传输。每个中间节点把报文完整地接收到存储单元,进行差错检查与纠错处理,检查报文的目的地址,再根据网络中数据的流量情况,按照路径选择算法把报文发送给下一个节点。这样经过多次的存储-转发到达目的节点后,再由接收节点从报文中分离出正确的数据。由于报文长度不定,所以中间节点要有足够的存储空间,以缓冲接收到的报文。报文交换技术的优点是不用建立通信线路的物理连接,线路利用率高,系统可靠性高。但是由于存储-转发的影响,造成了传输时间延时,因而报文交换不适用于实时的交互式通信。

分组交换网(Packet switching):报文分组交换又称包交换。按照这种交换方式,源节点在发送数据前先把报文按一定的长度分割成大小相等的报文分组,以类似报文交换的方式发送出去,在各中间节点都要进行差错控制。同时,可以对出错的分组要求重发,并且因为报文分组长度固定,所以它在各中间节点存储转发时,在主存储器中进行即可,而无须访问外存,因此,报文交换方式更能改善传输的连接时间和延时时间。因为每各个分组都包含有源地址与目的地址,所以各分组最终都能到达目的节点。尽管它们所走路径不同,各分组并不是按编号顺序到达目的节点,所以目的节点可以把它们排序后再分离出所要传输的数据。报文分组交换方式延时小,通信效率高,目前是计算机网络的主流。

4. 按拓扑结构分类

在计算机网络中,把工作站、服务器等网络单元抽象为点,把网络中的电缆等通信介质抽象为线,这样采用拓扑学方法抽象的网络结构称为计算机网络的拓扑结构。如图 6-3 所示,计算机的网络拓扑结构主要有总线型、星型、环型、树型、网状型等几种。

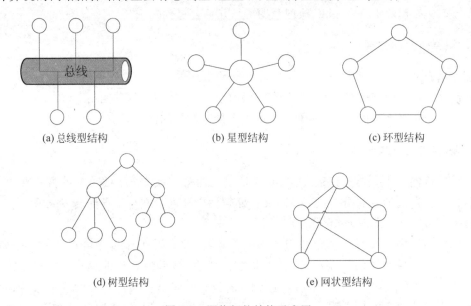

(a) 总线型结构　　　　(b) 星型结构　　　　(c) 环型结构

(d) 树型结构　　　　　　(e) 网状型结构

图 6-3　网络拓扑结构示意图

1）总线型拓扑

总线型结构由一条高速公用主干电缆即总线连接若干个节点构成网络。网络中所有的节点通过总线进行信息的传输。这种结构的特点是结构简单灵活,建网容易,使用方便,性能好。其缺点是主干总线对网络起决定性作用,总线故障将影响整个网络。总线型拓扑是使用最普遍的一种网络。

2）星型拓扑

星型拓扑由中央节点集线器与各个节点连接组成。这种网络各节点必须通过中央节点才能实现通信。星型结构的特点是结构简单、建网容易,便于控制和管理。其缺点是中央节点负担较重,容易形成系统的"瓶颈",线路的利用率也不高。

3）环型拓扑

环型拓扑由各节点首尾相连形成一个闭合环型线路。环型网络中的信息传送是单向的,即沿一个方向从一个节点传到另一个节点;每个节点需安装中继器,以接收、放大、发送信号。这种结构的特点是结构简单,建网容易,便于管理。其缺点是当节点过多时,将影响传输效率,不利于扩充。

4）树型拓扑

树型拓扑是一种分级结构。在树型结构的网络中,任意两个节点之间不产生回路,每条通路都支持双向传输。这种结构的特点是扩充方便、灵活,成本低,易推广,适合于分主次或分等级的层次型管理系统。

5）网状型拓扑

主要用于广域网,由于节点之间有多条线路相连,所以网络的可靠性较高。由于结构比较复杂,所以建设成本较高。

6.1.5 计算机网络系统的组成

计算机网络是由两个或多个计算机通过特定通信模式连接起来的一组计算机,完整的计算机网络系统是由网络硬件系统和网络软件系统组成的。硬件对网络的性能起着决定性的作用,是网络运行的实体,而网络软件是支持网络运行、提高效益和开发网络资源的工具。

1. 硬件系统的构成

硬件系统是计算机网络的基础,硬件系统由计算机、通信设备、连接设备及辅助设备组成。

1）服务器

服务器通常是速度快、存储量大的计算机,是网络资源的提供者。服务器一般包含一项或多项任务,服务器的类型取决于网络上的提供的具体服务工作,如文件传输服务器、Web服务器、域名解析服务器、打印服务器等。服务器的性能应高于普通计算机,并需要专门的技术人员对其进行管理和维护,从而保证整个网络的正常运行。

2）工作站

工作站就是网络中各种型号的计算机。工作站是用户向服务器申请服务的终端设备,用户可以在工作站上处理日常工作事务,并随时通过工作站请求服务器提供各种服务。

3）网络适配器

网络适配器也叫网络接口卡(网卡)。网卡的作用是将计算机与通信设备相连接,将计算机的数字信号转换成通信线路能够传输的信号。

4）调制解调器

调制解调器能把计算机的数字信号翻译成可沿普通电话线传送的脉冲信号,而这些脉冲信号又可被线路另一端的另一个调制解调器接收,并译成计算机可理解的语言。这一简单过程完成了两台计算机间的通信。

5）集线器

集线器是局域网中常用的连接设备,它具有多个端口,可连接多台计算机。集线器的主要功能是对接收到的信号进行再生整形放大,以扩大网络的传输距离,同时把所有节点集中在以它为中心的节点上。在局域网中常以集线器为中心,将分散的计算机连接在一起,形成星型拓扑结构的局域网络。

6）传输介质

常见的传输介质有双绞线、同轴电缆、光导纤维和无线电波、微波、红外线等。

7）中继器

中继器的主要作用是放大、还原传输介质上的传输信号，对弱信号进行再生。

8）网桥

网桥也叫桥接器，是局域网中常用的链接设备。网桥的作用是扩展网络的传输距离，减轻网络的负载，由网桥连接的网络段仍属于同一局域网。网桥的另外一个作用是自动过滤数据包，根据包的目的地址决定是否转发该包到其他网段。目前网络中常用的是多接口网桥，即交换机。

9）路由器

路由器是连接因特网中各局域网、广域网的设备，它会根据信道的情况自动选择和设定路由，以最佳路径，按前后顺序发送信号的设备。路由器是互联网络的枢纽，目前路由器已经广泛应用于各行各业，各种不同档次的产品已经成为实现各种骨干网内部连接、骨干网间互联和骨干网与互联网互联互通业务的主力军。

2. 软件系统的构成

1）网络系统软件

网络系统软件包括网络操作系统和网络协议等。

网络操作系统：网络操作系统（Network Operating System，NOS）是网络的心脏和灵魂，能够控制和管理网络资源的软件，是向网络计算机提供服务的特殊的操作系统。它在计算机操作系统下工作，使计算机操作系统增加了网络操作所需要的能力。常用的网络操作系统有 Netware 系统、Windows 系统、UNIX 系统、Linux 系统等。

网络协议：网络协议是为计算机网络中进行数据交换而建立的规则、标准或约定的集合。网络协议一般是由网络系统决定的，网络系统不同，网络协议也不同。

2）网络应用软件

网络应用软件是指能够为网络用户提供各种网络服务的软件。例如，浏览器软件、文件上传下载软件、远程登录软件、电子邮件软件、聊天工具等。

6.1.6　计算机网络的协议及 OSI/RM 模型

1. 计算机网络协议

在计算机网络中要做到有条不紊地交换数据，就必须遵守一些事先约定好的规则。这些规则明确规定了所交换的数据的格式以及有关的同步问题。这里的同步是指在一定的条件下应当发生什么事情，含有时序的意思。这些为进行网络中的数据交换而建立的规则、标准或约定称为网络协议（network protocol）。

2. 开放系统互联基本参考模型 OSI/RM 模型

为了使不同体系结构的计算机网络都能互连，国际标准化组织 ISO 于 1677 年成立了专门机构研究该问题，不久，他们就提出了一个试图使各种计算机在世界范围内互联成网的标准框架，即著名的开放系统互连参考模型（Open Systems Interconnection Reference

Model,OSI/RM),简称为 OSI。OSI 模型最大优点是将服务、接口和协议这三个概念明确地区分开来,也使网络的不同功能模块分担起不同的职责。它是分析、评判各种网络技术的依据,也是网络协议设计和统一的参考模型。

如图 6-4 所示,OSI 七层模型通过七个层次化的结构模型使不同的系统不同的网络之间实现可靠的通信,因此其最主要的功能使就是帮助不同类型的主机实现数据传输。

1)应用层

应用层是计算机和用户之间交互的最直接层,负责对软件提供接口以使程序能使用网络服务。术语"应用层"并不是指运行在网络上的某个特别应用程序,应用层提供网络管理、事务处理、文件传输以及电子邮件等一系列的信息处理服务。

2)表示层

表示层是应用程序和网络之间的翻译官,它为应用过程之间所传送的信息提供表示的方法,只关心所传输的信息的语法和语义。在表示层,数据将按照网络能理解的方案进行格式化,这种格式化会因为所使用网络的类型不同而不同。表示层的主要功能包括不同数据编码格式的转换、数据解压缩服务、数据的加密解密服务等。

图 6-4　OSI 7 层模型

3)会话层

会话层负责在网络中的两节点之间建立通信和维持通信。会话层的功能包括:建立通信链路,数据交换,保持会话过程通信链路的畅通,同步两个节点之间的对话,决定通信是否被中断以及通信中断时决定从何处重新发送。

4)传输层

传输层是 OSI 模型中最重要的一层。传输层为应用进程之间提供端到端的逻辑通信,还要对收到的报文进行差错检测。传输层有两种不同的运输协议,即面向连接的 TCP 和无连接的 UDP。TCP 要提供可靠的、面向连接的全双工信道服务。UDP 在传送数据之前不需要先建立连接,对方在收到 UDP 报文后,不需要给出任何确认。虽然 UDP 不提供可靠交付,但 UDP 协议是多媒体信息传递的最有效的工作方式。

5)网络层

网络层的主要功能是将网络地址翻译成对应的物理地址,并决定如何将数据从发送方路由到接收方。网络层通过综合考虑发送优先权、网络拥塞程度、服务质量以及可选路由的花费来决定从一个网络中节点 A 到另一个网络中节点 B 的最佳路径。在网络层数据的传输单位是数据分组(packet),也称为数据包。

6)数据链路层

数据链路层控制网络层与物理层之间的通信。它的主要功能是实现在不可靠的物理线路上进行数据的可靠传递。为了保证传输,从网络层接收到的数据被分割成特定的可被物理层传输的帧(frame)。帧是用来移动数据的结构包,它不仅包括原始数据,还包括发送方和接收方的网络地址以及纠错和控制信息。其中的地址确定了帧将发送到何处,而纠错和控制信息则确保帧无差错到达。如果在传送数据时,接收点检测到所传数据中有差错,就要通知发送方重发这一帧。

7）物理层

物理层是 OSI 模型的最底层，是建立在传输介质之上的，实现设备之间的物理接口。物理层只接收和发送比特流，不考虑信息的意义和结构。

6.2 计算机局域网

局域网（Local Area Network，LAN）是指在某一物理区域（一个办公室、一个企业、一个校园、一个网吧等）内，利用通信线路将多台计算机及其外围设备连接起来，实现数据通信和资源共享。局域网的范围一般是方圆几千米以内，可以实现文件管理、应用软件共享、打印机共享、工作组内的日程安排、电子邮件和传真通信服务等功能。

6.2.1 局域网的特点

局域网一般情况是为某一单位组建，由单位内部控制和管理使用，因此具备以下特点：

（1）局域网分布于较小的地理范围内，通信距离短，其覆盖范围仅限于数十米至数千米。多用于某一群体，如一个单位、一个部门等。

（2）局域网网速较快、误码率较低，现在通常采用 100Mbps 的传输速率到达用户端口。

（3）局域网一般是为某一单位所建，不对外提供服务，因此局域网的数据保密性较好。

（4）由于局域网范围小，投资较少，组建方便，使用灵活，便于管理。

6.2.2 局域网的关键技术

1. 局域网的拓扑结构

网络中的计算机等设备要实现互联，就需要以一定的结构方式进行连接，这种连接方式就叫做"拓扑结构"，通俗地讲，就是这些网络设备是如何连接在一起的。目前比较典型的局域网拓扑结构主要有星型结构、环型结构、总线型，如图 6-5 所示。

(a) 星型结构　　　　　(b) 环型结构　　　　　(c) 总线型结构

图 6-5　局域网典型拓扑结构图

2. 局域网的传输形式

局域网中的传输形式有两种：基带传输和宽带传输。基带传输是指把数字脉冲信号直接在传输介质上传输,而宽带传输是指把数字脉冲信号经调制之后再通过传输介质传输。基带传输所使用的传输介质有双绞线、基带同轴电缆和管线,宽带传输所使用的传输介质有宽带同轴电缆、无线电波和光纤等。局域网中主要的传输形式为基带传输,宽带传输只要使用在广域网和无线局域网中。

3. 局域网的工作模式

局域网的工作模式是根据局域网中各计算机的位置来决定的,目前局域网主要存在着两种工作模式,它们涉及用户存取和共享信息的方式,分别是客户/服务器(C/S)模式和对等式网络(Peer-to-Peer)通信模式。

1) 客户/服务器模式(C/S)

这是一种基于服务器的网络,在这种模式中,其中一台或几台较大的计算机集中进行共享数据库的管理和存取,称为服务器;而将其他的应用处理工作分散到网络中其他计算机上去做,构成分布式的处理系统,服务器控制管理数据的能力已由文件管理方式上升为数据库管理方式,因此,C/S网络模式的服务器也称为数据库服务器。这类网络模式主要注重于数据定义、存取安全、备份及还原,并发控制及事务管理,执行诸如选择检索和索引排序等数据库管理功能。它有足够的能力做到把通过其处理后用户所需的那一部分数据而不是整个文件通过网络传送到客户机去,从而减轻了网络的传输负荷。

C/S网络模式是数据库技术的发展和普遍应用与局域网技术发展相结合的结果。这种模式与下面所讲的点对点模式主要存在以下两个方面的不同:一是后端数据库负责完成大量的任务处理,如果C/S型数据库查找一个特定的信息片段,在搜寻整个数据库期间并不返回每条记录的结果,而只是在搜寻结束时返回最后的结果;二是如果数据库应用程序的客户机在处理数据库事务时失败,服务器为了维护数据库的完整性,将自动重新执行这个事件。

2) 对等式网络(Peer-to-Peer)

在拓扑结构上与使用专有服务器的C/S结构不同,在对等式网络结构中,没有专用服务器。在这种网络模式中,每一个工作站既可以起客户机的作用,又可以起服务器的作用。有许多网络操作系统可应用于点对点网络,如微软的 Windows for Workgroups、Windows NT WorkStation、Windows 9X 和 Novell Lite 等。

点对点对等式网络有许多优点,如它比上面所介绍的C/S网络模式造价低,它们允许数据库和处理机分布在一个很大的范围里,还允许动态地安排计算机需求。当然它的缺点也是非常明显的,那就是提供较少的服务功能,并且难以确定文件的位置,使得整个网络难以管理。

6.3 因特网概述

因特网是采用 TCP/IP 协议,通过许多路由器和公共互联网组成的开放的、互联的、遍及世界的大型计算机网络系统,是一个信息资源和资源共享的集合,是一个使世界上不同类型的计算机能交换各类数据的通信媒介。用于科学研究的大型计算机、办公桌上的台式计算机、随身携带的笔记本计算机,所有这些机器都可以通过因特网连接起来。因特网为人们打开了通往世界的信息大门。

6.3.1 Internet 简史

1969 年,在美国国防部高级研究计划署(AdvancedResearchProjectsAgency,ARPA)的资助下,美国西部四所大学共同组建成 ARPANET,它是一个把该四所大学内的计算机连接而构成的计算机网络系统。到 1972 年,参与到 ARPANET 的大学和研究所已扩展到 50 多家。

1982 年,ARPANET 与 MILNET 合并,形成了 Internet 的雏形。

1985 年,美国国家科学基金会(National Science Foundation,NSF)为 Internet 的发展做出了新的贡献。NSF 提供巨资,把全美国的六大超级计算中心连接起来,建立了基于 TCPIP 协议的 NSFNET 网络,让全美国的科学和工程技术人员共享各个超级计算中心所提供的资源。随后,美国各大学和政府部门分别建立相互协作的区域性计算机网络,并把它们连接到 NSFNET 上,而这些区域性计算机网络则成为本地小型研究机构与 NSFNET 连接的纽带,这样就建成全美国范围的计算机广域网。美国国内的任何一个计算机用户,只要他的计算机与任一已连到 NSFNET 上的局域网相连,就可以通过 NSFNET 使用任一超级计算中心的资源。

由于 NSFNET 的成功,1986 年,NSFNET 取代 ARPANET 成为今天的 Internet 的基础。

在美国发展自己的计算机网络的同时,其他国家也在发展自己国家的计算机网络。从 20 世纪 80 年代开始,世界各国的计算机网络陆续建成并连接到 Internet 上来,彼此谋求共享 Internet 上的资源。随着各国计算机网络的加入,又扩充了 Internet 上的信息资源,吸引着更多的计算机网络的加入,从而像滚雪球一样,Internet 成为全球性的计算机互联网络。

6.3.2 Internet 在中国

随着我国现代化进程的迅猛发展,Internet 在我国也得到了高速发展。回顾历史,Internet 在中国的发展分为两个阶段。

第一阶段:1987—1993 年,我国的一些重要科研部门开展了和 Internet 联网的科学研究和技术合作,实现了与 Internet 上的电子邮件转发系统的连接,在小范围内为国内的科研单位提供了 Internet 电子邮件服务。

第二阶段:自 1994 年开始,我国有关部门实现了与 Internet 的 TCPIP 协议连接,从而在全国范围内开通了 Internet 的全部功能服务。

下面是一些加入 Internet 的全国性互联网络,如:

(1) 邮电部的公用计算机互联网(CHINANET)——CHINANET 在北京、上海分别有两条专线,是国内互联网连通国际互联网的出口。CHINANET 的骨干网覆盖全国各省市、自治区。

(2) 原电子部的国家公用经济信息通信网(CHINAGBNET,简称金桥网)——是可在全国范围内提供 Internet 商业服务的网络之一(另一个是 CHINANET)。金桥网在 1993

年开始建立,至今已形成一定的规模。

（3）教育部的教育和科研计算机网（CERNET）——教育科研网的目标是把全国的高校、教育部门和科研机构连接起来,实现资源共享,建设一个全国性的教育科研信息基地。目前,CERNET 已建成包括全国主干网、地区网和校园网在内的三级层次结构网络。

（4）中国科学院的中国科学技术计算机网（CASNET）——CASNET 是以中国科学院、北京大学、清华大学三个单位的校园网为基础,把国内其他科研机构与教育单位的校园网连接及接入 Internet 的网络系统。1995 年,CASNET 完成了全国"百所联网",可以提供全方位的 Internet 功能。

6.3.3　Internet 的服务功能

Internet 的巨大吸引力来源于它强大的服务功能。遍布于各国的 Internet 服务商（Internet Service Provider,ISP）,可以向用户提供五花八门的服务。这里介绍的仅是这些服务中的部分功能。

1. 电子邮件 E-mail

E-mail 是 Internet 最基本、最重要的服务功能,其业务量约占 Internet 总服务量的 30％,由于它对通信设施和速度的要求较低,对我国用户比其他 Internet 服务有更大的实用性。

2. 文件传输 FTP

这是 Internet 提供的又一基本服务功能。它支持用户将文件从一台计算机复制到另一台计算机。为了在具有不同结构、运行不同操作系统的计算机之间能够交换文件（包括软件、论文等）,需要有一个统一的"文件传输协议"（File Transfer Protocol）,这就是 FTP 名称的由来。

3. 远程登录 Telnet

远程登录（Remote Login）允许用户将自己的本地计算机与远程的服务器进行连接,然后在本地计算机上发出字符命令送到远方计算机上执行,使本地机就像远方的计算机的一个终端一样工作。因为与它对应的通信协议称为 Telnet,所以远程登录功能又称为 Telnet 功能。用户使用这种服务时,首先要在远程服务器上登录,报出自己的帐号与口令,使自己成为该服务器的合法用户。一旦登录成功,就可实时使用该远程机对外开放的各种资源。

4. 信息查询服务

近几年又开发了一些功能更加完善的信息查询工具,其中最突出的就是"环球网"（World Wide Web）,简称 WWW 或 Web。其实 WWW 已是第三代信息查询工具,在此以前已有了两代查询工具,即 ArchInternet Explorer（第一代）和 Gopher（第二代）。WWW 通常都按照客户机/服务器模式工作。用户在自己的计算机上运行 WWW 的客户机程序（一般称为 Web 浏览器,Web browser）,提出查询请求,这些请求由客户机程序转换成查询命令,传送给 Internet 网上的相应的 WWW 服务器（又称 Web 服务器,Web server）进行处理。Web 服务器的任务便是将查询的结果送回客户机,再由客户机程序转换为相应的形式向用户显示。

[思考题]

（1）什么是因特网？简述其形成和发展过程。

（2）概述因特网的主要特点。

（3）简述中国因特网的发展过程。

（4）常用的因特网服务有哪些？各自的特点是什么？

6.4 Internet 通信协议与接入方式

尽管 OSI/RM 模型得到了国际上大部分国家的支持,但目前在 Internet 中得到广泛应用的是产生于互联网时间的 TCP/IP 协议模型。

6.4.1 TCP/IP 协议

因特网使用 TCP/IP 通信协议,将各种局域网、广域网和国家主干网连接在一起。由于 TCP/IP 协议具有通用性和高效性,可以支持多种服务,使得 TCP/IP 协议成为到目前为止最为成功的网络体系结构和协议规范,并为因特网提供了最基本的通信功能。

1. 什么是 TCP/IP

TCP/IP 是一种网际互联通信协议,其目的在于通过它实现网际间各种异构网络和异种计算机的互联通信。TCP/IP 同样适用在一个局域网中实现异种机的互联通信。在一个网络上,小到掌上电脑、笔记本电脑、微机,大到大型机、巨型机,只要安装了 TCP/IP 协议,就能相互连接和通信。运行 TCP/IP 协议的网络是一种采用包（或分组）交换的网络。全球最大的互联网或网际网因特网采用的即为 TCP/IP 协议。

TCP/IP 协议的核心思想是：对于 ISO 七层协议,把千差万别的底部两层协议（物理层和数据链路层）有关部分称为物理网络,而在传输层和网络层建立一个统一的虚拟逻辑网络,以这样的方法来屏蔽或隔离所有物理网络的硬件差异,包括异构型的物理网络和异种计算机在互联网上的差异,从而实现普遍的连通性。

从名字看 TCP/IP 虽然只包括两个协议,但 TCP/IP 实际上是一组协议,它包括上百个各种功能的协议,如远程登录协议（Telnet）、文件传输协议（FTP）、简单邮件传输协议（SMTP）、域名服务协议（DNS）和网络文件系统（NFS）等等,而 TCP 协议和 IP 协议是保证数据完整传输的两个基本的重要协议。通常说 TCP/IP 是指 Internet 协议族,而不单单是 TCP 和 IP 两个协议本身。

2. TCP/IP 协议模型

TCP/IP 协议族把整个协议分为四个层次,如图 6-6 所示。

图 6-6　TCP/IP 协议模型

1）应用层

应用层是 TCP/IP 协议的最高层，与 OSI 模型的上三层的功能类似。网络在此层向用户提供服务、用户调用网络的应用软件。这些应用软件与应用协议相互协调工作，实现数据的发送和接收。因特网在该层的协议主要有文件传输协议 FTP、远程终端访问协议 Telnet、简单邮件传输协议 SMTP 和域名服务协议 DNS 等。

2）传输层

传输层提供一个应用程序到另一个应用程序之间端到端的通信。提供了格式化信息、可靠传输、应用程序识别等功能。为了保证可靠传输，确保数据到达无误、不乱序，该层采用了发送确认和错误重发的方法。应用层上每次可能都有多个应用程序访问网络，为了区分应用程序，传输层在每个分组上都增加识别信源和信宿应用程序的信息和校验字段（也称校验和）。因特网在该层的协议主要有传输控制协议 TCP、用户数据报协议 UDP 等。

3）网络层

网络层解决了计算机到计算机通信的问题。主要功能有：处理传输层的分组发送请求，将报文分组装入 IP 数据报，加上报头，确定路由，然后将数据报发往相应的网络接口；处理输入数据报，首先校验数据报的有效性，删除报头，确定数据报是由本地处理还是转发；处理网间控制报文、流量控制、拥塞控制等。因特网在该层的协议主要有网络互联协议 IP、网间控制报文协议 ICMP、地址解析协议 ARP 等。

4）网络接口层

网络接口层负责接收 IP 数据报，并把该数据报发送到相应的网络上。一个网络接口可能由一个设备驱动程序组成，也可能是一个子系统，并有自己的链路协议。从理论上讲，该层不是 TCP/IP 协议的组成部分，但它是 TCP/IP 协议的基础，是各种网络与 TCP/IP 协议的接口。通信网络包括局域网和广域网，如以太网 Ethernet、异步传输模式（Asynchronous Transfer Mode，ATM）、光纤分布数据接口（Fiber Distributing Data Interface，FDDI）、令牌环型网 Token Ring、ARPnet、NSFnet 等。

3. TCP/IP 与 OSI 的关系

TCP/IP 各层协议与 OSI 七层协议的对应关系如图 6-7 所示。

4. 常用 TCP/IP 协议族介绍

TCP/IP 协议族中包括上百个互为关联的协议，不同功能的协议分布在不同的协议层。

图 6-7　TCP/IP 与 OSI 的关系

下面介绍几个常用协议。

1）网际协议（Internet Protocol，IP）

IP 协议是 TCP/IP 协议体系中最重要的部分，它是一个无连接的协议。在数据交换前，主机之间并未联络，经它处理的数据在处理时是没有保障的，是不可靠的。

IP 协议的基本任务是采用数据报方式，通过互联网传送数据，各个数据报之间是相互独立的。主机的网络层向它的传输层提供服务时，IP 协议不保证服务的可靠性，在主机资源不足的情况下，它可能丢失某些数据。同时，IP 协议也不检查可能由于网络接口层出现的错误而造成的数据丢失。

在发送数据时，若目的主机与源主机联在同一个网络中，IP 协议可以直接通过这个网络将数据报传送给目的主机；若源主机和目的主机不在同一网络，数据报则经过本地 IP 路由器，通过下一个网络将数据报传送到目的主机或下一个路由器。这样，一个 IP 数据报就需要经过一组互联网络从源主机传送到目的主机。

当数据到达目的主机时，网络接口层先接收数据，并检查数据帧有无错误，如果数据帧正确，网络接口层便从数据帧提取有效数据，将其交给网络层的 IP。当 IP 确定数据报本身在传输过程中无误时，将数据报中包含的目的地址与主机的 IP 地址进行比较，如果比较结果一致，则表明数据报已传送到正确的目的地址。随后，IP 检查数据报中的各个域，以确定源主机 IP 发送的是什么指令，在通常情况下，这些指令是要将数据报传送给传输层的 TCP 或 UDP 协议。

2）传输控制协议（Transmission Control Protocol，TCP）

TCP/IP 的传输层有两个重要的协议：一个是面向连接的传输控制协议 TCP，另一个是无连接的用户数据报协议（User Datagram Protocol，UDP）。TCP 协议和 UDP 协议都使用 IP 协议，也就是说，这两个协议在发送数据时，其协议数据单元都作为下层 IP 数据报中的数据。在接收数据时，IP 数据报将其报头去掉，根据上层使用的传输协议，把数据部分交给上层的 TCP 或 UDP。

TCP 协议定义了两台计算机之间进行可靠传输时交换的数据和确认信息的格式，以及计算机为了确保数据的正确到达而采取的措施。该协议是面向连接的，可提供可靠的、按序传送数据的服务。

TCP 协议提供的连接是双向的。应用层的报文传送到传输层,加上 TCP 首部,就构成了数据传送单元,称为报文段。在发送时,TCP 的报文段作为 IP 数据报的数据。加上 IP 首部后,称为 IP 数据报。在接受时,IP 数据报将其首部去除后上交给传输层,得到 TCP 报文段。TCP 再将其首部去掉,得到应用层所需的数据。

TCP 提供的是面向连接的流传输。首先,在进行实际数据传输前,必须在源主机(信源端)与目的主机(信宿端)之间建立一条连接,如果连接不成功,则信源端不向信宿端发送数据。其次,在面向连接的流传输中,每个字节都有一个序号,接收方 TCP 模块用校验和例程来检查传输过程中可能受损的数据。如果接收的数据正确,接收方 TCP 模块给发送方 TCP 模块返回一个肯定的确认;如果接收到的数据受损,接收方 TCP 模块丢弃该数据并用序号通知发送方 TCP 模块。

TCP 采用的最基本的可靠性技术包括三个方面:确认与超时重传、流量控制和拥塞控制。确认与超时重传机制基本思想是:信宿端在每收到一个正确分组时就向信源端回送一个确认;信源端在某一个时间片内如果每有收到确认,则重传该分组。确认与超时重传机制保证端到端间信息传输的可靠性。

TCP 采用滚动窗口进行流量控制。在信源端设立发送缓冲区,亦即发送窗口。如果发送窗口的大小为 n,则表示该缓冲区可以存放 n 个报文,并可连续发送。滑动窗口控制注入网络的流量,窗口减小,流量减小。当 $n=1$ 时,每发送一个分组必须等待确认后再发送下一个分组。信宿机也设立接收缓冲区,即接收窗口,接收窗口的大小 m 表示可以接收 m 个分组。当 $m=1$ 时,表示只能按顺序接收分组。

TCP 仍采用滚动窗口进行拥塞控制。在非拥塞状态下,发送和接收窗口的大小相同,一旦发生拥塞,则立即通过某种方式通知发送端将发送窗口减小,以限制报文流入网络的速度,消除拥塞。

3)用户数据报协议(User Datagram Protocol,UDP)

UDP 协议也是建立在 IP 协议之上,同 IP 协议一样提供无连接数据报传输。UDP 本身并不提供可靠性服务,相对 IP 协议,它唯一增加的能力是提供协议端口,以保证进程通信。

虽然 UDP 不可靠,但 UDP 效率很高。在不需要 TCP 全部服务时,有时用 UDP 取代 TCP。例如,简单文件传输协议 TFTP、简单网络管理协议 SNMP 和远过程调用 RPC 就使用了 UDP。在实践中,UDP 往往面向交易型应用,一次交易往往只有一来一回两次报文交换,假如为此而建立连接和拆除连接,系统开销是相当大的。这种情况下使用 UDP 就很有效了,即使因报文损失而重传一次,其开销也比面向连接的传输要小。

4)远程终端访问(Telecommunication network,Telnet)

远程终端访问协议提供一种非常广泛的、双向的、8 字节的通信功能。这个协议提供了一种与终端设备或终端进程交互的标准方法。该协议提供的最常用的功能是远程登录。远程登录就是通过因特网进入和使用远距离的计算机系统,就像使用本地计算机一样。远程计算机可以在同一间屋子里或同一校园内,也可以在数千公里之外。

5)文件传输协议(File Transfer Protocol,FTP)

文件传输协议用于控制两个主机之间的文件交换。FTP 工作时使用两个 TCP 连接:一个用于交换命令和应答,另一个用于移动文件。

FTP 是 Internet 上最早使用的文件传输程序，它同 Telnet 一样，使用户能够登录到 Internet 的一台远程计算机，把其中的文件传送回自己的计算机系统，或者反过来，把本地计算机上的文件传送到远程计算机系统。

6）简单邮件传送协议（Simple Mail Transfer Protocol，SMTP）

Internet 标准中的电子邮件是一个简单的面向文本的协议，用来有效、可靠地传送邮件。作为应用层协议，SMTP 不关心下层采用什么样的传输服务。它通过 TCP 连接来传送邮件。

7）域名服务（Domain Name Service，DNS）

DNS 是一个名字服务的协议，它提供了名字到 IP 地址的转换。虽然 DNS 的最初目的是使邮件的发送方知道邮件接收主机及邮件发送主机的 IP 地址，但现在它的用途越来越广。

5．TCP/IP 协议的数据传输过程

TCP/IP 协议的基本传输单位是数据报（Datagram）。

TCP 协议负责把数据分成若干个数据报，并给每个数据报加上报头，报头上有相应的编号，以保证数据接受端能将数据还原为原来的格式。IP 协议在每个报头上再加上目的（接收端）主机的地址，使数据能找到自己要去的地方。如果传输过程中出现数据丢失、数据失真等情况，TCP 协议会自动要求数据重新传输，并重组数据报。总之，IP 协议保证数据的传输，TCP 协议保证数据传输的质量。

6.4.2　IP 地址

1．IP 地址的定义

IP（Internet Protocol Address）地址就是指接入因特网的节点计算机地址。每个连接在 Internet 上的计算机都需要分配一个 IP 地址，并且地址唯一，从而区别因特网上的千万个用户、几百万台计算机和成千上万的组织。

按照 TCP/IP 协议规定，IP 地址用二进制来表示，每个 IP 地址长 32bit，比特换算成字节，就是 4 个字节。例如一个采用二进制形式的 IP 地址是"00001010000000000000000000000001"，这么长的地址，人们处理起来也太费劲了。为了方便人们的使用，IP 地址经常被写成十进制的形式，中间使用符号"."分开不同的字节。于是，上面的 IP 地址可以表示为"10.0.0.1"。IP 地址的这种表示法叫做"点分十进制表示法"，这显然比 1 和 0 容易记忆得多。

2．IP 地址的构成

Internet 上的每台主机都有一个唯一的 IP 地址。IP 协议就是使用这个地址在主机之间传递信息。IP 地址的长度为 32 位，分为 4 段，每段 8 位，用十进制数字表示，每段数字范围为 0～255，段与段之间用句点隔开。例如，156.223.1.1。IP 地址由两部分组成：一部分为网络地址，另一部分为主机地址。IP 地址就像是我们的家庭住址一样，如果你要去看望一个人，你就要知道他（她）的地址，这样才能找到想要看望的人，计算机发送信息是就像是去拜访朋友,拜访者必须知道被拜访者唯一的"家庭地址"才能不至于走错门。只不过我们的地址使用文字来表示的,计算机的地址用十进制数字表示。

众所周知,在电话通讯中,电话用户是靠电话号码来识别的。同样,在网络中为了区别不同的计算机,也需要给计算机指定一个号码,这个号码就是"IP 地址"。

如何正确理解 IP 地址的含义是理解 TCP/IP 网络的关键。主机的 IP 地址与街道地址有类似之处,如街道名和门牌号构成街道地址,而 IP 地址也是由两部分组成,即网络地址和主机地址。习惯上,网络地址称为称为网络标识(netID),即网络 ID,主机地址称为主机标识(hostID),即主机 ID,其中,ID 是一种数字编号。同街道上的每一居户拥有相同的街道名、不同的门牌号一样,同一网络上的每台主机也使用相同的网络 ID、不同的主机 ID。网络号的位数直接决定了可以分配的网络数(计算方法 2 ^ 网络号位数);主机号的位数则决定了网络中最大的主机数(计算方法 2 ^ 主机号位数-2)。

有人会以为,一台计算机只能有一个 IP 地址,这种观点是不够准确的。我们可以指定一台计算机具有多个 IP 地址,因此在访问互联网时,不要认为一台计算机只有一个 IP 地址;另外,多台服务器可以共用一个 IP 地址,这些服务器在用户看起来就是一台主机。

IP 地址的结构表明,利用 IP 地址可以在互连网络上方便地进行寻址。首先按 IP 地址中的网络 ID 找到对应的网络,在按主机 ID 在该网络找到主机。因此,IP 地址不只是一个计算机编号,它指出了连接到某个网络上的某台计算机。为了保证因特网上每台计算机 IP 地址的唯一性,IP 地址由因特网名字与号码指派公司 ICANN(Internet Corporation for Assigned Names and Numbers)进行分配,用户想要获取 IP 地址,需要向 ICANN 申请后才可以使用。

3. 分类

为了便于对 IP 地址进行管理,同时考虑到网络的差异很大,有的网络拥有很多主机,而有的网络上主机又相对较少等因素,IP 地址分成五类,即 A 类、B 类、C 类、D 类和 E 类,其中 A 类、B 类、C 类地址经常使用,称为 IP 主类地址,它们均由两部分组成,如图 6-8 所示。D 类和 E 类地址被称为 IP 次类地址。

图 6-8　IP 地址分类

1）网络 ID

A 类、B 类、C 类地址的网络 ID 分别占 1、2、3 个字节长。在网络地址的最前面分别由 1～3 个固定位,其数值分别规定为 0、10 和 110。

2）主机 ID

A 类、B 类、C 类地址的主机 ID 分别占 3、2、1 个字节长度。

下面分别介绍这五类 IP 地址:

A 类地址分配给规模特别大的网络使用,每个 A 类地址的网络有众多的主机。具体规定如下:32 位地址域中第 1 个 8 位为网路标识,其中首位为 0,表示 A 类地址,其余 24 位均作为接入网络主机的标识,由该网的管理者自行分配。因此,每个 A 类网络有 16 777 214 台主机,共有 126 个 A 类地址网络。

B 类地址分配给一般的大型网络使用,每个 B 类地址的网络有较多的主机。具体规定如下:32 位地址域中前 2 个 8 位为网络标识,其中前两位为 10,表示 B 类地址,其余 16 位均作为接入网络主机的标识,由该网的管理者自行分配。因此,每个 B 类网络有 65 534 台主机,共有 16 383 个 B 类地址网络。

C 类地址分配给小型网络使用,如大量的局域网和校园网,每个 C 类地址的网络只有少量的主机。具体规定如下:32 位地址域中前 3 个 8 位为网络标识,其中前 3 位为 110,表示 C 类地址,其余 8 位均作为接入网络主机的标识,由该网的管理者自行分配。因此,每个 C 类网络有 254 台主机,共有 2 097 151 个 C 类地址网络。

D 类地址是组广播地址,主要留给 Internet 体系结构委员会使用,其最左边的 4 位总是以 1110 开头。这类地址可用于广播,当进行广播时,信息可有选择地发送给网络上的所有计算机的一个子集。

E 类地址保留今后使用,它是一个实验性网络地址,通常不用于实际的工作环境。E 类地址最左边的 4 位总是以 1111 开头。

4. IP 地址的表示

如果采用 32 位二进制位即 4 个字节表示 IP 地址,很难让人读懂和理解。当我们将每一个字节的二进制数转换成对应的十进制数时,就可以用 4 组十进制数字来表示 IP 地址,每组数字取值范围为 0～255,组与组之间用圆点"."作为分隔符,这样的表示形式易于接受。

例如,用二进制表示的 B 类 IP 地址 10000000 00001011 00000011 00011111,也可用点分十进制数表示为 128.11.3.31。

5. IPv4 和 IPv6

现有的 Internet 是在 IPv4 协议的基础上运行的。IPv6 是下一版本的 Internet 协议,也可以说是下一代 Internet 的协议,它的提出最初是因为随着 Internet 的迅速发展,IPv4 定义的有限地址空间将被耗尽,而地址空间的不足必将妨碍互联网的进一步发展。为了扩大地址空间,拟通过 IPv6 以重新定义地址空间。IPv4 采用 32 位地址长度,只有大约 43 亿个地址,估计在 2005—2010 年间将被分配完毕,而 IPv6 采用 128 位地址长度,几乎可以不受限制地提供地址。按保守方法估算 IPv6 实际可分配的地址,整个地球的每平方米面积上仍可分配 1000 多个地址。在 IPv6 的设计过程中除解决了地址短缺问题以外,还考虑了在 IPv4 中解决不好的其他一些问题,主要有端到端 IP 连接、服务质量(QoS)、安全性、多播、移动性、即插即用等。

IPv6 与 IPv4 相比,主要有如下一些优势。第一,明显地扩大了地址空间。IPv6 采用 128 位地址长度,几乎可以不受限制地提供 IP 地址,从而确保了端到端连接的可能性。第二,提高了网络的整体吞吐量。由于 IPv6 的数据包可以远远超过 64KB,应用程序可以利用最大传输单元(MTU),获得更快、更可靠的数据传输,同时在设计上改进了路由协议,采用简化的报头定长结构和更合理的分段方法,使路由器加快数据包处理速度,提高了转发效率,从而提高网络的整体吞吐量。第三,使得整个服务质量得到很大改善。报头中的业务级别和流标记通过路由器的配置可以实现优先级控制和 QoS(Quality of Service,服务质量)保障,从而极大改善了 IPv6 的服务质量。第四,安全性有了更好的保证。采用 IPSec(Internet 协议安全性)可以为上层协议和应用提供有效的端到端安全保证,能提高在路由器水平上的安全性。第五,支持即插即用和移动性。设备接入网络时通过自动配置可自动获取 IP 地址和必要的参数,实现即插即用,简化了网络管理,易于支持移动节点。而且 IPv6 不仅从 IPv4 中借鉴了许多概念和术语,它还定义了许多移动 IPv6 所需的新功能。第六,更好地实现了多播功能。在 IPv6 的多播功能中增加了“范围”和“标志”,限定了路由范围和可以区分永久性与临时性地址,更有利于多播功能的实现。

目前,随着互联网的飞速发展和互联网用户对服务水平要求的不断提高,IPv6 在全球将会越来越受到重视。

6.4.3　域名系统

IP 地址虽然可以唯一地标识网上主机的地址,但用户记忆数以万计的用数字表示的主机地址十分困难。若能用代表一定含义的字符串来表示主机的地址,用户就比较容易记忆了。为此,因特网提供了一种域名系统(Domain Name System,DNS),为主机分配一个由多个部分组成的域名。

因特网采用层次树状结构的命名方法,使得任何一个连接在因特网上的主机或路由器都可以有一个唯一的层次结构的名字,即域名(domain name)。域名由若干部分组成,各部分之间用圆点“.”作为分隔符。它的层次从左到右,逐级升高,其一般格式是:

计算机名.组织结构名.二级域名.顶级域名

1. 顶级域名

域名地址的作后一部分是顶级域名,也称为第一级域名,顶级域名在因特网中是标准化的,并分为三种类型:

国家顶级域名——例如 cn 代表中国、jp 代表日本、us 代表美国。在域名中,美国国别代码通常省略不写。

国际顶级域名——国际性的组织可在 int 下注册。

通用顶级域名——最早的通用顶级域名共 6 个:

- com 表示公司、企业。

- org 表示非盈利性组织。
- gov 表示政府部门（美国专用）。
- net 表示网络服务机构。
- edu 表示教育机构。
- mil 表示军事部门（美国专用）。

随着因特网的迅速发展，用户的急剧增加，现在又新增加了 7 个通用顶级域名：

- firm 表示公司、企业。
- web 表示突出万维网活动的单位。
- rec 表示突出消费、娱乐活动的单位。
- shop 表示销售公司和企业。
- info 表示提供信息服务的单位。
- arts 表示突出文化、娱乐活动的单位。
- nom 表示个人。

2. 二级域名

在国家顶级域名注册的二级域名均由该国自行确定。我国将二级域名划分为"类别域名"和"行政区域名"。其中"类别域名"有 6 个，分别为 ac 表示科研机构；com 表示工、商、金融等企业；edu 表示教育机构；gov 表示政府部门；net 表示互联网络、接入网络的信息中心和运行中心；org 表示各种非盈利性的组织。"行政区域名"34 个，适用于我国的各省、自治区、直辖市和特别行政区。例如，bj 为北京市；sh 为上海市；tj 为天津市；cq 为重庆市；hk 为香港特别行政区；om 为澳门特别行政区；he 为河北省等。若在二级域名 edu 下申请注册三级域名，则由中国教育和科研网络中心 Cernet NIC 负责；若在二级域名 edu 之外的其他二级域名之下申请注册三级域名，则应向中国网网络信息中心 CNNIC 申请。

3. 组织机构名

域名的第三部分一般表示主机所属域或单位。例如，域名 cernet.edu.cn 中的 cernet 表示中国教育科研网，域名 tsinghua.edu.cn 中的 tsinghua 表示清华大学，pku.edu.cn 中的 pku 表示北京大学等。域名中的其他部分，网络管理员可以根据需要进行定义。

4. 域名与 IP 地址的关系

域名和 IP 地址存在对应关系，当用户要与因特网中某台计算机通信时，既可以使用这台计算机的 IP 地址，也可以使用域名。相对来说，域名易于记忆，用得更普遍。

由于网络通信只能标识 IP 地址，所以当使用主机域名时，域名服务器通过 DNS 域名服务协议，会自动将登记注册的域名转换为对应的 IP 地址，从而找到这台计算机。

6.5 网络接入基本技术

因特网的发展为我们提供了更大的发展空间和机会，但是网络传输速率已成为人们利用网络资源的瓶颈。一系列新的 Internet 服务，包括提供音频、视频流、远程教育、远程医疗、电子商务、访问 CD-ROM 服务器,视频点播以及其他大量网络服务,都受限于网络的传输速度而得不到广泛的应用。为了解决这些问题,世界各国竞相采用先进的交换技术和路由技术,提升 Internet 的传输速率,出现了各种宽带网络技术。

6.5.1 骨干网和接入网的概念

我们平时所说的宽带网络,一般是指宽带互联网,即为使用户实现传输速率超过 2Mbps、24 小时连接的非拨号接入而存在的网络基础实施及其服务。宽带互联网可分为骨干网和宽带接入网两部分。

骨干网又被称为核心网络,它由所有用户共享,负责传输骨干数据。骨干网通常是基于光纤的,能够实现大范围(在城市之间和国家之间)的数据传送。这些网络通常采用高速传输网络(如 SONET/SDH)传输数据,高速交换设备(如 ATM 和基于 IP 的交换)提供网络路由。业内人士对骨干网传输速率约定俗成的定义是至少应达到 2Gbps。

接入网就是我们通常所说的"最后一公里"的连接——即用户终端设备与骨干网之间的连接。也就是本地交换单元与用户之间的连接部分,通常包括用户线路传输系统、复用设备、数字交叉连接设备与用户/网络接口等。

6.5.2 常用宽带接入技术

在接入网方面,目前国际上主流并且比较成熟的技术包括基于铜线的 xDSL 技术、光纤同轴混合技术、光纤接入技术以及无线宽带接入网技术等。这些技术基于的硬件环境不同,各自的性能特点也有较大差异,下面一一进行介绍。

1. 基于铜线的 xDSL 接入技术

DSL(Digital Subscriber Line,数字用户环路)技术是基于普通电话线的宽带接入技术,它在同一铜线上分别传送数据和语音信号,数据信号并不通过电话交换机设备,减轻了电话交换机的负载;并且不需要拨号,一直在线,属于专线上网方式,这意味着使用 xDSL 上网并不需要缴付另外的电话费。

由于历史原因,传统的电话用户铜线接入网构成了整个通信的重要部分,它分布面广,所占比重大,其投资占传输线总投资的 $70\% \sim 80\%$,如何充分利用这部分宝贵资源开发新的宽带业务,是中近期接入网发展的重要任务。而 xDSL 就是一种充分利用铜线的有效宽带接入技术。

xDSL 中的"x"代表了各种数字用户环路技术,包括 ADSL、RADSL、HDSL 和 VDSL 等。

1) ADSL 技术

ADSL(Asymmetric Digital Subscriber Line,非对称数字用户环路)被欧美等发达国家誉为"现代信息高速公路上的快车",因具有下行速率高、频带宽、性能优等特点而深受广大用户的喜爱,成为继 Modem、ISDN 之后的一种全新更快捷、更高效的接入方式。

ADSL 是一种非对称的 DSL 技术,所谓非对称是指用户线的上行速率与下行速率不同,上行速率低,下行速率高,特别适合传输多媒体信息业务,如视频点播(VOD)、多媒体信息检索和其他交互式业务。ADSL 在一对铜线上支持上行速率 512Kbps～1Mbps，下行速率 1～8Mbps，有效传输距离在 3～5km 范围以内。

ADSL 是目前众多 DSL 技术中较为成熟的一种，其带宽较大、连接简单、投资较小，因此发展很快，目前国内石家庄、广州、深圳、上海、北京、成都等地的电信部门已先后推出了 ADSL 宽带接入服务，而区域性应用更是发展快速，但从技术角度看，ADSL 对宽带业务来说只能作为一种过渡性方法。

2）HDSL 技术

HDSL（High-data-rate Digital Subscriber Line，高速数字用户环路）是一种对称的 DSL 技术，可利用现有电话线铜缆用户线中的两对或三对双绞线来提供全双工的1.544Mbps(T1)或 2.048Mbps(E1)数字连接能力，传输距离可达 3～5km。

HDSL 的优点是充分利用现有电缆实现扩容，并可以解决少量用户传输 384Kbps 和 2048Kbps 宽带信号的要求。其缺点是目前还不能传输 2048Kbps 以上的信息，传输距离限于 6～10km 以内。

3）RADSL 技术

RADSL（Rate Adaptive Digital Subscriber Line，速率自适应非对称数字用户环路）是自适应速率的 ADSL 技术，可以根据双绞线质量和传输距离动态地提交 640Kbps～22Mbps 的下行速率，以及 272Kbps～1.088Mbps 的上行速率。

4）VDSL 技术

VDSL（Very-High-data-rate Digital Subscriber Line，甚高速数字用户环路）技术是鉴于现有 ADSL 技术在提供图像业务方面的宽带十分有限以及经济上成本偏高的弱点而开发的。ADSL 是 xDSL 技术中最快的一种，采用 DMT 线路码。在一对铜质双绞电话线上，下行速率为 13～52Mbps，上行速率为 1.5～2.3Mbps。但 VDSL 的传输距离较短，一般只在几百米以内。

总的来说，xDSL 技术允许多种格式的数据、话音和视频信号通过铜线从局端传给远端用户，可以支持高速 Internet/Intranet 访问、在线业务、视频点播、电视信号传送、交互式娱乐等，适用于企事业单位、小公司、家庭、消费市场和校园等。其主要优点是能在现有 60％ 的铜线资源上传输高速业务，解决光线不能完全取代铜线"最后几公里"的问题。

但 DSL 技术也有其不足之处。它们的覆盖面有限（只能在短距离内提供高速数据传输），并且一般高速传输数据是非常对称的，仅仅能单向高速传输数据（通常是网络的下行方向）。因此，这些技术只适合一部分用户应用。此外，这些技术对铜缆用户线路的质量也有一定要求，因此在实践中实施起来有一定难度。

2. 光线同轴混合技术

HFC（Hybrid Fiber Coaxial，光线同轴混合）系统是在传统的同轴电缆 CATV 技术基础上发展起来的。从局端到光电节点采用有源光纤接入，而光电节点到用户用同轴电缆接入。HFC 系统成本比光纤用户环路低，并有铜缆双绞线无法比拟的传输宽带。HFC 可以直接把 750MHz～1GHz 或更高的宽带送到用户家中，具备了开展诸如电视广播（模拟电视、数字电视）、视频点播、数据通信（Internet 接入、LAN 互连等）和电信服务等多种增值服务项目和交互式业务的能力，其开发应用潜力不可估量。在当前光纤到户还不现实的情况下，采用主干线为光线、接入网为同轴电缆的 HFC 系统能够将 CATV、数据通信和电话三者融合在一起，经济有效地传送，尽早实现 CATV、数据通信、电话"三网合一"。

　　HFC 采用 Cable Modem(电缆调制解调器)实现用户和光纤的连接。Cable Modem 是一种可以通过有线电视网络进行高速数据接入的装置。它一般有两个接口：一个用来接室内墙上的有线电视端口，另一个与计算机相连。Cable Modem 不仅包含调制解调部分，它还包括电视接收调谐、加密解密和协议适配等部分，它还可能是一个桥接器、路由器、网络控制器或集线器。一个 Cable Modem 要在两个不同的方向上接收和发送数据，把上、下行数字信号用不同的调制方式调制在双向传输的某一个宽带(6MHz 或 8MHz)的电视频道上。它把上行的数字信号转换成模拟射频信号，类似电视信号，所以能在有线电视网上传送。接收下行信号时，Cable Modem 把它转换为数字信号，以便计算机处理。

　　Cable Modem 的传输速度一般可达 3～50Mbps，距离可以是 100km 甚至更远。Cable Modem 通过有线电视网络进行高速数据传输，从网上下载信息的速度是现有的电话 Modem 的 1000 倍。通过电话线下载需要 20 分钟完成的工作，使用 Cable Modem 只需要 1.2 秒。

　　Cable Modem 的传输模式分为对称式传输和非对称式传输。

　　所谓对称式传输是指上／下行信号各占用一个普通频道 8M 宽带，上／下行信号可能采用不同的调制方法，但用相同传输速率(2～10Mbps)的传输模式。在有线电视网里利用 5～30(42)MHz 作为上行频带，对应的回传最多可利用 3 个标准 8MHz 频带：500～550MHz 传输模拟电视信号，550～650MHz 为 VOD(视频点播)，650～750MHz 为数据通信。利用对称式传输，开通一个上行通道(中心频率 26MHz)和一个下行频道(中心频率 251MHz)。上行的 26MHz 信号经双向滤波器检出，输入给变频器，变频器解出上行信号的中频(36～44MHz)再调制为下行的 251MHz，构成一个逻辑环路，从而实现了有线电视网双向交互的物理链路。

　　由于用户上网发出请求的信息量远远小于信息下行量，而上行通道又远远小于下行通道，人们发现非对称式传输能满足客户的要求，而又避开了上行通道宽带相对不足的矛盾。

　　频分复用、时分复用的配合加之以新的调制方法，每 8MHz 宽带下行速率可达 30Mbps，上行传输速率为 512Kbps 或 2.048Mbps。很明显，非对称式传输最大的优势在于提高了下行速率，并极大地满足网上数以万计的客户的应用申请，相对应的非对称式传输的前端设备较为复杂，它不仅有对称式应用中的数字交换设备，还必须有一个线缆路由器 (Cable Router)，才能满足网络交换的需要；而对称式传输中执行的 IEEE 802.4 令牌网协议，在同一链路用户较少时还能达到设计速率，当用户达到一定数量时，其速率迅速下降，不能满足客户多媒体应用的需求。此时，非对称式传输就比对称式传输有了更多更大的应用范围，它可以开展电话、高速数据传递、视频广播、交互式服务和娱乐等服务，它能最大限度地利用可分离频谱，按客户需要提供带宽。

　　很明显，不同的用途，不同的范围和规范，就应该注意选择不同的传输模式和不同的产品。写字楼、办公楼、学校和小区主要是用网络传输数据、资料以及 Internet 接入，那么就选择对称模式的 Cable Modem，而且该类产品易用、易维护、价格低廉。如果网络节点设计合理的话(例如 500 个电视终端、200 个数据用户)，利用有线电视网，采用对称式传输模式建立一个企业的 Intranet 通信平台也是可行的。

HFC 接入技术优点是速率高、有现成的网络、既可上网又可看电视、速率基本不受距离限制。其缺点是有线电视网的信道带宽是共享的，每个用户的带宽随着用户的增多将变得越来越少。另外传统的有线电视网是广播型的，在进行交互式数据通信之前要进行双向改造。

3．光纤接入技术

利用光纤传输宽带信号的接入网叫光纤接入网。光纤传输系统具有传输信息容量大、传输损耗小、抗电磁干扰能力强等特点，是宽带业务最佳的通信方式。可预言，用户接入网络的发展方向必然是光纤化。目前，在光纤用户接入网中，按实际用户对业务需求量和投资情况，它的接入方式主要有光纤到路边（FTTC）、光纤到大楼（FTTB）和光线到家（FTTH）。按照光纤接入网中使用有源器件与否，可分为有源光纤接入技术 AON（Active Optical Network）和无源光纤接入技术 PON（Passive Optical Network）。

1）有源光纤接入技术 AON

AON 的传输速率从 64Kbps 到数百 Mbps，传输距离可达 70km。AON 的优点是用户可以共享有源节点之前的配线光缆，这段光缆通常距离较长，可用于中小型企事业用户或住宅用户。AON 的缺点是需要解决有源节点户外安装、供电和远程操作系统，AON 网络的远期投资较大。

2）无源光纤接入技术 PON

PON 采用星型拓扑结构，传输距离比有源光纤接入系统短，覆盖的范围较小，但它的造价低，无需另设机房，维护容易。PON 网络的突出优点是消除了户外的有源设备，所有的信号处理功能均在交换机和用户宅内设备完成。而且这种接入方式的前期投资少，大部分资金要推迟到用户真正接入时才发生。因此这种结构可以经济地为家庭用户服务。PON 的复杂性在于信号处理技术。在下行方向，交换机发出的信号是广播方式发给所有的拥护，需要加密才能保证通信的安全。在上行方向，必须采用某种多地址接入协议，如时分多路访问协议（Time Division Multiple Access Protocol，TDMSP）才能完成共享传输通道信息访问。

3）同步光纤接入技术

同步光纤接入技术，即同步数字体系技术（Synchronous Digital Hierarchy，SDH）。SDH 正是当今信息领域在传输技术方面的发展和应用热点，它是一个将复接、线路传输及交换功能融为一体的、并由同一网络管理系统操作的综合信息传输网络，可以实现诸如网络的有效管理、开放业务时的性能监视、动态网络维护、不同供应厂商设备之间的互通等多项功能，大大提高了网络资源利用率，并显著降低了管理和维护费用，实现了灵活、可靠和高效的网络运行和维护。

光纤用户网具有带宽大、传输速度快、传输距离远、抗干扰能力强等特点，适于多种综合数据业务的传输，是未来宽带网络的发展方向。但要实现光纤到家庭，无论在技术上，还是在实现成本上，都还有很长的一段路要走。

4．无线接入网

无线接入类型可分为固定无线接入和移动无线接入。固定无线接入又称为无线本地环路（Wireless Local Loop，WLL），其网络侧有标准的有线接入 2 线模拟接口或 2Mbps 的数字接口,可直接与公用电话网的本地交换机连接,用户侧与电话机相连,可代替有线接入系统,固定无线接入系统可分为微波一点多址系统、卫星直播系统、本地多点分布业务系统和多点多路分布业务系统等。移动无线接入系统有集群通信系统、寻呼电话系统和蜂窝移动通信系统、同步卫星移动通信系统、低轨道卫星移动通信系统和个人通信系统。

这里主要介绍目前应用较多的几种新型数字化宽带无线接入方式。

1) 本地多点分配业务系统(Local Multipoint Distribution Services,LMDS)。LMDS工作在毫米波波段 10～38GHz,其频率高达 1GHz 以上,支持多种宽带交互式数据及多媒体业务。LMDS 系统采用蜂窝状设计,由 3 个基本功能组成:用户设备,基站节点和骨干网。单个蜂窝的覆盖区为 2～5km,每个小区又可划分为多个扇区(1～24 个),每个扇区覆盖 15°～60°,每个扇区的容量可达到 200Mbps,多扇区可以覆盖 360°,中心站容量高达 4.8Gbps。LMDS 系统和远端站包括一副天线,室外单元(ODU)和室内单元(IDU)。LMDS是宽带无线接入技术的一种新趋势,其优势表现在铺设开通快,维护简单,用户密度大时成本低。

2) GPRS 接入方式。通用分组无线业务(General Packet Radio Service,GPRS)是一种新的分组数据承载业务。下载资料和通话可以同时进行。目前 GPRS 达到 115Kbps。

3) 蓝牙技术与 HomeRF 技术。蓝牙技术是 10m 左右的短距离无线通信标准,用来设计在便携式计算机、移动电话以及其他移动设备之间建立起一种小型、经济和短距离的无线链路。HomeRF 主要为家庭网络设计,是计算机与其他电子设备之间实现无线通信的开放性工业标准。它采用 IEEE 802.11 标准构建无线局域网,能满足未来家庭的宽带通信。

4) Wi-Fi 接入方式。Wi-Fi 是一个无线网络通信技术的品牌,由 Wi-Fi 联盟(Wi-Fi Alliance)所持有。目的是改善基于 IEEE 802.11 标准的无线网络产品之间的互通性。几乎所有智能手机、平板电脑和笔记本电脑都支持无线保真上网,是当今使用最广的一种无线网络传输技术。Wi-Fi 实际上就是把有线网络信号转换成无线信号,使用无线路由器供支持其技术的相关计算机、手机、平板电脑等接收。手机如果有无线保真功能的话,在有 Wi-Fi 无线信号的时候就可以不通过移动联通的网络上网,省掉了流量费。

5) 利用 3G/4G 网络手机接入

3G 网络是指支持高速数据传输的蜂窝移动通讯技术的第三代移动通信技术的线路和设备铺设而成的通信网络。3G 网络将无线通信和国际互联网等多媒体通信手段相结合,形成新一代通信系统。中国电信 C DMA、中国联通 TD-CDMA 等都是 3G 网络,理论速率可以达到 2Mbps。

4G 网络是第四代移动通信网络。目前通过 ITU 审批的 4G 标准有两个,一个是我国研发的 TD-LTE,由 TD-SCDMA 演进而来,另外一个是欧洲研发的 LTE-FDD,由 WCDMA 演进而来。4G 网络速度可达 3G 网络速度的十几倍到几十倍,目前部分城市逐步开通。

6.5.3 传统接入技术

因特网提供端到端的网络连接,允许任一台计算机与其他任何一台计算机进行通信。与因特网连接的传统方式有仿真终端、SLIP/PPP(Serial Line Internet Protocol/Point-to-Point Protocol)连接和局域网连接等,其中以 SLIP/PPP 拨号接入和局域网接入最为常用。

1. 仿真终端方式

因特网服务提供者(Internet Services Provider,ISP)建立了许多服务系统和服务节点，它们同 Internet 直接连接。用户用一台计算机和一个调制解调器 Modem，经普通电话网或 X.25 网与服务节点相连，通过电话拨号登录到服务系统，实现同因特网的连接。

用这种连接方式，在用户计算机上要安装通信软件，在服务系统上要申请建立帐号。用户计算机和因特网的连接是没有 IP 协议的间接连接，在建立连接期间，通信软件的仿真功能使用户计算机成为服务系统的仿真终端。

这种连接方式很简单，也很容易实现，适合于信息传输量小的个人和单位。但是，服务范围往往受到一定的限制，譬如一般只允许交换电子服务，或对专题讨论组（News group）的访问，只有个别服务系统允许使用其他 Internet 服务。

2. SLIP/PPP 方式

这种连接方式，采用网络软件和 Modem 与 ISP 的系统连接，并使用户计算机成为因特网上一台具有独立有效 IP 地址的节点机。串行线路连接协议 SLIP 和点对点协议 PPP 都支持这种连接方式。

在连接中需要一台计算机、一部 Modem、普通电话网或 X.25 网、TCP/IP 软件和 SLIP/PPP 软件。同时还要在 ISP 系统上建立一个帐号，允许用户通过电话拨号进入 SLIP 或 PPP 服务器。用户同样用电话拨号通过 Modem 和串行线路登录服务器系统的主机，再进入因特网。在用户本地系统上由于安装并运行 SLIP/PPP 和 TCP/IP 软件，与因特网具有 IP 连接，用户计算机因此而成为因特网的节点机。当每次连接成功后，用户能够直接使用因特网的全部服务。这属于一种直接的连接方式，用户计算机系统要申请 IP 地址。

以 SLIP/PPP 方式入网在性能上优于以仿真终端方式入网。该方式能够得到因特网所提供的各种服务。特别是 SLIP/PPP 方式可以使用具有图像界面的软件，如 Netscape Navigator、Microsoft IE 等。以 SLIP/PPP 方式入网，是近年来发展最快的一种接入因特网方式。但是这种方式在使用图像界面是对通信速率有一定的要求。

3. 局域网接入方式

将一个局域网连接到 Internet 主机有两种方式：第一种是通过局域网的服务器、一个高速调制解调器和电话线路，在 TCP/IP 软件支持下把局域网与因特网主机连接起来，局域网中所有计算机共享服务器的一个 IP 地址；第二种是通过路由器在 TCP/IP 软件支持下把局域网与因特网主机连接起来，局域网上的所有主机都可以有自己的 IP 地址。路由器与因特网主机的通信可以是 X.25 网、DDN 专线或帧中继等。

采用这种接入方式的用户，软硬件的初始投资较高，每月的通信线路费用也较高。这种方式是唯一可以满足大信息量因特网通信的方式，最适合用于教育科研机构、政府机构及企事业单位中已装有局域网的用户，或希望多台主机都加入因特网的用户。

4. 学生宿舍局域网接入 Internet 实例

宿舍上网分为单机上网和多台终端共享上网两种情况。

第一种情况,单机连接网络。

通过当地的网络服务运营商(网通或者电信)申请开通 ADSL 网络服务,在 Windows 7 系统桌面,右击"网络"图标,在弹出的快捷菜单中选择"属性"命令,打开"网络和共享中心"窗口,选择"更改网络设置"中的"设置新的连接或网络",如图 6-9 所示,打开"设置连接或网络"对话框,选择"连接到 Internet",单击"下一步"按钮,打开"连接到 Internet"窗口,选择"宽带(PPPoE)(R)"选项,在弹出的如图 6-10 所示的对话框中输入用户名和密码,添加宽带连接成功。

图 6-9　设置或连接网络

图 6-10　输入宽带连接用户名密码

在"网络和共享中心"窗口选择"更改网络适配器"选项,选择"本地连接"图标,在其右键快捷菜单中选择"属性"命令,如图 6-11 所示,选择"Internet 协议版本 4(TCP/IPv4)"选项,打开"属性"对话框,分别选择"自动获得 IP 地址"和"自动获得 DNS 服务器地址"。

第二种情况,多台终端共享上网。

学生宿舍上网需求日益增加,而宿舍只有一部电话,如何通过一根电话线实现舍友同时

图 6-11　Internet 协议版本 4(TCP/IPv4)

上网,成了学生们非常关心的问题。

　　通过当地的网络服务运营商(网通或者电信)申请开通 ADSL 网络服务,如图 6-12 所示,完成网络物理连接。路由器可以选择无线路由(或有线路由),在浏览器地址栏输入 http://192.168.1.1(具体地址参考路由器说明书)进入路由器设置页面,根据路由器设置向导完成拨号设置,同时开通 DHCP 服务,在客户端计算机设置 TCP/IP 为自动获取 IP 地址,完成后即可实现多台计算机共享上网。

图 6-12　局域网通过 ADSL 接入 Internet

6.6　万维网 WWW 及浏览器 Internet Explorer 的使用

　　WWW 是 World Wide Web 的缩写,中文译为万维网或全球信息网,它是因特网中以超文本传输协议为基础的多媒体信息网,并非一个独立的物理网。WWW 信息的基本单位为 Web 页,它含有丰富的文字、图像、声音、动画等信息,提供 WWW 服务的万维网站称为

Web 站点,每个 Web 站点由若干个网页组成,而网页是用超文本标记语言 HTML(Hyper Text Markup Language)编写的,其中包含许多超级链接(Hyperlink)。用鼠标单击超级链接即可访问所链接的网页,该网页可以是本站的,也可以是另一个 Web 站点上的,以此将全球的 Web 站点联系在一起,从而形成全球范围的 WWW。

6.6.1 WWW 概述

WWW 可看成是 Internet 上的一个分布式信息库。它通过遍布全球的 Web 服务器(以网站的形式),向配有浏览器的所有 Internet 用户提供所需的信息服务。在 WWW 出现以前,Internet 上已经流行着如 FTP、Gopher、Wais、Usenet 等形式多样的信息服务。WWW 是最新的信息服务之一,由于它支持超文本、多媒体,不仅使用方便,而且能给人更加深刻的印象,所以很快便风靡全球。

1. WWW 的组成

WWW 采用客户机/服务器工作方式。客户机是连接到 Internet 上的无数计算机,在客户机上使用的程序称为 Web 浏览器,常用的有 Internet Explorer。

WWW 的基本组成有 Web 服务器、Web 浏览器、Web 页和 HTTP 协议等。

1) Web 页

Web 页是指在浏览器中所看到的结果,它是用超文本标记语言编写的文档。Web 页中包括文字、图像、声音等各种多媒体信息,也包括用超文本或超媒体表示的链接。在 WWW 中,信息都是通过 Web 页进行传送。制作和发布 Web 页是在 WWW 上发布信息的必由之路。一些相关的 Web 页合在一起便组成了一个 Web 站点,其中的首页是最引人注意的,被称为主页(HomePage),从该页出发可以连接到该站点的其他页面,也可以连接到其他的站点,由此就可以方便地接通世界上任何一个 Internet 节点。主页文件名一般为 Index. htm 或 Default. htm。

2) Web 服务器

用 Web 服务器来存放 Web 页,响应 Web 浏览器的请求并提供服务。任何人制作的 Web 页都必须存放在 Web 服务器上才能向网络发布。

3) Web 浏览器

Web 浏览器向 Web 服务器提出请求,请求得到所需要的 Web 页;接收 Web 服务器发送的 Web 页面,对收到的页面进行解释,并且在浏览器所在的工作站的屏幕上显示。Web 页上用 HTML 语言标记对文字、图形等信息加以标注。浏览器对这些标记进行解释,恢复信息的原来状态,并且在屏幕上显示。

4) HTTP 协议

HTTP 协议是超文本传输协议的简称,是浏览器和 WWW 服务器之间的通信协议。此外,HTTP 协议还提供了其他多个协议的统一接口,使得在浏览器中还可以使用除 HTTP 以外的若干协议,因此出现了专用名词 URL。

2. 有关术语及概念

1）超文本和超媒体

超文本（Hypertext）和超媒体（Hypermedia）都是万维网的信息组织技术。它们的共同点是：在页面上存在一些具有链接功能的备选项（带下划线的文字或图片等，简称为链接项或超链）。当用鼠标指向某项时，指针会变成手形；单击该项，则会跳转（称为"链接"）到新的一页。这种技术使您可以根据兴趣选择链接项（像在菜单中选择命令一样），并快速链接到所需信息。它们的不同点是：超文本是在文本中包含了有链接功能的文字（通常称为"热字"）；而超媒体是使链接项从文字扩展到图形、图像、动画等表示信息的媒体。

2）主页（Home Page，也称为首页）

主页是指一个网站的起始网页，通常包括该网站的目录等综合信息和多项链接，方便用户链接到其他网页。

3）超文本标记语言

超文本标记语言（Hyper Text Markup Language，HTML）是用于编写超文本网页的一种格式标注语言。用该语言写的文档类型名为. html 或. htm。

4）统一资源定位器 URL

统一资源定位器 URL 是 Uniform Resource Locator 的缩写，是在浏览器中对于需要访问的资源的描述。所有的浏览器中都会有一个位置给用户输入所需的 URL。在中文界面的浏览器中，URL 翻译为"地址"。但是，URL 的实际意义远远超出了"地址"的含义。

URL 由三个部分构成：资源类型（用协议表示）、存放资源的主机域名和资源文件名。如下所示：

<协议><主机域名><路径><文件名>

例如，http://www. yahoo. com 表明用 HTTP 协议查寻 yahoo 公司的 WWW 服务器主页。网页编写者按照 HTML 语法格式，用 URL 指明链接项所链接网页的地址。在浏览万维网时也要在 WWW 浏览器的地址栏输入欲查站点的 URL。

因此，URL 是要说明使用什么协议访问哪个主机上特定位置上的一个文件。信息资源类型（即协议）包括下面几种：

Http://——定位使用 Http 协议提供超文本信息服务的 Web 服务器。

Ftp://——定位使用 Ftp 协议进行文件传输服务的文件服务器。

File://——定位使用本地 Http 协议提供超文本信息服务的信息资源。

Telnet://——定位使用 Telnet 协议提供远程登录信息服务的服务器。

Mailto://——定位由电子邮箱构成的用户通信资源空间。

News://——通过网络新闻传输协议 NNTP 访问 Usenet 网络新闻。

Wais://——定位由全部 Wais 服务器构成的信息资源空间中的 Wais 服务器。

Gopher://——定位由全部 Gopher 服务器构成的信息资源空间的 Gopher 服务器。

以上表示中的 gopher 是一种信息查询的方法，目前使用得比较少。File 则表示访问本地主机上某个文件夹中的文件。

注意，在浏览器中访问新闻服务器和发送电子邮件的 URL 表示和其他协议的表示是有差别的。浏览器中直接支持 FTP 和 Telnet 协议,不需要客户程序就可以进行文件下载和远程登录。但是访问新闻服务器和发送邮件可能还是要使用预先设置的客户程序,至少在微软的 Internet Explorer 浏览器中是这样。

6.6.2 Internet Explorer 概述

Internet Explorer 是一个极为灵活方便的网上浏览器,它可以从不同的服务器中获得信息,支持多种类型的网页文件,如 HTML、Dynamic、Activex、Java、CSS、Scripting、Mode 等格式的文件。所有 Windows 操作系统内都捆绑有 Internet Explorer 浏览器程序,当用户安装 Windows 时,Internet Explorer 会被自动安装。

6.6.3 使用 Internet Explorer 浏览网页

1. Internet Explorer 浏览器的界面

双击 Windows 7 桌面上的 Internet Explorer 图标;也可以打开"开始"菜单,鼠标指针指向"所有程序"级联菜单,从中选择"Internet Explorer"菜单项。执行 Internet Explorer 程序,如图 6-13 所示,打开 Internet Explorer 9 浏览器窗口。

图 6-13　Internet Explorer 浏览器界面

Internet Explorer 主窗口由地址栏、菜单栏、命令栏、浏览器栏和浏览区等组成,完全符合 Windows 的窗口规范。

1) 地址栏

工具栏下面是 URL 地址栏,该栏是一个带下拉列表框的编辑框,用户在这里输入或选择要浏览的 WWW 主页的 URL 地址或网络实名。浏览网页时,地址栏中显示当前 Web 页的 URL 地址。

2) 工具栏

包括菜单栏和命令栏以及其他工具栏,主要包括操作浏览器的菜单和常用命令。

3) 浏览器栏

包括收藏夹和历史记录,用于浏览收藏的网页或历史浏览网页。

4) 浏览区

浏览区是 Internet Explorer 浏览器的主体部分,用来显示 Web 页面的内容。当浏览区中包含的内容在窗口中不能完全展示时,就会出现窗口滚动条。

2. 浏览网页

通过浏览器访问全球信息网的过程,就是用户在浏览器中输入网址,浏览器按用户输入的网址去访问相应的网站,得到所需的网页并显示出来。Internet Explorer 为用户轻松快捷地浏览网页提供了极大的方便。具体操作步骤如下:

(1) 双击桌面上的 Internet Explorer 图标,启动 Internet Explorer。此时会出现 Internet Explorer 的主窗口,Internet Explorer 将加载事先确定的起始页。

(2) 在地址栏中输入新的 Web 地址,例如输入 www. baidu. com 并按 Enter 键,Internet Explorer 将加载新的网页。

(3) 单击当前页上的任一链接,Internet Explorer 将加载新的网页。

(4) 要返回以前的网页,单击"后退"按钮。如果在倒退了几页后想要返回最后所在的网页,单击"前进"按钮。

(5) 要返回起始页,单击"主页"按钮。

网页地址被称为 URL(Uniform Resource Locator,统一资源地址)。所有的网页地址都以 http://打头,但也可以省略这部分地址,Internet Explorer 会自动把它输入进去。例如,如果输入 www. baidu. com 后按下 Enter 键,那么 Internet Explorer 会打开网页地址 http://www. baidu. com。

3. 停止和刷新网页

假如网页包含了大量的图形,则加载该网页会耗费大量的时间。如果对等待加载网页耗时过长,可以停止这一过程。Internet Explorer 也允许重新加载一个已加载了部分内容的网页。其具体操作步骤如下:

(1) 要停止加载当前页,单击"停止"按钮。

(2) 要重新加载当前页,单击"刷新"按钮。

4. 使用和设置收藏夹

为了帮助用户记忆和管理网址,Internet Explorer 专门为用户提供了"收藏夹"功能。收藏夹是一个文件夹,其中存放的文件都是用户喜爱的、经常访问的网站或网页的快捷方式。Internet Explorer 在自己的菜单中提供了一项功能,用以显示收藏夹中的内容,方便用户选择其中的网址。

1）在收藏夹中添加网页地址

当用户浏览到喜爱的网页时，可以把它添加到 Internet Explorer 中的收藏列表中去。使用这一特点，只需在列表中做选择就可以访问任何喜爱的站点。

添加网页到收藏夹的操作步骤如下：

如图 6-14 所示，打开需要添加到收藏夹的网页，例如要将"NBA_NIKE 新浪竞技风暴_新浪网"添加到收藏夹，则先打开 http://sports.sina.com.cn/nba 网页。打开"收藏"菜单，选择"添加到收藏夹"选项，"NBA_NIKE 新浪竞技风暴_新浪网"网页就被收藏在收藏夹中。

图 6-14　在收藏夹中添加网页地址

如图 6-15 所示，用户要浏览收藏夹中的网页，只需单击工具栏上的"收藏夹"按钮或"收藏夹、源和历史记录"按钮就可以选择访问。

图 6-15　"收藏夹"窗口

注意：用户也可单击"新建文件夹"按钮，在弹出的"创建文件夹"对话框中输入新文件夹的名称，然后单击"确定"按钮，可把网页添加到新建的文件夹中。

2）访问历史上访问过的网页

如图 6-16 所示，Internet Explorer 浏览器会将一段时间内（默认 20 天）访问过的网址记录下来，如需访问，单击"收藏夹、源和历史记录"按钮就可以找到历史记录网页。

图 6-16　"历史记录"窗口

5．保存网页信息

1）保存网页

对感兴趣的网页可以选择"文件"菜单中的"另存为"命令，把该网页的 HTML 文件保存到本地硬盘路径。

如果要保存页面中单个图像，在图像上单击鼠标右键，在快捷菜单中选择"图片另存为"命令，然后在对话框中给出要保存的图像的文件名。

如果要保存页面背景图像，右击，在快捷菜单中选择"背景另存为"命令，然后在对话框中给出要保存的背景图像的文件名。

如果要保存网页上的文本，可以先用鼠标拖动选中所要保存的文字信息，再选择"编辑"菜单中的"复制"命令。接着启动一个文字处理程序，如"记事本"或 Word，在其中选择"编辑"菜单中的"粘贴"命令，将在 Internet Explorer 中选中的文字复制到文字处理程序中，最后将内容存盘。

2）打印网页

打开要打印的网页，选择"文件"菜单中的"打印"命令或者单击命令栏中的"打印机"图标，单击"打印"按钮，即可打印网页。

6．设置浏览器的起始页

选择"工具"菜单中的"Internet 选项"命令，打开如图 6-17 所示的"Internet 选项"对话框，进行设置。

图 6-17　Internet 选项对话框(1)

在"常规"选项卡中的"主页"区域可以设置浏览器打开时的第一个页面(或单击"主页"按钮打开的页面),设置方法如下:

(1) 若将当前打开的页面设置为起始页,单击"使用当前页"按钮。

(2) 若单击"使用默认值"按钮,则将 http://cn.msn.com/作为主页。

(3) 若使用空白页作为浏览器的起始页,则单击使用空白页按钮。

(4) 也可以在地址栏中直接输入起始页的网址,单击确定按钮。

(5) 单击命令单中的"主页"按钮,选择"添加或更改主页"命令,可以选择对主页设定。

7. 删除临时文件和历史记录

(1) 临时文件:指访问 Internet 上的网页时,会在本地磁盘生成为下次访问该网页加速用的临时文件。浏览器可以设置临时文件占用磁盘存储空间的大小,若空间紧张,可以删除临时文件,释放磁盘空间。

(2) 历史记录:指用户访问过的网页被保存在特定的文件夹中,用户可以通过历史记录访问近期浏览过的网页。可以设置历史记录天数(默认为 20 天),也可以清空历史记录。

(3) 设置临时文件和历史记录:如图所示,在"Internet 选项"对话框中的"浏览历史记录"区域,单击"删除"按钮删除临时文件和历史记录,单击"设置"按钮调整临时文件占用磁盘空间大小和保存历史记录的天数。

8. 设置家长控制

在 Windows 7 中,家长可以控制孩子的上网时间、玩游戏的级别以及可以使用的程序。

具体操作如下：

（1）首先要为家长专用的 Administrator 用户添加密码，密码由家长掌握。

（2）创建一个新的用户，如 child。

（3）打开"Internet 选项"对话框，如图 6-18 所示，单击"内容"选项卡，单击"家长控制"按钮，弹出如图 6-19 所示的对话框。

图 6-18　Internet 选项对话框（2）

图 6-19　Internet 选项对话框（3）

（4）单击要控制的 child 用户，如图 6-20 所示，弹出"设置 child 使用计算机的方式"对话框。

图 6-20　Internet 选项对话框（4）

（5）选中"启用，应用当前设置"单选按钮，在"Windows 设置"选项区域中分别设置时间限制、游戏级别限制和允许或阻止应用程序。

6.7　利用因特网进行信息检索

1. 搜索引擎

搜索引擎是用于组织和整理网上的信息资源，建立信息的分类目录的一种独特的网站。用户连接上这些站点后通过一定的索引规则，可以方便地查找到所需信息的存放位置。

2. 英文搜索引擎

Google、Yahoo 是因特网上使用最普遍的、也是最早投入使用的搜索引擎。它拥有一个庞大的数据库，其中存储了大量的 Internet 网址，包含艺术、商业、教育、宗教、社会、新闻等众多领域。它们的搜索方式有逐层搜索和关键词搜索两种形式。

3. 中文搜索引擎

百度是我们最熟悉的中文搜索引擎，中文的语法和组词特点不同于英文，而且本身又有简体和繁体之分，这就决定了中文搜索引擎的开发难度要远远大于英文搜索引擎。经过不懈的努力，目前中文搜索引擎在技术上已经比较成熟，开始进入实用化和商品化阶段。

如图6-21所示为百度主页。使用百度的搜索方法有两种：一种是逐层搜索，一种是关键词搜索。逐层搜索是在百度主页上单击搜索框下面的"更多＞＞"超链接，在页面上提供了更多的主题目录，根据需求选择目录，单击选中的目录，进行逐层检索，直至到达符合要求的网站目录。被打开的下一层目录页面上方仍然有一个关键词文本框，根据需要输入检索关键词，填写完毕后单击"百度一下"按钮或按 Enter 键开始查询，即可得到相关的检索结果。

图 6-21   百度主页

按关键词搜索时，在搜索文本框中输入关键词，单击"百度一下"按钮，百度将把所有符合检索条件的网址，以"索引"的方式显示在浏览器窗口中。关键词可以采用一定的语法规则，例如输入的多个关键词，则在关键词之间用空格分隔，进行组合搜索。

以下举例介绍在百度中以关键词检索的方法进行信息查询的过程。在百度主页的关键词文本框中输入需要查找的关键词，如"大学计算机基础"，单击"百度一下"按钮或按 Enter 键开始查询。图6-22给出了按照百度的查询语法，在检索完成后，所有包含"大学计算机基础"的相关网站的索引信息，包括检索到的信息类别数及总数。

图 6-22　关键词搜索结果

6.8　利用因特网下载文件

除了浏览丰富多彩的 Web 页面外，Internet Explorer 的另一项重要功能是从网上下载文件。这里的文件可以是软件或资料等。目前因特网上可供下载的软件有两大类：自由软件(freeware)和共享软件(shareware)。能够提供下载服务的站点当然更多，只要安装了合适的协议，任何一个站点从理论上说都可以提供下载服务。从站点所使用的协议来划分，大致上可分为 Web 站点、FTP 站点以及 Gopher 站点。随着技术的进步，Gopher 站点越来越少，而 FTP 站点的数量也有所下降的趋势，目前数量最多的站点当属 Web 站点了。

1. 访问下载站点

目前，国内提供软件下载的 Web 站点超过千家，这些站点将各种软件进行分类整理，然后提供给用户检索和下载。下面列出一些最经常访问的 Web 站点。

新浪软件下载地址 http://download.sina.com.cn

搜狐软件下载地址 http://digi.it.sohu.com/download.shtml

下面以访问新浪软件下载站点 http://download.sina.com.cn 为例，介绍从 Web 站点下载文件的一般过程。

访问软件下载网站：按照上述 URL 地址访问该站点。

按类滚屏查找所需软件：例如，"美图秀秀"，右键弹出快捷菜单。

指定软件：在弹出的快捷菜单中选定要使用的下载软件。例如使用迅雷下载单击。

执行下载：在弹出的"迅雷"页面中，单击"立即下载"按钮。

一般情况下，此类站点都提供有下载软件的搜索功能。用户只要在"软件搜索"文本框中输入软件的名称，然后单击"搜索"按钮，稍后便可显示包含此软件的 Web 页，用户接着进行下载即可。

2. 访问大型主页

在一些大型网页上一般都有下载文件的超级链接，只要单击"软件下载"或"下载中心"链接点即可。

例如，访问新浪网（http://download.sina.com.cn/）主页下载软件的操作步骤如下：

打开网站主页，在主页类目录中单击"下载"链接，显示 Web 页，接下来就可以按照前面介绍的操作下载所需软件。

3. 从 FTP 站点下载文件

相对于 Web 站点来说，FTP 站点可算是资深的站点类型了。其实 FTP 就是用于在网络中进行文件传输的协议，只要网络中安装了 TCP/IP 协议，用户就可以用 FTP 来传输文件。FTP 站点就是那些安装了 FTP 服务器（FTP Server）的站点，FTP 服务器负责接收客户软件传来的控制命令并能够进行数据传输。

Internet Explorer 支持 FTP 协议，具有 FTP 客户软件的功能，因此用户能以"匿名"方式访问 FTP 服务器。从 FTP 站点下载文件，必须首先知道 FTP 站点的 URL 地址，下面列出了国内一些著名的匿名 FTP 站点：

北京大学　　　　　　　ftp://ftp.pku.edu.cn

北京大学图书馆　　　　ftp://ftp.lib.pku.edu.cn

清华大学　　　　　　　ftp://ftp.tsinghua.edu.cn

清华大学图书馆　　　　ftp://ftp.lib.tsinghua.edu.cn

南京大学　　　　　　　ftp://ftp.nju.edu.cn

如图 6-23 所示，在 Internet Explorer 的 URL 地址栏输入 FTP 站点地址，便可与 FTP 站点建立连接。可以看出，FTP 站点上的内容是用文件夹进行分类存放的，这与 Web 站点中用超级链接与被下载对象相关联是不一样的。因此，采用的下载方法也不尽相同。

基本操作步骤如下：

（1）在浏览器地址栏输入 FTP 站点 URL 地址，连接到 FTP 站点，在目录中找到要下载的对象。

（2）右击下载对象，弹出快捷菜单，从中选择"复制到文件夹"命令。

（3）在"浏览文件夹"对话框中，指定存放下载文件的文件夹，单击"确定"按钮，弹出"正在复制"对话框，显示下载进程。

图 6-23　访问 FTP 站点

4. 学生宿舍个人 FTP 和 Web 服务器的实现

大多数学生宿舍多人买了路由器后,设置 ADSL 拨号上网,下面多台机器组成局域网,启动 DHCP 动态分配地址。上网很正常,但是想对外发布 FTP 和 Web 服务,因为 IP 地址不固定,所以想到使用"花生壳"工具绑定地址到域名,但是单个机器没问题,多台机器就不行。这是因为通过路由连接,是从一个局域网连接到外网,因此需要作个地址映射。但在 Windows XP 下面没有自带的 NAT(网络地址转换),其实在路由器里就可以直接设置。

下面以两台计算机通过 TP-Link R402M 路由器同时上网为例。介绍如何进行 NAT 设置,从而提供 FTP 和 Web 服务。

首先以 FTP 服务为例,FTP 服务器的设置可以通过互联网信息服务 IIS(Internet Information Services)中的 FTP 服务实现,也可以通过下载 Server-U,安装配置。安装完成后,通过本机浏览器地址栏输入 ftp://localhost,可以在本地机访问地址访问 FTP 站点,端口默认 21。

(1) 登录配置页面,默认地址是 192.168.1.1,用户名 admin,密码 admin。

(2) 进入"转发规则"—>"虚拟服务器"选项卡。

(3) 在虚拟服务器的操作界面中的"服务端口"写入 21;在"IP 地址"的最后面一个空格写入计算机 IP 地址的最后一串数字(IP 地址的获取可以通过单击桌面左下角"开始"菜单,选择"运行"命令,弹出"运行"对话框,输入"cmd",点击"确定"按钮。弹出"cmd.exe"对话框,输入"ipconfig -all"命令,即可看到本机的 IP Address),在"协议"下拉选项中选择 TCP,然后勾选"启用"单选按钮保存。

（4）特殊应用程序里"触发端口"写入 21，"开放端口"写入 21，"触发协议"和"开放协议"都选 TCP，然后勾选"启动"单选按钮保存。

（5）选择 DMZ 主机，设置 DMZ 主机 IP，在最后一栏填入本机的地址的最后一串，单击"启用"按钮保存。

（6）进行 UPnP 设置，选择"启动"单选按钮。

（7）系统工具里选择重启路由器。

注意：

（1）右击桌面"计算机"图标，选择"管理"命令，弹出"计算机管理"窗口，展开右侧的"服务和应用程序"命令，选择"服务"命令，启用里面的"SSDP Discovery Service"服务。

（2）防火墙要允许"UPnP 框架"，在 WINDOWS 的防火墙里的"例外"里勾上"UPnP"。

以上设置都完成后，进入 http://www.oray.com，下载花生壳客户端，并申请免费域名，在本机安装启动花生壳客户端。

这时就可以使用花生壳注册的域名直接访问该机提供的 FTP 服务了。Web 基本相同，不过 Web 服务的默认端口为 80，读者可以自己尝试设置一下。

如果读者采用的是 TP-link WR541G＋或更新版本无线宽带路由，由于其中已经加载了花生壳设置页面，用户只需在其中添上用户名和密码，并登录，保存。同时在虚拟服务里选择服务项目（HTTP、FTP 等），添上本机 IP 地址和相关端口即可。

6.9 电子邮件

电子邮件（E-mail）服务以其快捷便利、价格低廉而成为目前因特网上使用最广泛的一种服务。用户使用这种服务传输各种文本、声音、图像、视频等信息。

6.9.1 邮件服务器与电子邮箱

电子邮件服务器是 Internet 邮件服务系统的核心。用户将邮件提交给自己方的邮件服务器，由该邮件服务器根据邮件中的目的地址，将其传送到对方的邮件服务器；另一方面它负责将其他邮件服务器发来的邮件，根据地址的不同将邮件转发到收件人各自的电子邮箱中。这一点和邮局的作用相似。

用户发送和接收电子邮件时，必须在一台邮件服务器中申请一个合法的帐号，包括帐号名和密码。以便在该台邮件服务器中拥有自己的电子邮箱，即一块磁盘空间，用来保存自己的邮件。每个用户的邮箱都具有一个全球唯一的电子邮件地址。电子邮件地址由用户名和电子邮件服务器域名两部分组成，中间由"@"区分开。其格式为：用户名@电子邮件服务器域名。例如电子邮件地址 super@hevttc.edu.cn，其中 super 指用户名。hevttc.edu.cn 为电子邮件服务器域名。一般就是服务器的名字。如果同一区域内的用户（也就是使用同一服务器的用户）之间通信，输入地址时可以把区域名省略。

6.9.2　邮件的发送和接收过程

发送电子邮件时,发信人使用客户端电子邮件应用程序的格式输写、编辑电子邮件,并在指定栏目中写入收件人的电子邮件地址,然后利用 SMTP 协议将邮件送往发送端的邮件服务器。

发送端的邮件服务器接收到用户送来的邮件后,按收件人的邮件服务器地址,将邮件送到接收端的邮件服务器,这个过程中也使用 SMTP 协议。

当收信人从接收端邮件服务器的邮箱中读取邮件时,可以使用 POP3 或 IMAP 协议,至于电子邮件应用程序使用何种协议则决定于其相应的邮件服务器支持哪一种协议。

邮件服务器使用 POP3 协议时,邮件被复制到收件人的机器中,邮件服务器中不保留副本;当邮件服务器使用 SMTP 协议时,收件人可以选择邮件是否复制到自己的机器中,以及选择邮件服务器中是否保留邮件副本。

邮件服务器通常全天 24 小时保持工作状态,以便用户可以随时发送和接收电子邮件。用户的客户机则无须全天开机和联网。

6.10　网络安全

随着计算机技术的迅速发展,在计算机上处理的业务也由基于单机的数学运算、文件处理,基于简单连接的内部网络的内部业务处理、办公自动化等发展到基于复杂的内部网(Intranet)、企业外部网(Extranet)、全球互联网(Internet)的企业级计算机处理系统和世界范围内的信息共享和业务处理。各行各业对于网络的依赖程度越来越高,这一趋势使网络变得十分脆弱,如果网络受到攻击,小范围程度的危害可能造成无法正常工作,大范围的可以危及国家安全,因此基于网络连接的安全问题日益突出。

6.10.1　认识网络安全

1. 网络安全的定义

网络安全是指网络系统的硬件、软件及其系统中的数据受到保护,不因偶然的或者恶意的原因而遭受到破坏、更改、泄露,系统连续可靠正常地运行,网络服务不中断。网络安全从其本质上来讲就是网络上的信息安全。从广义来说,凡是涉及网络上信息的保密性、完整性、可用性、真实性和可控性的相关技术和理论都是网络安全的研究领域。网络安全是一门涉及计算机科学、网络技术、通信技术、密码技术、信息安全技术、应用数学、数论、信息论等多种学科的综合性学科。

网络安全的具体含义会随着"角度"的变化而变化。比如,从用户(个人、企业等)的角度来说,他们希望涉及个人隐私或商业利益的信息在网络上传输时受到机密性、完整性和真实性的保护,避免其他人或对手利用窃听、冒充、篡改、抵赖等手段侵犯用户的利益和隐私。

网络安全应具有以下五个方面的特征:

保密性——信息不泄露给非授权用户、实体或过程，或供其利用的特性。

完整性——数据未经授权不能进行改变的特性。即信息在存储或传输过程中保持不被修改、不被破坏和丢失的特性。

可用性——可被授权实体访问并按需求使用的特性。即当需要时能否存取所需的信息。例如网络环境下拒绝服务、破坏网络和有关系统的正常运行等都属于对可用性的攻击。

可控性——对信息的传播及内容具有控制能力。

可审查性——出现的安全问题时提供依据与手段。

从网络运行和管理者角度说，他们希望对本地网络信息的访问、读写等操作受到保护和控制，避免出现"陷门"、病毒、非法存取、拒绝服务和网络资源非法占用和非法控制等威胁，制止和防御网络黑客的攻击。对安全保密部门来说，他们希望对非法的、有害的或涉及国家机密的信息进行过滤和防堵，避免机要信息泄露，避免对社会产生危害，对国家造成巨大损失。从社会教育和意识形态角度来讲，网络上不健康的内容会对社会的稳定和人类的发展造成阻碍，必须对其进行控制。

2. 网络安全的类型

随着计算机技术的迅速发展，在系统处理能力提高的同时，系统的连接能力也在不断地提高。但在连接能力信息、流通能力提高的同时，基于网络连接的安全问题也日益突出，整体的网络安全主要表现在以下几个方面。

（1）运行系统安全，即保证信息处理和传输系统的安全。它侧重于保证系统正常运行，避免因为系统的崩溃和损坏而对系统存储、处理和传输的信息造成破坏和损失，避免由于电磁泄漏，产生信息泄露，干扰他人或受他人干扰。

（2）网络上系统信息的安全。包括用户口令鉴别，用户存取权限控制，数据存取权限、方式控制，安全审计，安全问题跟踪，计算机病毒防治，数据加密。

（3）网络上信息传播安全，即信息传播后果的安全，包括信息过滤等。它侧重于防止和控制非法、有害的信息进行传播后的后果。避免公用网络上大量自由传输的信息失控。

（4）网络上信息内容的安全。它侧重于保护信息的保密性、真实性和完整性。避免攻击者利用系统的安全漏洞进行窃听、冒充、诈骗等有损于合法用户的行为。本质上是保护用户的利益和隐私。

6.10.2 威胁网络安全的因素

1. Internet 安全隐患的主要体现

（1）Internet 是一个开放的、无控制机构的网络，黑客（Hacker）经常会侵入网络中的计算机系统，或窃取机密数据和盗用特权，或破坏重要数据，或使系统功能得不到充分发挥直至瘫痪。

（2）Internet 的数据传输是基于 TCP/IP 通信协议进行的，这些协议缺乏使传输过程中的信息不被窃取的安全措施。

（3）Internet 上的通信业务多数使用 UNIX 操作系统来支持，UNIX 操作系统中明显存在的安全脆弱性问题会直接影响安全服务。

（4）在计算机上存储、传输和处理的电子信息，还没有像传统的邮件通信那样进行信封保护和签字盖章。信息的来源和去向是否真实，内容是否被改动以及是否泄露等，在应用层支持的服务协议中是凭着"君子协定"来维系的。

（5）电子邮件存在着被拆看、误投和伪造的可能性。使用电子邮件来传输重要机密信息会存在着很大的危险。

（6）计算机病毒通过 Internet 的传播给上网用户带来极大的危害，病毒可以使计算机和计算机网络系统瘫痪、数据和文件丢失。在网络上传播病毒可以通过公共匿名 FTP 文件传送，也可以通过邮件和邮件的附加文件传播。

2. 威胁网络安全的因素

威胁网络安全的因素主要包括以下几点：

（1）网络结构因素。网络基本拓扑结构有 3 种：星型、总线型和环型。一个单位在建立自己的内部网之前，各部门可能已建造了自己的局域网，所采用的拓扑结构也可能完全不同。在建造内部网时，为了实现异构网络间信息的通信，往往要牺牲一些安全机制的设置和实现，从而提出更高的网络开放性要求。

（2）网络协议因素。在建造内部网时，用户为了节省开支，必然会保护原有的网络基础设施。另外，网络公司为生存的需要，对网络协议的兼容性要求越来越高，使众多厂商的协议能互联、兼容和相互通信。这在给用户和厂商带来利益的同时，也带来了安全隐患。如在一种协议下传送的有害程序能很快传遍整个网络。

（3）地域因素。由于内部网 Intranet 既可以是 LAN 也可能是 WAN（内部网是指它不是一个公用网络，而是一个专用网络），网络往往跨越城际，甚至国际。地理位置复杂，通信线路质量难以保证，这会造成信息在传输过程中的损坏和丢失，也给一些"黑客"造成可乘之机。

（4）用户因素。企业建造自己的内部网是为了加快信息交流，更好地适应市场需求。建立之后，用户的范围必将从企业员工扩大到客户和想了解企业情况的人。用户的增加，也给网络的安全性带来了威胁，因为这里可能就有商业间谍或"黑客"。

（5）主机因素。建立内部网时，使原来的各局域网、单机互联，增加了主机的种类，如工作站、服务器，甚至小型机、大中型机。由于它们所使用的操作系统和网络操作系统不尽相同，某个操作系统出现漏洞（如某些系统有一个或几个没有口令的帐户），就可能造成整个网络的大隐患。

（6）单位安全政策。实践证明，80%的安全问题是由网络内部引起的，因此，单位对自己内部网的安全性要有高度的重视，必须制订出一套安全管理的规章制度。

（7）人员因素。人的因素是安全问题的薄弱环节。要对用户进行必要的安全教育，选择有较高职业道德修养的人做网络管理员，制订出具体措施，提高安全意识。

（8）其他。其他因素如自然灾害等，也是影响网络安全的因素。

6.10.3　网络安全主要技术手段

网络安全问题，应该像每家每户的防火防盗问题一样，做到防患于未然。在你还没意识到自己也会成为目标的时候，威胁就已经出现了，一旦发生，常常措手不及，造成极大的损失，因此，拥有网络安全意识是保证网络安全的重要前提，许多网络安全事件的发生都和缺乏安全防范意识有关。解决网络安全的技术手段主要有以下几点。

（1）物理措施。保护网络关键设备（如交换机、大型计算机等），制定严格的网络安全规章制度，采取防辐射、防火以及安装不间断电源（UPS）等措施。

（2）访问控制。对用户访问网络资源的权限进行严格的认证和控制。例如，进行用户身份认证，对口令加密、更新和鉴别，设置用户访问目录和文件的权限，控制网络设备配置的权限，等等。

（3）数据加密。加密是保护数据安全的重要手段。加密的作用是保障信息被人截获后不能读懂其含义。防止计算机网络病毒，安装网络防病毒系统。

（4）网络隔离。网络隔离有两种方式：一种是采用隔离卡来实现的，一种是采用网络安全隔离网闸实现的。隔离卡主要用于对单台机器的隔离，网闸主要用于对于整个网络的隔离。

其他措施包括信息过滤、容错、数据镜像、数据备份和审计等。近年来，围绕网络安全问题提出了许多解决办法，例如，数据加密技术和防火墙技术等。数据加密是对网络中传输的数据进行加密，到达目的地后再解密还原为原始数据，目的是防止非法用户截获后盗用信息。防火墙技术是通过对网络的隔离和限制访问等方法来控制网络的访问权限。

6.11　网络综合操作案例

以新思路的全国计算机等级考试练习软件中网络部分为例。首先登录新思路考试系统，抽取试题，选择"上网"，如图 6-24 所示，阅读网络部分题目。

图 6-24　等级考试上网题目界面

1. IE 题目操作步骤

① 如图 6-25 所示,在考试系统中选择"答题","上网","Internet Explorer"命令,将 IE 浏览器打开。

图 6-25　网页操作步骤(1)

② 如图 6-26～图 6-28 所示,在 IE 浏览器的"地址栏"中输入网址"HTTP://NCRE/ 1JKS/INDEX.HTML",按 Enter 键打开链接,从中单击"计算机考试"链接,再选择"NCRE 二级介绍",单击打开此页面。

图 6-26　网页操作步骤(2)

③ 单击"文件"→"另存为"命令，弹出"保存网页"对话框，在地址栏中找到考生文件夹，在"文件名"中输入"1jswks01.txt"，在"保存类型"中选择"文本文件（*.txt）"，单击"保存"按钮完成操作。

图 6-27　网页操作步骤（3）

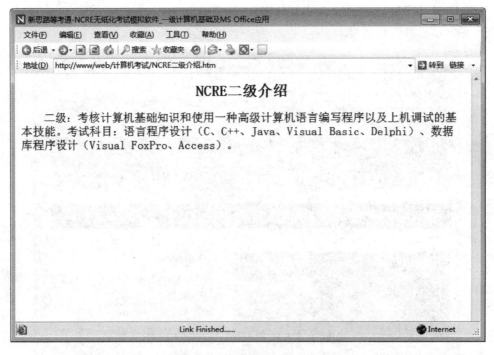

图 6-28　网页操作步骤（4）

2. 邮件题

① 如图 6-29 所示，在考试系统中选择"答题"，"上网"，"Outlook"命令，启动"Outlook 2010"。

图 6-29　邮件操作步骤(1)

② 如图 6-30 所示，在 Outlook 2010"开始"选项卡上，"新建"分组中单击"新建电子邮件"，弹出"邮件"窗口。

图 6-30　邮件操作步骤(2)

③ 如图 6-31 所示，在"收件人"中输入"zhangxl＠163.com"在"抄送"中输入

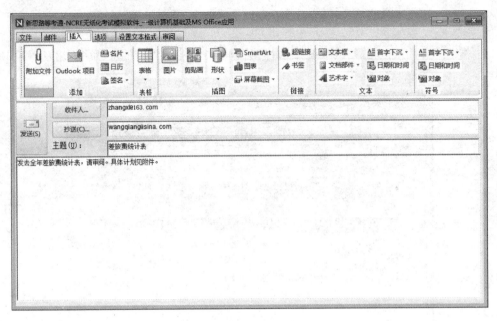

图 6-31　邮件操作步骤（3）

"wangqiang@sina.com"；在"主题"中输入"差旅费统计表"；在窗口中央空白的编辑区域内输入邮件的主题内容。

打开"插入"选项卡，在"添加"分组中，单击"附加文件"命令，弹出"插入附件"对话框，如图 6-32 所示，在考生文件夹下选择文件，单击"打开"按钮返回"邮件"对话框，单击"发送"按钮完成邮件发送，如图 6-33 和图 6-34 所示。

图 6-32　邮件操作步骤（4）

图 6-33 邮件操作步骤(5)

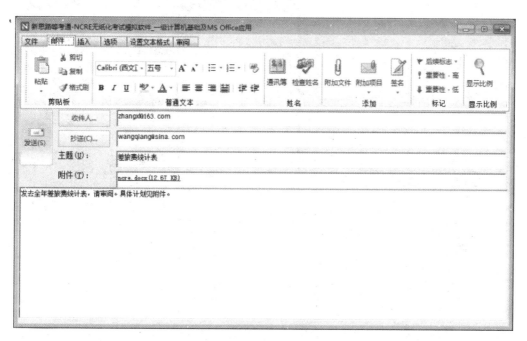

图 6-34 邮件操作步骤(6)

④ 发送邮件过程如图 6-35 所示。

⑤ 评分后点击评分结果,可以查看题目的错误信息和答案解析,如图 6-36 所示。

图 6-35　邮件操作步骤(7)

图 6-36　邮件操作步骤(8)

［思考题］

1. 万维网的主要特点有哪些？

2. 万维网采用什么样的通信协议？其工作过程如何？

3. 什么是网页？什么是主页？

4. 统一资源定位器 URL 如何分类？URL 有哪几部分组成？

5. 什么是超文本？什么是超级链接？什么是超链点？什么是超文本传输协议？

6. 描述 Internet Explorer 主窗口的组成，常用菜单项、工具栏的功能及其使用方法。

7. 如何利用收藏夹访问 WWW？如何将 Web 页添加到收藏夹中？

8. 因特网基本技术有哪些？

9. 什么是 TCP/IP 协议？该协议是如何传输数据的？

10. 什么是 IP 地址？其结构如何？怎样分类？如何表示？

11. 因特网中的主机为什么要使用域名？其一般形式是什么？

12. 域名空间结构如何划分？顶级域名分几类？我国的二级域名如何划分？举例说明。

13. IP 地址与域名如何转换？

14. Client/Server 计算模式的特点有哪些？它是怎样向用户提供服务的？举例说明。

附录 全国计算机等级考试一级 模拟试题及参考答案(10套)

注:以下选择题均为单选题。

第 一 套

1. 世界上第一台计算机诞生于哪一年?( )
   A. 1945 年　　　　　B. 1956 年　　　　　C. 1935 年　　　　　D. 1946 年
2. 第 4 代电子计算机使用的电子元件是( )。
   A. 晶体管　　　　　　　　　　　　　　B. 电子管
   C. 中、小规模集成电路　　　　　　　　D. 大规模和超大规模集成电路
3. 二进制数 110000 转换成十六进制数是( )。
   A. 77　　　　　　　　B. D7　　　　　　　C. 7　　　　　　　　D. 30
4. 与十进制数 4625 等值的十六进制数为( )。
   A. 1211　　　　　　　B. 1121　　　　　　C. 1122　　　　　　D. 1221
5. 二进制数 110101 对应的十进制数是( )。
   A. 44　　　　　　　　B. 65　　　　　　　C. 53　　　　　　　D. 74
6. 在 24×24 点阵字库中,每个汉字的字模信息存储在多少个字节中?( )
   A. 24　　　　　　　　B. 48　　　　　　　C. 72　　　　　　　D. 12
7. 下列字符中,其 ASCII 码值最小的是( )。
   A. A　　　　　　　　B. a　　　　　　　　C. k　　　　　　　　D. M
8. 微型计算机中,普遍使用的字符编码是( )。
   A. 补码　　　　　　　B. 原码　　　　　　C. ASCII 码　　　　D. 汉字编码
9. 网络操作系统除了具有通常操作系统的 4 大功能外,还具有的功能是( )。
   A. 文件传输和远程键盘操作　　　　　　B. 分时为多个用户服务
   C. 网络通信和网络资源共享　　　　　　D. 远程源程序开发
10. 为解决某一特定问题而设计的指令序列称为( )。
    A. 文件　　　　　　　B. 语言　　　　　　C. 程序　　　　　　D. 软件
11. 下列 4 条叙述中,正确的一条是( )。
    A. 计算机系统是由主机、外设和系统软件组成的
    B. 计算机系统是由硬件系统和应用软件组成的
    C. 计算机系统是由硬件系统和软件系统组成的
    D. 计算机系统是由微处理器、外设和软件系统组成的

12. 两个软件都属于系统软件的是（　　）。
    A. DOS 和 Excel
    B. DOS 和 UNIX
    C. UNIX 和 WPS
    D. Word 和 Linux

13. 用数据传输速率的单位是（　　）。
    A. 位/秒
    B. 字长/秒
    C. 帧/秒
    D. 米/秒

14. 下列有关总线的描述,不正确的是（　　）。
    A. 总线分为内部总线和外部总线
    B. 内部总线也称为片总线
    C. 总线的英文表示就是 Bus
    D. 总线体现在硬件上就是计算机主板

15. 在 Windows 环境中,最常用的输入设备是（　　）。
    A. 键盘
    B. 鼠标
    C. 扫描仪
    D. 手写设备

16. 下列叙述中,正确的是（　　）。
    A. 计算机的体积越大,其功能越强
    B. CD-ROM 的容量比硬盘的容量大
    C. 存储器具有记忆功能,故其中的信息任何时候都不会丢失
    D. CPU 是中央处理器的简称

17. 已知双面高密软磁盘格式化后的容量为 1.2MB,每面有 80 个磁道,每个磁道有 15 个扇区,那么每个扇区的字节数是（　　）。
    A. 256B
    B. 512B
    C. 1024B
    D. 128B

18. 下列属于计算机病毒特征的是（　　）。
    A. 模糊性
    B. 高速性
    C. 传染性
    D. 危急性

19. 下列 4 条叙述中,正确的一条是（　　）。
    A. 二进制正数原码的补码就是原码本身
    B. 所有十进制小数都能准确地转换为有限位的二进制小数
    C. 存储器中存储的信息即使断电也不会丢失
    D. 汉字的机内码就是汉字的输入码

20. 下列 4 条叙述中,错误的一条是（　　）。
    A. 描述计算机执行速度的单位是 MB
    B. 计算机系统可靠性指标可用平均无故障运行时间来描述
    C. 计算机系统从故障发生到故障修复平均所需的时间称为平均修复时间
    D. 计算机系统在不改变原来已有部分的前提下,增加新的部件、新的处理能力或增加新的容量的能力,称为可扩充性

参考答案　1～10：D D D A C C A C C C　　11～20：C B A A B D B C A A

第 二 套

1. CAI 表示为（　　）。
   A. 计算机辅助设计
   B. 计算机辅助制造
   C. 计算机辅助教学
   D. 计算机辅助军事

2. 计算机的应用领域可大致分为 6 个方面,下列选项中属于这几项的是（　　）。

    A. 计算机辅助教学、专家系统、人工智能

    B. 工程计算、数据结构、文字处理

    C. 实时控制、科学计算、数据处理

    D. 数值处理、人工智能、操作系统

3. 十进制数 269 转换为十六进制数为（   ）。

    A. 10E   B. 10D   C. 10C   D. 10B

4. 二进制数 1010.101 对应的十进制数是（   ）。

    A. 11.33   B. 10.625   C. 12.755   D. 16.75

5. 十六进制数 1A2H 对应的十进制数是（   ）。

    A. 418   B. 308   C. 208   D. 578

6. 在 32×32 点阵的字形码需要多少存储空间？（   ）

    A. 32B   B. 64B   C. 72B   D. 128B

7. 对于 ASCII 码在机器中的表示，下列说法正确的是（   ）。

    A. 使用 8 位二进制代码，最右边一位是 0

    B. 使用 8 位二进制代码，最右边一位是 1

    C. 使用 8 位二进制代码，最左边一位是 0

    D. 使用 8 位二进制代码，最左边一位是 1

8. 某汉字的区位码是 2534，它的国标码是（   ）。

    A. 4563H   B. 3942H   C. 3345H   D. 6566H

9. 一台计算机可能会有多种多样的指令，这些指令的集合就是（   ）。

    A. 指令系统   B. 指令集   C. 指令群   D. 指令包

10. 能把汇编语言源程序翻译成目标程序的程序称为（   ）。

    A. 编译程序   B. 解释程序   C. 编辑程序   D. 汇编程序

11. Intel 486 机和 Pentium Ⅱ 机均属于（   ）。

    A. 32 位机   B. 64 位机   C. 16 位机   D. 8 位机

12. 在计算机领域中通常用 MIPS 来描述（   ）。

    A. 计算机的运算速度   B. 计算机的可靠性

    C. 计算机的运行性   D. 计算机的可扩充性

13. MS-DOS 是一种（   ）。

    A. 单用户单任务系统   B. 单用户多任务系统

    C. 多用户单任务系统   D. 以上都不是

14. 下列设备中，既可做输入设备又可做输出设备的是（   ）。

    A. 图形扫描仪   B. 磁盘驱动器   C. 绘图仪   D. 显示器

15. SRAM 存储器是（   ）。

    A. 静态随机存储器   B. 静态只读存储器

    C. 动态随机存储器   D. 动态只读存储器

16. 磁盘格式化时，被划分为一定数量的同心圆磁道，软盘上最外圈的磁道是（   ）。

    A. 0 磁道   B. 39 磁道   C. 1 磁道   D. 80 磁道

17. CRT 显示器显示西文字符时，通常一屏最多可显示（   ）。

    A. 25 行、每行 80 个字符　　　　　　B. 25 行、每行 60 个字符

    C. 20 行、每行 80 个字符　　　　　　D. 20 行、每行 60 个字符

18. 计算机病毒可以使整个计算机瘫痪，危害极大。计算机病毒是（　　）。

    A. 一种芯片　　　　　　　　　　　　B. 一段特制的程序

    C. 一种生物病毒　　　　　　　　　　D. 一条命令

19. 下列关于计算机的叙述中，不正确的一条是（　　）。

    A. 软件就是程序、关联数据和文档的总和

    B. Alt 键又称为控制键

    C. 断电后，信息会丢失的是 RAM

    D. MIPS 是表示计算机运算速度的单位

20. 下列关于计算机的叙述中，正确的一条是（　　）。

    A. KB 是表示存储速度的单位　　　　B. WPS 是一款数据库系统软件

    C. 目前广泛使用的 5.25 英寸软盘　　D. 软盘和硬盘的盘片结构是相同的

参考答案　1～10：C C B B A D C B A C　　11～20：A A A B A A B B B D

第 三 套

1. 微型计算机中使用的数据库属于（　　）。

    A. 科学计算方面的计算机应用　　　　B. 过程控制方面的计算机应用

    C. 数据处理方面的计算机应用　　　　D. 辅助设计方面的计算机应用

2. 电子计算机的发展按其所采用的逻辑器件可分为几个阶段？（　　）

    A. 2 个　　　　　B. 3 个　　　　　C. 4 个　　　　　D. 5 个

3. 二进制数 1111101011011 转换成十六进制数是（　　）。

    A. 1F5B　　　　　B. D7SD　　　　　C. 2FH3　　　　　D. 2AFH

4. 十六进制数 CDH 对应的十进制数是（　　）。

    A. 204　　　　　B. 205　　　　　C. 206　　　　　D. 203

5. 下列 4 种不同数制表示的数中，数值最小的一个是（　　）。

    A. 八进制数 247　　　　　　　　　　B. 十进制数 169

    C. 十六进制数 A6　　　　　　　　　D. 二进制数 10101000

6. 下列字符中，其 ASCII 码值最大的是（　　）。

    A. NUL　　　　　B. B　　　　　C. g　　　　　D. p

7. ASCII 码分为哪两种？（　　）

    A. 高位码和低位码　　　　　　　　　B. 专用码和通用码

    C. 7 位码和 8 位码　　　　　　　　　D. 以上都不是

8. 7 位 ASCII 码共有多少个不同的编码值？（　　）

    A. 126　　　　　B. 124　　　　　C. 127　　　　　D. 128

9. 一条指令必须包括（　　）。

    A. 操作码和地址码　　　　　　　　　B. 信息和数据

    C. 时间和信息　　　　　　　　　　　D. 以上都不是

10. 程序设计语言通常分为（　　　）。

    A. 4 类　　　　　　　B. 2 类　　　　　　　C. 3 类　　　　　　　D. 5 类

11. 下列不属于微机主要性能指标的是（　　　）。

    A. 字长　　　　　　　B. 内存容量　　　　　C. 软件数量　　　　　D. 主频

12. 将计算机分为 286、386、486、Pentium，是按照（　　　）进行划分的。

    A. CPU 芯片　　　　B. 结构　　　　　　　C. 字长　　　　　　　D. 容量

13. 计算机网络的目标是实现（　　　）。

    A. 数据处理　　　　　　　　　　　　　　B. 文献检索

    C. 资源共享和信息传输　　　　　　　　D. 信息传输

14. 下列 4 种存储器中，存取速度最快的是（　　　）。

    A. 磁带　　　　　　　B. 软盘　　　　　　　C. 硬盘　　　　　　　D. 内存储器

15. 硬盘的一个主要性能指标是容量，硬盘容量的计算公式为（　　　）。

    A. 磁道数×面数×扇区数×盘片数×512 字节

    B. 磁道数×面数×扇区数×盘片数×128 字节

    C. 磁道数×面数×扇区数×盘片数×80×512 字节

    D. 磁道数×面数×扇区数×盘片数×15×128 字节

16. 一般情况下，外存储器中存储的信息，在断电后（　　　）。

    A. 局部丢失　　　　　B. 大部分丢失　　　　C. 全部丢失　　　　　D. 不会丢失

17. 微机中 1KB 表示的二进制位数是（　　　）。

    A. 1000　　　　　　　B. 8×1000　　　　　　C. 1024　　　　　　　D. 8×1024

18. 以下哪一项不是预防计算机病毒的措施？（　　　）

    A. 建立备份　　　　　B. 专机专用　　　　　C. 不上网　　　　　　D. 定期检查

19. 下列关于计算机的叙述中，正确的一条是（　　　）。

    A. 软盘上的写保护口，关闭小孔时表示为写保护状态

    B. 固定启动方式是预防病毒的手段之一

    C. 第二代计算机是电子管计算机

    D. CAI 就是计算机辅助制造的英文缩写

20. 下列关于计算机的叙述中，不正确的一条是（　　　）。

    A. 最常用的硬盘就是温切斯特硬盘

    B. 计算机病毒是一种新的高科技类型犯罪

    C. 8 位二进制位组成一个字节

    D. 汉字点阵中，行、列划分越多，字形的质量就越差

参考答案　　1～10：C C A B C D C D A C　　　11～20：C A C D A D D C C D

第 四 套

1. 世界上第一台计算机的名称是（　　　）。

    A. ENIAC　　　　　　B. APPLE　　　　　　C. UNIVAC-I　　　　D. IBM-7000

2. CAM 表示为（　　　）。

A. 计算机辅助设计　　　　　　　　　　　B. 计算机辅助制造

C. 计算机辅助教学　　　　　　　　　　　D. 计算机辅助模拟

3. 与十进制数 1023 等值的十六进制数为（　　　）。

    A. 3FDH　　　　　　B. 3FFH　　　　　　C. 2FDH　　　　　　D. 3FFH

4. 十进制整数 100 转换为二进制数是（　　　）。

    A. 1100100　　　　　B. 1101000　　　　　C. 1100010　　　　　D. 1110100

5. 16 个二进制位可表示整数的范围是（　　　）。

    A. 0～65535　　　　　　　　　　　　　　B. −32768～32767

    C. −32768～32768　　　　　　　　　　　D. −32768～32767 或 0～65535

6. 存储 400 个 24×24 点阵汉字字形所需的存储容量是（　　　）。

    A. 255KB　　　　　　B. 75KB　　　　　　C. 37.5KB　　　　　D. 28.125KB

7. 下列字符中，其 ASCII 码值最大的是（　　　）。

    A. 9　　　　　　　　B. D　　　　　　　　C. a　　　　　　　　D. y

8. 某汉字的机内码是 B0A1H，它的国标码是（　　　）。

    A. 3121H　　　　　　B. 3021H　　　　　　C. 2131H　　　　　　D. 2130H

9. 操作系统的功能是（　　　）。

    A. 将源程序编译成目标程序

    B. 负责诊断机器的故障

    C. 控制和管理计算机系统的各种硬件和软件资源的使用

    D. 负责外设与主机之间的信息交换

10.《计算机软件保护条例》中所称的计算机软件（简称软件）是指（　　　）。

    A. 计算机程序　　　　　　　　　　　　　B. 源程序和目标程序

    C. 源程序　　　　　　　　　　　　　　　D. 计算机程序及其有关文档

11. 下列关于系统软件的 4 条叙述中，正确的一条是（　　　）。

    A. 系统软件的核心是操作系统

    B. 系统软件是与具体硬件逻辑功能无关的软件

    C. 系统软件是使用应用软件开发的软件

    D. 系统软件并不具体提供人机界面

12. 以下不属于系统软件的是（　　　）。

    A. DOS　　　　　　B. Windows 3.2　　　C. Windows 98　　　D. Excel

13. "针对不同专业用户的需要所编制的大量的应用程序，进而把它们逐步实现标准化、模块化所形成的解决各种典型问题的应用程序的组合"描述的是（　　　）。

    A. 软件包　　　　　　B. 软件集　　　　　　C. 系列软件　　　　　D. 以上都不是

14. 下面列出的 4 种存储器中，易失性存储器是（　　　）。

    A. RAM　　　　　　B. ROM　　　　　　C. FROM　　　　　　D. CD-ROM

15. 计算机中对数据进行加工与处理的部件，通常称为（　　　）。

    A. 运算器　　　　　　B. 控制器　　　　　　C. 显示器　　　　　　D. 存储器

16. 下列 4 种设备中，属于计算机输入设备的是（　　　）。

    A. UPS　　　　　　B. 服务器　　　　　　C. 绘图仪　　　　　　D. 光笔

17. 一张软磁盘上存储的内容,在该盘处于什么情况时,其中数据可能丢失?( )
    A. 放置在声音嘈杂的环境中若干天后
    B. 携带通过海关的 X 射线监视仪后
    C. 被携带到强磁场附近后
    D. 与大量磁盘堆放在一起后

18. 以下关于病毒的描述中,不正确的说法是( )。
    A. 对于病毒,最好的方法是采取"预防为主"的方针
    B. 杀毒软件可以抵御或清除所有病毒
    C. 恶意传播计算机病毒可能会是犯罪
    D. 计算机病毒都是人为制造的

19. 下列关于计算机的叙述中,不正确的一条是( )。
    A. 运算器主要由一个加法器、一个寄存器和控制线路组成
    B. 一个字节等于 8 个二进制位
    C. CPU 是计算机的核心部件
    D. 磁盘存储器是一种输出设备

20. 下列关于计算机的叙述中,正确的一条是( )。
    A. 存放由存储器取得指令的部件是指令计数器
    B. 计算机中的各个部件依靠总线连接
    C. 十六进制转换成十进制的方法是"除 16 取余法"
    D. 多媒体技术的主要特点是数字化和集成性

参考答案 1~10:A B B A D D D B C D   11~20:A D A A A D C B A B

第 五 套

1. 我国第一台电子计算机诞生于哪一年?( )
   A. 1948 年　　　　　B. 1958 年　　　　　C. 1966 年　　　　　D. 1968 年

2. 计算机按照处理数据的形态可以分为( )。
   A. 巨型机、大型机、小型机、微型机和工作站
   B. 286 机、386 机、486 机、Pentium 机
   C. 专用计算机、通用计算机
   D. 数字计算机、模拟计算机、混合计算机

3. 与十进制数 254 等值的二进制数是( )。
   A. 11111110　　　　B. 11101111　　　　C. 11111011　　　　D. 11101110

4. 下列 4 种不同数制表示的数中,数值最小的一个是( )。
   A. 八进制数 36　　　　　　　　　　B. 十进制数 32
   C. 十六进制数 22　　　　　　　　　D. 二进制数 10101100

5. 十六进制数 1AB 对应的十进制数是( )。
   A. 112　　　　　　　B. 427　　　　　　　C. 564　　　　　　　D. 273

6. 某汉字的国标码是 5650H,它的机内码是( )。

A. D6D0H   B. E5E0H   C. E5D0H   D. D5E0H

7. 五笔型输入法是（   ）。

     A. 音码   B. 形码   C. 混合码   D. 音形码

8. 下列字符中，其 ASCII 码值最大的是（   ）。

     A. STX   B. 8   C. E   D. a

9. 以下关于机器语言的描述中，不正确的是（   ）。

     A. 每种型号的计算机都有自己的指令系统，就是机器语言

     B. 机器语言是唯一能被计算机识别的语言

     C. 计算机语言可读性强，容易记忆

     D. 机器语言和其他语言相比，执行效率高

10. 将汇编语言转换成机器语言程序的过程称为（   ）。

     A. 压缩过程   B. 解释过程   C. 汇编过程   D. 链接过程

11. 下列 4 种软件中不属于应用软件的是（   ）。

     A. Excel 2000   B. WPS 2003   C. 财务管理系统   D. Pascal 编译程序

12. 下列有关软件的描述中，说法不正确的是（   ）。

     A. 软件就是为方便使用计算机和提高使用效率而组织的程序以及有关文档

     B. 所谓"裸机"，其实就是没有安装软件的计算机

     C. dBASE Ⅲ，FoxPro，Oracle 属于数据库管理系统，从某种意义上讲也是编程语言

     D. 通常，软件安装的越多，计算机的性能就越先进

13. 最著名的国产文字处理软件是（   ）。

     A. MS Word   B. 金山 WPS   C. 写字板   D. 方正排版

14. 硬盘工作时应特别注意避免（   ）。

     A. 噪声   B. 震动   C. 潮湿   D. 日光

15. 针式打印机术语中，24 针是指（   ）。

     A. 24×24 点阵   B. 队号线插头有 24 针

     C. 打印头内有 24×24 根针   D. 打印头内有 24 根针

16. 在微型计算机系统中运行某一程序时，若存储容量不够可以通过下列哪种方法来解决？（   ）

     A. 扩展内存   B. 增加硬盘容量

     C. 采用光盘   D. 采用高密度软盘

17. 在计算机中，既可作为输入设备又可作为输出设备的是（   ）。

     A. 显示器   B. 磁盘驱动器   C. 键盘   D. 图形扫描仪

18. 以下关于病毒的描述中，正确的说法是（   ）。

     A. 只要不上网，就不会感染病毒

     B. 只要安装最好的杀毒软件，就不会感染病毒

     C. 严禁在计算机上玩电脑游戏也是预防病毒的一种手段

     D. 所有的病毒都会导致计算机越来越慢，甚至可能使系统崩溃

19. 下列关于计算机的叙述中，不正确的一条是（   ）。

A. 在微型计算机中,应用最普遍的字符编码是 ASCII 码

B. 计算机病毒就是一种程序

C. 计算机中所有信息的存储采用二进制

D. 混合计算机就是混合各种硬件的计算机

20. 下列关于计算机的叙述中,不正确的一条是(   )。

A. 外部存储器又称为永久性存储器

B. 计算机中大多数运算任务都是由运算器完成的

C. 高速缓存就是 Cache

D. 借助反病毒软件可以清除所有的病毒

参考答案 1~10：B D A A A A B D C C　　　11~20：D D B B A B B C D D

第 六 套

1. 计算机按其性能可以分为 5 大类,即巨型机、大型机、小型机、微型机和(   )。

A. 工作站　　　　　B. 超小型机　　　　　C. 网络机　　　　　D. 以上都不是

2. 第 3 代电子计算机使用的电子元件是(   )。

A. 晶体管　　　　　　　　　　　　　　B. 电子管

C. 中、小规模集成电路　　　　　　　　D. 大规模和超大规模集成电路

3. 十进制数 221 用二进制数表示是(   )。

A. 1100001　　　B. 11011101　　　C. 0011001　　　D. 1001011

4. 下列 4 个无符号十进制整数中,能用 8 个二进制位表示的是(   )。

A. 257　　　　　B. 201　　　　　C. 313　　　　　D. 296

5. 计算机内部采用的数制是(   )。

A. 十进制　　　　　B. 二进制　　　　　C. 八进制　　　　　D. 十六进制

6. 在 ASCII 码表中,按照 ASCII 码值从小到大排列顺序是(   )。

A. 数字、英文大写字母、英文小写字母　　B. 数字、英文小写字母、英文大写字母

C. 英文大写字母、英文小写字母、数字　　D. 英文小写字母、英文大写字母、数字

7. 6 位无符号的二进制数能表示的最大十进制数是(   )。

A. 64　　　　　B. 63　　　　　C. 32　　　　　D. 31

8. 某汉字的区位码是 5448,它的国标码是(   )。

A. 5650H　　　B. 6364H　　　C. 3456H　　　D. 7454H

9. 下列叙述中,正确的说法是(   )。

A. 编译程序、解释程序和汇编程序不是系统软件

B. 故障诊断程序、排错程序、人事管理系统属于应用软件

C. 操作系统、财务管理程序、系统服务程序都不是应用软件

D. 操作系统和各种程序设计语言的处理程序都是系统软件

10. 把高级语言编写的源程序变成目标程序,需要经过(   )。

A. 汇编　　　　　B. 解释　　　　　C. 编译　　　　　D. 编辑

11. MIPS 是表示计算机哪项性能的单位? (   )

A. 字长　　　　　B. 主频　　　　　C. 运算速度　　　　D. 存储容量

12. 通用软件不包括下列哪一项？（　　）

A. 文字处理软件　　B. 电子表格软件　　C. 专家系统　　　D. 数据库系统

13. 下列有关计算机性能的描述中,不正确的是（　　）。

A. 一般而言,主频越高,速度越快

B. 内存容量越大,处理能力就越强

C. 计算机的性能好不好,主要看主频是不是高

D. 内存的存取周期也是计算机性能的一个指标

14. 微型计算机内存储器是（　　）。

A. 按二进制数编址　　　　　　　　B. 按字节编址

C. 按字长编址　　　　　　　　　　D. 根据微处理器不同而编址不同

15. 下列属于击打式打印机的有（　　）。

A. 喷墨打印机　　B. 针式打印机　　C. 静电式打印机　　D. 激光打印机

16. 下列4条叙述中,正确的一条是（　　）。

A. 为了协调CPU与RAM之间的速度差间距,在CPU芯片中又集成了高速缓冲存储器

B. PC机在使用过程中突然断电,SRAM中存储的信息不会丢失

C. PC机在使用过程中突然断电,DRAM中存储的信息不会丢失

D. 外存储器中的信息可以直接被CPU处理

17. 微型计算机系统中,PROM是（　　）。

A. 可读写存储器　　　　　　　　　B. 动态随机存取存储器

C. 只读存储器　　　　　　　　　　D. 可编程只读存储器

18. 下列4项中,不属于计算机病毒特征的是（　　）。

A. 潜伏性　　　　B. 传染性　　　　C. 激发性　　　　D. 免疫性

19. 下列关于计算机的叙述中,不正确的一条是（　　）。

A. 高级语言编写的程序称为目标程序

B. 指令的执行是由计算机硬件实现的

C. 国际常用的ASCII码是7位ASCII码

D. 超级计算机又称为巨型机

20. 下列关于计算机的叙述中,不正确的一条是（　　）。

A. CPU由ALU和CU组成　　　　B. 内存储器分为ROM和RAM

C. 最常用的输出设备是鼠标　　　　D. 应用软件分为通用软件和专用软件

参考答案　1～10：A C B B B A B A D C　　11～20：C D C B B A D D A C

第　七　套

1. 在目前为止,微型计算机经历了几个阶段？（　　）

A. 8　　　　　　B. 7　　　　　　C. 6　　　　　　D. 5

2. 计算机辅助设计的简称是（　　）。

　A. CAM　　　　　　　B. CAD　　　　　　　C. CAT　　　　　　D. CAI

3. 二进制数 11000000 对应的十进制数是（　　　）。

　A. 384　　　　　　　B. 192　　　　　　　C. 96　　　　　　D. 320

4. 下列 4 种不同数制表示的数中，数值最大的一个是（　　　）。

　A. 八进制数 110　　　　　　　　　　B. 十进制数 71

　C. 十六进制数 4A　　　　　　　　　　D. 二进制数 1001001

5. 为了避免混淆，十六进制数在书写时常在后面加上字母（　　　）。

　A. H　　　　　　　B. O　　　　　　　C. D　　　　　　D. B

6. 计算机用来表示存储空间大小的最基本单位是（　　　）。

　A. Baud　　　　　　B. bit　　　　　　C. Byte　　　　　　D. Word

7. 对应 ASCII 码表，下列有关 ASCII 码值大小关系描述正确的是（　　　）。

　A. "CR"<"d"<"G"　　　　　　　　　B. "a"<"A"<"9"

　C. "9"<"A"<"CR"　　　　　　　　　D. "9"<"R"<"n"

8. 英文大写字母 D 的 ASCII 码值为 44H，英文大写字母 F 的 ASCII 码值为十进制数（　　　）。

　A. 46　　　　　　　B. 68　　　　　　　C. 70　　　　　　D. 15

9. 计算机能直接识别和执行的语言是（　　　）。

　A. 机器语言　　　　B. 高级语言　　　　C. 数据库语言　　　D. 汇编程序

10. 以下不属于高级语言的有（　　　）。

　A. FORTRAN　　　B. Pascal　　　　C. C　　　　　　D. UNIX

11. 在购买计算机时，Pentium Ⅱ 300 中的 300 是指（　　　）。

　A. CPU 的时钟频率　　　　　　　　B. 总线频率

　C. 运算速度　　　　　　　　　　　D. 总线宽度

12. 下列 4 种软件中属于系统软件的是（　　　）。

　A. Word 2010　　　　　　　　　　B. UCDOS 系统

　C. 财务管理系统　　　　　　　　　D. 豪杰超级解霸

13. 目前，比较流行的 UNIX 系统属于哪一类操作系统？（　　　）

　A. 网络操作系统　　　　　　　　　B. 分时操作系统

　C. 批处理操作系统　　　　　　　　D. 实时操作系统

14. 具有多媒体功能的微型计算机系统中，常用的 CD-ROM 是（　　　）。

　A. 只读型大容量软盘　　　　　　　B. 只读型光盘

　C. 只读型硬盘　　　　　　　　　　D. 半导体只读存储器

15. 微型计算机硬件系统中最核心的部件是（　　　）。

　A. 主板　　　　　　B. CPU　　　　　　C. 内存储器　　　　D. I/O 设备

16. 目前常用的 3.5 英寸软盘角上有一带黑滑块的小方口，当小方口被关闭时，作用是（　　　）。

　A. 只能读不能写　　　　　　　　　B. 能读又能写

　C. 禁止读也禁止写　　　　　　　　D. 能写但不能读

17. 微型计算机中，ROM 是（　　　）。

A. 顺序存储器   B. 高速缓冲存储器

C. 随机存储器   D. 只读存储器

18. 下列比较著名的国外杀毒软件是（   ）。

     A. 瑞星杀毒   B. KV3000   C. 金山毒霸   D. 诺顿

19. 下列关于汉字编码的叙述中,不正确的一条是（   ）。

     A. 汉字信息交换码就是国标码   B. 2个字节存储一个国标码

     C. 汉字的机内码就是区位码   D. 汉字的内码常用2个字节存储

20. 下列关于计算机的叙述中,不正确的一条是（   ）。

     A. 硬件系统由主机和外部设备组成

     B. 计算机病毒最常用的传播途径就是网络

     C. 汉字的地址码就是汉字库

     D. 汉字的内码也称为字模

参考答案   1～10：A B B C A C D C A D   11～20：A B B B B C D D C D

第 八 套

1. UNIVAC-I 是哪一代计算机的代表？（   ）

     A. 第1代   B. 第2代   C. 第3代   D. 第4代

2. 计算机的应用原则上分为哪两大类？（   ）

     A. 科学计算和信息处理   B. 数值计算和非数值计算

     C. 军事工程和日常生活   D. 现代教育和其他领域

3. 目前,计算机的发展方向是微型化和（   ）。

     A. 巨型化   B. 智能化   C. 稳定化   D. 低成本化

4. 与十进制数 100 等值的二进制数是（   ）。

     A. 0010011   B. 1100010   C. 1100100   D. 1100110

5. 将十六进制数 1ABH 转换为十进制数是（   ）。

     A. 112   B. 427   C. 272   D. 273

6. 二进制数 110010101 转换成十六进制数是（   ）。

     A. 25B   B. 545   C. 4H3   D. 195

7. 二进制数 10101011 转换成十六进制数是（   ）。

     A. 1AB   B. AB   C. BA   D. 1BA

8. 二进制数 345 对应的十进制数是（   ）。

     A. 25   B. 65   C. 35   D. 32

9. 计算机中所有信息的存储都采用（   ）。

     A. 二进制   B. 八进制   C. 十进制   D. 十六进制

10. 100 个 24×24 点阵的汉字字模信息所占用的字节数是（   ）。

     A. 2400   B. 7200   C. 57 600   D. 73 728

11. 已知英文大写字母 D 的 ASCII 码值是 44H,那么英文大写字母 F 的 ASCII 码值为十进制数（   ）。

A. 46　　　　　　　B. 68　　　　　　　C. 70　　　　　　　D. 15

12. 下列 4 个选项中，正确的一项是（　　）。

A. 存储一个汉字和存储一个英文字符占用的存储容量是相同的

B. 微型计算机只能进行数值运算

C. 计算机中数据的存储和处理都使用二进制

D. 计算机中数据的输出和输入都使用二进制

13. 计算机能够直接执行的计算机语言是（　　）。

A. 汇编语言　　　　B. 机器语言　　　　C. 高级语言　　　　D. 自然语言

14. 字母 k 的 ASCII 码值是十进制数（　　）。

A. 156　　　　　　　B. 150　　　　　　　C. 120　　　　　　　D. 107

15. 下列字符中，其 ASCII 码值最大的是（　　）。

A. 7　　　　　　　　B. p　　　　　　　　C. K　　　　　　　　D. 5

16. 存储一个国标码需要几个字节？（　　）

A. 1　　　　　　　　B. 2　　　　　　　　C. 3　　　　　　　　D. 4

17. 在微机的硬件设备中，即可以做输出设备又可以做输入设备的是（　　）。

A. 绘图仪　　　　　B. 扫描仪　　　　　C. 手写笔　　　　　D. 磁盘驱动器

18. 下列有关多媒体计算机概念描述正确的是（　　）。

A. 多媒体技术可以处理文字、图像和声音，但不能处理动画和影像

B. 多媒体计算机系统主要由多媒体硬件系统、多媒体操作系统和支持多媒体数据开发的应用工具软件组成

C. 传输媒体主要包括键盘、显示器、鼠标、声卡及视频卡等

D. 多媒体技术具有同步性、集成性、交互性和综合性的特征

19. 硬盘的一个主要性能指标是容量，硬盘容量的计算公式为（　　）。

A. 磁头数×柱面数×扇区数×512 字节

B. 磁头数×柱面数×扇区数×128 字节

C. 磁头数×柱面数×扇区数×80×512 字节

D. 磁头数×柱面数×扇区数×15×128 字节

20. 计算机病毒是一种（　　）。

A. 微生物感染　　　B. 电磁波污染　　　C. 程序　　　　　　D. 放射线

参考答案　1～10：A B A C B D B A A B　　　11～20：C C B D B B D D A C

第　九　套

1. 第 1 代电子计算机使用的电子元件是（　　）。

A. 晶体管

B. 电子管

C. 中、小规模集成电路

D. 大规模和超大规模集成电路

2. 计算机的主机由哪些部件组成？（　　）

A. CPU、外存储器、外部设备

B. CPU 和内存储器

C. CPU 和存储器系统

D. 主机箱、键盘、显示器

3. 十进制数 2344 用二进制数表示是（　　　）。

   A. 11100110101　　　　　　　　　B. 100100101000

   C. 1100011111　　　　　　　　　　D. 110101010101

4. 十六进制数 B34B 对应的十进制数是（　　　）。

   A. 45569　　　　B. 45899　　　　C. 34455　　　　D. 56777

5. 二进制数 101100101001 转换成十六进制数是（　　　）。

   A. 33488　　　　B. 2857　　　　C. 44894　　　　D. 23455

6. 二进制数 1110001010 转换成十六进制数是（　　　）。

   A. 34E　　　　B. 38ᵃ　　　　C. E45　　　　D. DF5

7. 二进制数 4566 对应的十进制数是（　　　）。

   A. 56　　　　B. 89　　　　C. 34　　　　D. 70

8. 一种计算机所能识别并能运行的全部指令的集合,称为该种计算机的（　　　）。

   A. 程序　　　　B. 二进制代码　　　　C. 软件　　　　D. 指令系统

9. 计算机内部用几个字节存放一个 7 位 ASCII 码？（　　　）

   A. 1　　　　B. 2　　　　C. 3　　　　D. 4

10. 下列字符中,其 ASCII 码值最大的是（　　　）。

   A. 5　　　　B. W　　　　C. K　　　　D. x

11. 用汇编语言或高级语言编写的程序称为（　　　）。

   A. 用户程序　　　　B. 源程序　　　　C. 系统程序　　　　D. 汇编程序

12. 下列诸因素中,对微型计算机工作影响最小的是（　　　）。

   A. 尘土　　　　B. 噪声　　　　C. 温度　　　　D. 湿度

13. 486 微机的字长是（　　　）。

   A. 8 位　　　　B. 16 位　　　　C. 32 位　　　　D. 64 位

14. 下列 4 条叙述中,正确的一条是（　　　）。

   A. R 进制数相邻的两位数相差 R 倍

   B. 所有十进制小数都能准确地转换为有限的二进制小数

   C. 存储器中存储的信息即使断电也不会丢失

   D. 汉字的机内码就是汉字的输入码

15. 下列哪个只能当作输入单元？（　　　）

   A. 扫描仪　　　　B. 打印机　　　　C. 读卡机　　　　D. 磁带机

16. 所谓计算机病毒是指（　　　）。

   A. 能够破坏计算机各种资源的小程序或操作命令

   B. 特制的破坏计算机内信息且自我复制的程序

   C. 计算机内存放的、被破坏的程序

   D. 能感染计算机操作者的生物病毒

17. 下列等式中正确的是（　　　）。

   A. 1KB＝1024×1024B　　　　　　B. 1MB＝1024B

   C. 1KB＝1024MB　　　　　　　　D. 1MB＝1024×1024B

18. 鼠标是微机的一种（　　　）。

A. 输出设备 　　　　　　　　　　　　B. 输入设备

C. 存储设备 　　　　　　　　　　　　D. 运算设备

19. 汉字"中"的十六进制的机内码是 D6D0H，那么它的国标码是（　　　）。

A. 5650H 　　　　B. 4640H 　　　　C. 5750H 　　　　D. C750H

20. 下列叙述中哪一条是正确的？（　　　）

A. 反病毒软件通常滞后于计算机病毒的出现

B. 反病毒软件总是超前于计算机病毒的出现，它可以查、杀任何种类的病毒

C. 已感染过计算机病毒的计算机具有对该病毒的免疫性

D. 计算机病毒会危害计算机以后的健康

参考答案 　1～10：B B B B B B D D A D 　　　11～20：B B C A A A D B A A

第　十　套

1. 在信息时代，计算机的应用非常广泛，主要有如下几大领域：科学计算、信息处理、过程控制、计算机辅助工程、家庭生活和（　　　）。

A. 军事应用 　　　　B. 现代教育 　　　　C. 网络服务 　　　　D. 以上都不是

2. 在 ENIAC 的研制过程中，由美籍匈牙利数学家总结并提出了非常重要的改进意见，他是（　　　）。

A. 冯·诺依曼 　　　　B. 阿兰·图灵 　　　　C. 古德·摩尔 　　　　D. 以上都不是

3. 十进制数 75 用二进制数表示是（　　　）。

A. 1100001 　　　　B. 1101001 　　　　C. 0011001 　　　　D. 1001011

4. 一个非零无符号二进制整数后加两个零形成一个新的数，新数的值是原数值的（　　　）。

A. 4 倍 　　　　B. 二倍 　　　　C. 4 分之一 　　　　D. 二分之一

5. 与十进制数 291 等值的十六进制数为（　　　）。

A. 123 　　　　B. 213 　　　　C. 231 　　　　D. 132

6. 下列字符中，其 ASCII 码值最小的是（　　　）。

A. $ 　　　　B. J 　　　　C. b 　　　　D. T

7. 下列 4 条叙述中，有错误的一条是（　　　）。

A. 通过自动（如扫描）或人工（如击键、语音）方法将汉字信息（图形、编码或语音）转换为计算机内部表示汉字的机内码并存储起来的过程，称为汉字输入

B. 将计算机内存储的汉字内码恢复成汉字并在计算机外部设备上显示或通过某种介质保存下来的过程，称为汉字输出

C. 将汉字信息处理软件固化，构成一块插件板，这种插件板称为汉卡

D. 汉字国标码就是汉字拼音码

8. 某汉字的国标码是 1112H，它的机内码是（　　　）。

A. 3132H 　　　　B. 5152H 　　　　C. 8182H 　　　　D. 9192H

9. 以下关于高级语言的描述中，正确的是（　　　）。

A. 高级语言诞生于 20 世纪 60 年代中期

B. 高级语言的"高级"是指所设计的程序非常高级

C. C++语言采用的是"编译"的方法

D. 高级语言可以直接被计算机执行

10. 早期的 BASIC 语言采用的哪种方法将源程序转换成机器语言?（ ）

    A. 汇编　　　　　　B. 解释　　　　　　C. 编译　　　　　　D. 编辑

11. 计算机软件系统包括（ ）。

    A. 系统软件和应用软件　　　　　　B. 编辑软件和应用软件

    C. 数据库软件和工具软件　　　　　　D. 程序和数据

12. WPS 2000,Word 97 等字处理软件属于（ ）。

    A. 管理软件　　　　B. 网络软件　　　　C. 应用软件　　　　D. 系统软件

13. 使用 Pentium Ⅲ 500 的微型计算机,其 CPU 的输入时钟频率是（ ）。

    A. 500kHz　　　　B. 500MHz　　　　C. 250kHz　　　　D. 250MHz

14. 静态 RAM 的特点是（ ）。

    A. 在不断电的条件下,信息在静态 RAM 中保持不变,故而不必定期刷新就能永久保存信息

    B. 在不断电的条件下,信息在静态 RAM 中不能永久无条件保持,必须定期刷新才不致丢失信息

    C. 在静态 RAM 中的信息只能读不能写

    D. 在静态 RAM 中的信息断电后也不会丢失

15. CPU 的主要组成:运算器和（ ）。

    A. 控制器　　　　B. 存储器　　　　C. 寄存器　　　　D. 编辑器

16. 高速缓冲存储器是为了解决（ ）。

    A. 内存与辅助存储器之间速度不匹配问题

    B. CPU 与辅助存储器之间速度不匹配问题

    C. CPU 与内存储器之间速度不匹配问题

    D. 主机与外设之间速度不匹配问题

17. 以下哪一个是点阵打印机?（ ）

    A. 激光打印机　　　B. 喷墨打印机　　　C. 静电打印机　　　D. 针式打印机

18. 为了防止计算机病毒的传染,应该做到（ ）。

    A. 不要拷贝来历不明的软盘上的程序

    B. 对长期不用的软盘要经常格式化

    C. 对软盘上的文件要经常重新拷贝

    D. 不要把无病毒的软盘与来历不明的软盘放在一起

19. 下列关于计算机的叙述中,不正确的一条是（ ）。

    A. 世界上第一台计算机诞生于美国主要元件是晶体管

    B. 我国自主生产的巨型机代表是"银河"

    C. 笔记本电脑也是一种微型计算机

    D. 计算机的字长一般都是 8 的整数倍

20. 下列关于计算机的叙述中，不正确的一条是（　　）。

    A. "裸机"就是没有机箱的计算机

    B. 所有计算机都是由硬件和软件组成的

    C. 计算机的存储容量越大，处理能力就越强

    D. 各种高级语言的翻译程序都属于系统软件

参考答案　1~10：B A D A A A D D C B　　11~20：A C B A A C D A A A

参 考 文 献

［1］　付长青,闫忠文等.计算机基础及应用.北京:清华大学出版社,2009.

［2］　闫忠文,付长青等.计算机基础操作与案例分析.北京:清华大学出版社,2009.

［3］　吴华,兰星等.Office 2010 办公软件标准教程.北京:清华大学出版社,2012.

［4］　蒋加伏,沈岳.大学计算机.北京:北京邮电大学出版社,2013.

［5］　全国计算机等级考试命题研究中心.全国计算机等级考试上机考试试题库一级计算机基础及 Office 应用.成都:电子科技大学出版社,2013.

［6］　陈静,王颖娜等.大学计算机基础.北京:高等教育出版社,2012.